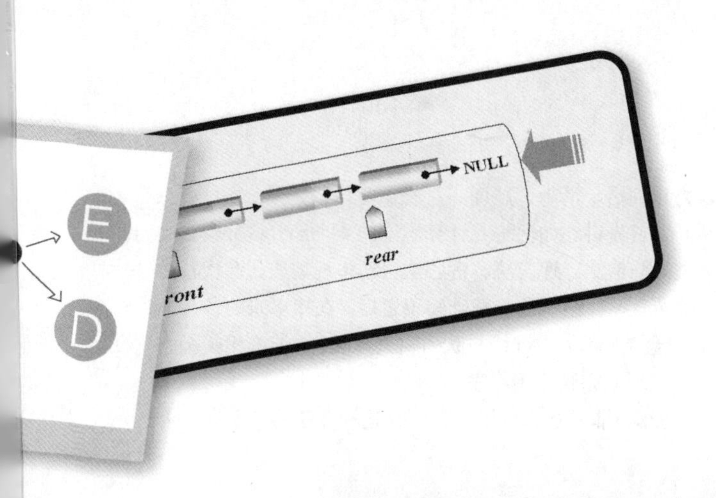

图解算法

C++语言实现

+视频教学版

吴灿铭 胡昭民 著

清华大学出版社
北 京

内 容 简 介

本书是一本综合讲述数据结构及其算法的入门书，力求简洁、清晰、严谨、且易于学习和掌握。

本书从介绍计算思维与程序设计两者之间的关系展开，首先讲述如何培养计算思维的4个部分：分解、模式识别、模式概括与抽象、算法。接着介绍经典算法的分类：分治法、递归法、贪心法、动态规划法、迭代法、枚举法及回溯法。还介绍常用数据结构：树结构、图论及哈希表。介绍了这些基础知识之后，在接下来的各章中分别介绍排序算法、查找算法、数组与链表相关算法、信息安全基础算法、堆栈与队列相关算法、树结构相关算法、图结构相关算法及人工智能基础算法，并搭配了C++语言实现的完整范例程序。

本书每章还配有课后习题及参考答案，读者可边学边练，非常适合想学习数据结构和算法的初学者使用，也适合作为高等院校计算机及相关专业的教材。

图书在版编目（CIP）数据

图解算法：C++语言实现+视频教学版 / 吴灿铭，胡昭民著. —北京：清华大学出版社，2024.1
ISBN 978-7-302-64902-1

I. ①图… II. ①吴… ②胡… III. ①C++语言—程序设计—图解 IV. ①TP312.8-64

中国国家版本馆CIP数据核字（2023）第219619号

责任编辑：赵　军
封面设计：王　翔
责任校对：闫秀华
责任印制：杨　艳

出版发行：清华大学出版社
网　　址：https://www.tup.com.cn，https://www.wqxuetang.com
地　　址：北京清华大学学研大厦A座　　邮　　编：100084
社 总 机：010-83470000　　邮　　购：010-62786544
投稿与读者服务：010-62776969，c-service@tup.tsinghua.edu.cn
质 量 反 馈：010-62772015，zhiliang@tup.tsinghua.edu.cn

印 装 者：三河市人民印务有限公司
经　　销：全国新华书店
开　　本：190mm×260mm　　印　张：19.25　　字　　数：519千字
版　　次：2024年1月第1版　　印　　次：2024年1月第1次印刷
定　　价：89.00元

产品编号：102040-01

改编说明

算法一直是计算机科学领域非常重要的基础课程，从程序设计语言实践的角度来看，算法是有志于从事信息技术方面工作的专业人员必须重视的一门基础理论课程。无论我们采用哪种程序设计语言来编写程序，所设计的程序能否快速而高效地完成预定的任务，其中的关键因素都是算法。对于将来不从事信息技术方面工作的人而言，学习算法同样可以培养自己系统化逻辑思维的习惯，这种思维习惯可以运用在各行各业中，让学习者终身受益。

无论是从事计算机软件还是硬件的开发工作，如果没有系统地学习过算法，就很容易被人打上“非专业”的标签。对于任何在信息技术行业工作的专业人员或者想进入此行业的人来说，什么时候开始学算法都不算晚，更不会过时。算法是程序的灵魂，它既神秘又神奇“好玩”，当然对初学者也比较难，算法可以说是“聪明人在计算机上的游戏”。

本书是一本综合且全面地讲述算法和对应数据结构的教科书，为了便于高校的教学或者读者自学，作者在描述算法和数据结构原理时力求文字清晰且严谨，为每个算法及其数据结构提供了演算的详细图解。另外，为了在教学过程中让学生上机实践或者自学者上机“操练”，本书为每个经典的算法都提供了 C++语言编写的完整范例程序实例（包含完整的源代码），每个范例程序都不需要经过修改，直接通过编译就可以运行，目的就是让本书的学习者以这些范例程序作为参照，以便迅速地掌握算法和数据结构的要点。另外，附录 A 提供了本书各章所有习题的参考答案。

全书的所有范例程序都可以在标准的 C++语言编程环境中编译通过并顺利运行，我们在改编本书的过程中选用了免费的 Dev C++ 5.11 集成开发环境，对原书的所有范例程序进行编译、修改、调试和测试，并确保它们都可以准确无误地运行。

资深架构师　睿而不酷

2023 年 11 月

前　言

程序设计课程着重于计算思维的训练，也就是分析与分解问题能力的培养，同时借助程序设计语言实现具体的算法，从而训练学生系统化的逻辑思维。C++语言是以 C 语言为基本的架构，再导入面向对象的概念，除了继承 C 语言的优点外，还保有 C 语言的兼容性。本书通过丰富的范例程序，在培养读者养成计算思维习惯的同时进行算法逻辑的编程训练。

对于第一次接触计算思维与算法的初学者来说，使用大量的文字来说明算法逻辑常会造成初学者的学习障碍与挫折感。为了避免教学和阅读上的不顺畅，本书中的算法不以伪代码来说明，而是采用 C++语言来实现这些算法。另外，本书以丰富的图例和简洁明了的文字来阐述各种计算思维与算法逻辑，让初学者在建立计算思维的同时掌握算法逻辑的运用。

本书从介绍计算思维与程序设计两者之间的关系展开，谈到如何培养计算思维的 4 个部分：分解、模式识别、模式概括与抽象、算法。接着介绍经典算法的分类：分治法、递归法、动态规划法、迭代法、枚举法、回溯法及贪心法。介绍了这些基础知识之后，在接下来的各章中分别介绍排序算法、查找算法、数组与链表算法、安全性算法、堆栈与队列算法、树结构及其算法和图结构及其算法，并搭配了 C++语言实现的完整范例程序。

为了便于读者学习，本书配有教学视频，读者只需扫描正文中的二维码即可观看。本书范例程序的源代码和 PPT 课件可通过扫描下方二维码获取：

范例程序

PPT

如果下载有问题，可通过电子邮件联系 booksaga@126.com，邮件主题为"图解算法：C++语言实现+视频教学版"。

为了检验学习者的学习成果，每一章的最后都安排了与本章重点内容相关的习题，让读者有更多实战演练计算思维和算法的机会。

最后，希望所有学习者通过本书的学习都可以培养逻辑思维能力，进而应用在自己工作和生活的方方面面。

作者

2023 年 10 月

目　　录

第 1 章

进入算法的世界

1

计算机（Computer）是一种具备了数据计算与信息处理功能的电子设备。它可以接受人类所设计的指令或程序设计语言，经过运算处理后输出期待的结果。

对于有志于从事信息技术专业领域的人员来说，数据结构（Data Structure）是一门与计算机硬件和软件息息相关的学科，称得上是从计算机问世以来经久不衰的热门学科。这门学科研究的重点在计算机程序设计领域，即研究如何将计算机中相关数据或信息的组合以某种方式组织起来进行有效的加工和处理，其中包含算法（Algorithm）、数据存储的结构、排序、查找、树、图及哈希函数等。

随着信息与网络科技的高速发展，在目前这个物联网（Internet of Things，IoT）与云运算（Cloud Computing）的时代，程序设计能力已经被看成是国力的象征，有条件的中小学校都将程序设计（或称为“编程”）列入学生信息课的学习内容，在大专院校里，程序设计已不再只是信息技术相关科系的“专利”了。程序设计已经是接受全民义务制教育的学生们应该具备的基本能力，只有将“创意”通过“设计过程”与计算机相结合，才能让新一代人才轻松应对这个快速变迁的云计算时代（见图 1-1）。

图 1-1

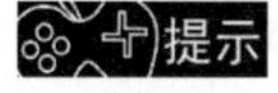

“云”其实泛指“网络”，因为工程师在网络结构示意图中通常习惯用“云朵”图来代表不同的网络。云计算是指将网络中的运算能力提供出来作为一种服务，只要用户可以通过网络登录远程服务器进行操作，就能使用这种运算资源。

物联网是近年来信息产业中一个非常热门的话题，各种配备了传感器的物品，如 RFID、环境传感器、全球定位系统（GPS）等与因特网结合起来，并通过网络技术让各种实体对象、自动化设备彼此沟通与交换信息，也就是通过网络把所有东西都连接在一起。

对于一个有志于投身信息技术领域的人员来说，程序设计是人机沟通的重要桥梁与应用工具，是从 20 世纪 50 年代之后逐渐兴起的学科。从发展的眼光来看，一个国家综合的程序设计能力已经被看成是一种国力的象征，将来人才的程序设计能力已经与人才应该具有的语文、数学、英语、艺术等能力一样，是人才必备的基础能力，它主要用于培养人才解决问题、分析、归纳、创新、勇于尝试错误等方面的能力，并为胜任未来数字时代的工作做好准备，让程序设计不再是信息相关科系的专业，而是全民的基本能力（见图 1-2）。

图 1-2

程序设计的本质是数学，而且是一门应用数学，过去对于程序设计的目标基本上就是为了数学的“计算”能力。随着信息与网络科技的高速发展，纯计算能力的重要性已慢慢降低，程序设计课程的目的更加着重于计算思维（Computational Thinking，CT）的训练。计算思维与当代计算机强大的执行效率相结合，让我们不断提升解决问题的能力与不断扩大解决问题的范围，因此在程序设计课程中引导学生建立计算思维（也就是分析与分解问题的能力）是为人工智能（Artificial Intelligence，AI）时代培养人才的必然。

提示　人工智能的概念最早是由美国科学家 John McCarthy 于 1955 年提出的，目标是使计算机具有类似人类学习解决复杂问题与进行思考的能力。凡是模拟人类的听、说、读、写、看、动作等的计算机技术，都被归类为人工智能技术。简单地说，人工智能就是由计算机所仿真或执行的具有类似人类智慧或思考的行为，如推理、规划、解决问题及学习等。

1.1　计 算 思 维

计算思维是一种使用计算机的逻辑来解决问题的思维，是一种能够将计算“抽象化”再“具体化”的能力，也是新一代人才都应该具备的素养。计算思维与计算机的应用和发展息息相关，程序设计相关知识和技能的学习与训练过程其实就是一种培养计算思维的过程。当前许多国家和地区从幼儿园开始就培养孩子的计算思维，让孩子从小就养成计算思维的习惯。培养计算思维的习惯可以从日常生活开始，并不限定于特定场所或工具，日常生活中任何涉及“解决问题”的议题，都可以应用计算思维来解决，通过边学边体会来逐渐建立起计算思维的逻辑能力。

假如你今天和朋友约在一个没有去过的知名旅游景点碰面，在出门前你会先上网规划路线，看看哪些路线适合你的行程，以及选乘哪一种交通工具，接下来就可以按照计划出发了。简单来说，这种计划与考虑的过程就是计算思维，按照计划逐步执行就是一种算法（Algorithm），就如同我们把一件看似复杂的事情用简单的方式来解决，这样就具备了将问题程序化的能力。

我们可以这样来说："学习程序设计不等于学习计算思维，但要学好计算思维，通过程序设计来学绝对是最快的途径。"程序设计语言本来就只是工具，从来都不是重点，没有最好的程序设计语言，只有是否适合的程序设计语言，学习程序设计的目标不是把每个学习者都培养成专业的程序设计人员，而是帮助每一个人建立起系统化的逻辑思维模式和习惯。

2006 年，美国卡耐基梅隆大学（Carnegie Mellon University）的 Jeannette M. Wing 教授首次提出了"计算思维"的概念，她提出计算思维是现代人的一种基本技能，所有人都应该积极学习。随后谷歌公司为教育者开发了一套计算思维课程（Computational Thinking for Educators），这套课程提到培养计算思维的 4 部分，分别是分解（Decomposition）、模式识别（Pattern Recognition）、模式概括与抽象（Pattern Generalization and Abstraction）以及算法。虽然这并不是建立计算思维的唯一方法，不过通过这 4 部分我们可以更有效地进行思维能力的训练，通过不断使用计算方法与工具去解决问题，进而逐渐养成计算思维习惯。

在训练计算思维的过程中，培养学习者在现有资源上从不同角度去解决问题的能力，以及正确地运用培养计算思维的这 4 部分、运用现有的知识或工具找出解决问题的方法。学习程序设计就是对这 4 部分进行系统的学习与组合，并使用计算机来协助解决问题，如图 1-3 所示。

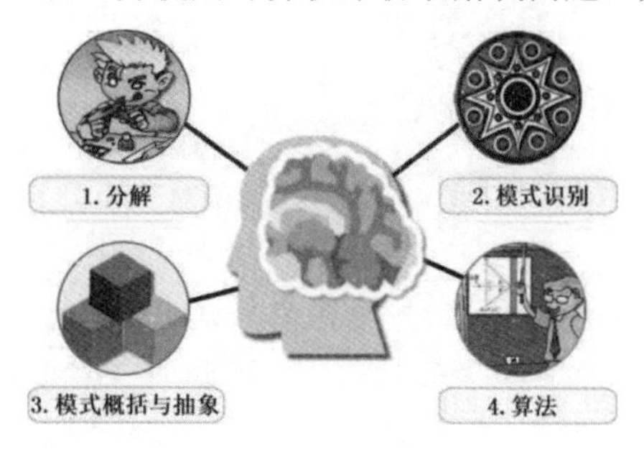

图 1-3

1.1.1　分解

许多人在编写程序或解决问题时将问题想得太复杂，如果不进行有效分解，就会很难处理。其实可以先将一个复杂的问题分割成许多小问题，再把这些小问题各个击破，之后原本的大问题也就迎刃而解了。

如果我们随身携带的智能手机出现故障了，就可以将整部手机拆解成较小的部分（部件），而后对各个部件进行检查，找出有问题的部件（见图 1-4）。

图 1-4

1.1.2 模式识别

在将一个复杂的问题分解之后，我们常常会发现这些分解后的小问题有一些共同的属性以及相似之处，在计算思维中，这些属性被称为模式（Pattern）。模式识别是指在一组数据中找出特征（Feature）或规则（Rule），用于对数据进行识别与分类，以作为决策判断的依据。假如我们想要画一只猫，首先就会想到猫咪通常有哪些特征，比如眼睛、尾巴、毛发、叫声、胡须等。当我们知道大部分的猫都有这些特征后，在想要画猫的时候便可以加入这些共有的特征，这样很快就可以画出很多五花八门的猫了（见图 1-5）。

图 1-5

知名的谷歌大脑（Google Brain）工具能够利用人工智能技术从庞大的猫图片库中自行识别出猫脸与人脸的不同（见图 1-6），其原理就是把所有图片内猫的“特征”提取出来，从训练数据中提取出数据的特征，同时进行“模式”分类，模拟识别特征中复杂的非线性关系来获得更好的识别能力。

图 1-6

1.1.3 模式概括与抽象

模式概括与抽象在于过滤以及忽略掉不必要的特征，让我们可以集中在重要的特征上，这样有助于将问题抽象化，进而建立模型，目的是希望能够从原始特征数据集合中学习到问题的结构与本质。通常这个过程开始会收集许多数据，通过模式概括与抽象把无助于解决问题的特征和模式去掉，留下相关的以及重要的属性，直到我们确定一个通用的问题以及建立解决这个问题的规则。

“抽象”没有固定的模式，它随着需要或实际情况而有所不同。例如，把一辆汽车抽象化，每个人都有各自的分解方式，比如车行的业务员与修车技师对汽车抽象化的结果就会有所差异（见图 1-7）。

- 车行业务员：车轮、引擎、方向盘、刹车、底盘。
- 修车技师：引擎系统、底盘系统、传动系统、刹车系统、悬吊系统。

图 1-7

1.1.4 算法

算法是计算思维 4 个基石的最后一个，不但是人类使用计算机解决问题的方法之一，也是程序设计的精髓。算法常出现在规划和程序设计的第一步，因为算法本身就是一种计划，每一条指令与每一个步骤都是经过规划的，在这个规划中包含解决问题的每一个步骤和每一条指令。

特别是在算法与大数据的结合下，这门学科演化出“千奇百怪”的应用，例如当我们拨打某个银行信用卡客户服务中心的电话时，很可能会先经过后台算法的过滤，帮我们找出一名最“合我们胃口”的客服人员来与我们交谈；通过大数据分析，网店还能进一步了解购买产品和需求产品的人群是哪类人。一些知名 IT 企业在面试过程中也会测验候选者对于算法的了解程度，如图 1-8 所示。

图 1-8

提示　大数据（Big Data，又称为海量数据）由 IBM 公司于 2010 年提出，是指在一定时效（Velocity）内进行大量（Volume）、多样性（Variety）、低价值密度（Value）、真实性（Veracity）数据的获得、分析、处理、保存等操作。大数据是指无法使用普通的常用软件在可容忍时间内进行提取、管理及处理的大量数据，可以这么简单理解：大数据其实是巨大的数据库加上处理方法的一个总称，是一套有助于企业组织大量搜集、分析各种数据的解决方案。另外，数据的来源有非常多的途径，格式也越来越复杂，大数据解决了商业智能无法处理的非结构化与半结构化数据。

1.2 计算思维的脑力大赛

国际计算思维挑战赛（简称 Bebras）是一项信息学领域为推动计算思维教育创办的国际赛事，由非营利性的国际组织主办。接下来我们根据这一赛事历年出题的重点设计一些生动有趣、富有挑战的计算思维模拟试题，希望通过本节能让读者清楚计算思维的训练重点，同时在进入算法学习之前让自己的大脑进行各种计算思维解题的脑力热身训练。

1.2.1 三分球比赛灯记录器

在一项高中杯篮球的三分球比赛中，看谁能在指定时间内投入 15 个三分球，当选手投入 15 个三分球后停止投球，并拿到神射手的头衔。所有选手投入的三分球个数介于 0~15 之间。为了展现三分球投入的总数，主办单位使用特殊的灯来显示当前的得分情况，灯的显示规则说明如下：

最下方的灯亮了就代表投入 1 个三分球，由下往上数的第 2 个灯亮了就代表投入 2 个三分球，由下往上数的第 3 个灯亮了就代表投入 4 个三分球，最上方的灯亮了就代表投入 8 个三分球，如图 1-9 所示。

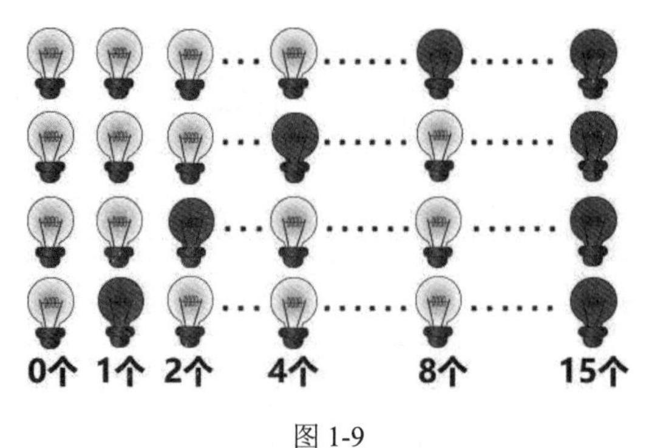

图 1-9

请问图 1-10 中的哪一组灯代表投入 13 个三分球？

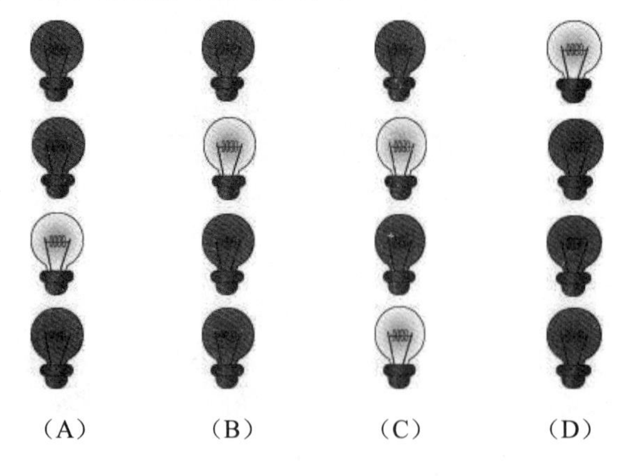

图 1-10

答案：A。

1.2.2　图像字符串编码

假设图像由许多小方格组成，并且每个小方格中只有一种颜色，整个图像只有三种颜色：黑色（Black）、白色（White）和灰色（Gray）。当图像经过编码后会形成一串英文字母与数字交互组成的字符串（String），对于每一个由英文字母与数字所组成的单元，其中的数字代表该颜色连续的次数，例如 B3 表示 3 个连续的黑色，W2 表示 2 个连续的白色，G5 表示 5 个连续的灰色。请问图 1-11 中的哪一张图像的编码字符串为“B3W2G4B3W2G4B2G4W1”？

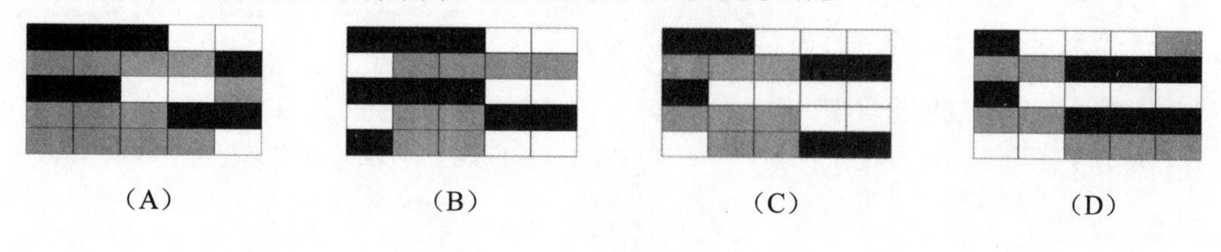

图 1-11

答案：A。

1.2.3　计算机绘图指令实践

阿灿从计算机绘图课中学到了 7 条指令，每条指令的功能如下：

- BT——画出大三角形。
- ST——画出小三角形。
- BC——画出大圆形。
- SC——画出小圆形。
- BR——画出大矩形。
- SR——画出小矩形。
- Repeat (a1 a2 a3 …) b ——重复括号内所有指令 b 次，例如 Repeat (SC) 2 表示连续画出两个小圆形。

绘图软件会根据指令自动配色，每画出一个图形后自动换行，也就是说，一行中不会出现两个以上的图形。例如执行以下指令：

```
BC ST Repeat(SC SR)2 BT
```

该绘图软件在随机配色后会画出如图 1-12 所示的图形。

阿灿在练习时画出了如图 1-13 所示的图形，请问他使用了哪条指令？

图 1-12　　　　图 1-13

（A）BT Repeat (BC SR)2 BR BC （B）BT Repeat (BC SR)2 BC BR
（C）BR Repeat (BC SR)2 BC BR （D）BC Repeat (BC SR)2 BC BT

答案：B。

1.2.4 炸弹超人游戏

在一款《新无敌炸弹超人》游戏中有4个玩家在不同的位置，其周围放置了炸弹（见图1-14），请问哪一个玩家引爆炸弹的概率最高？试说明原因。

（A）第2行第2列的男玩家 （B）第2行第4列的女玩家
（C）第4行第2列的女玩家 （D）第5行第5列的男玩家

答案：D。

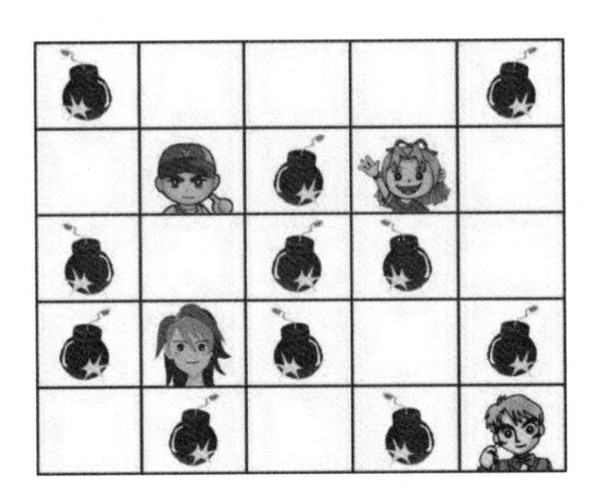

图1-14

各选项中玩家周围的炸弹数量分别如下：

- A选项的男玩家周围的炸弹数量为4个，概率为4/8。
- B选项的女玩家周围的炸弹数量为4个，概率为4/8。
- C选项的女玩家周围的炸弹数量为5个，概率为5/8。
- D选项的男玩家周围的炸弹数量为2个，概率为2/3。

1.3 生活中处处都存在算法

算法是计算机科学中程序设计领域的核心理论之一，每个人每天都会用到一些算法。算法也是人类使用计算机解决问题的技巧之一，不但可用于计算机领域，而且在数学、物理甚至是每天的生活中都应用广泛。在日常生活中有许多工作可以使用算法来描述，例如员工的工作报告、宠物的饲养过程、厨师准备美食的食谱、学生的课程表等，还有我们每天都在使用的各种搜索引擎也必须借助不断更新的算法来运行，如图1-15所示。

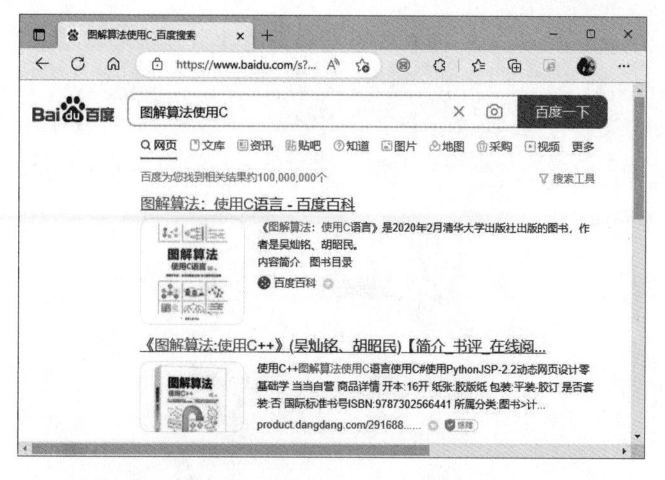

图 1-15

在韦氏辞典中算法定义为：A procedure for solving a mathematical problem in a finite number of steps，即“在有限步骤内解决数学问题的过程。”如果运用在计算机领域中，我们也可以把算法定义成：“为了解决某项工作或某个问题，所需要有限数量的机械性或重复性指令与计算步骤。”

1.3.1　算法的条件

在计算机系统中算法更是不可或缺的一环，有一个著名的公式“计算机程序 = 算法 + 数据结构”，它从另一个角度阐述算法的概念与定义，也表述了算法、数据结构和计算机程序之间的关系。在了解了算法的定义之后，下面来说明一下算法所必须符合的 5 个条件，如图 1-16 和表 1-1 所示。

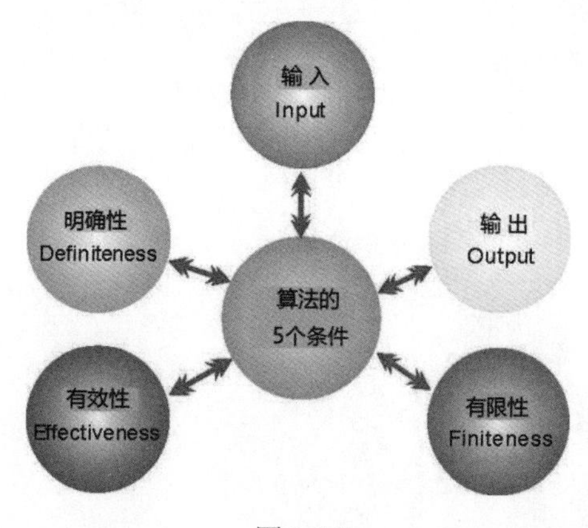

图 1-16

表1-1　算法必须符合的5个条件

算法的特性	内容与说明
输入（Input）	0 个或多个输入数据，这些输入必须有清楚的描述或定义
输出（Output）	至少会有一个输出结果，不能没有输出结果
明确性（Definiteness）	每一个指令或步骤必须是简洁明确的
有限性（Finiteness）	在有限步骤后一定会结束，不会产生无限循环
有效性（Effectiveness）	步骤清晰且可行，能让用户用纸笔计算而求出答案

我们了解了算法的定义与条件后，接着要思考一下用什么方法来表达算法比较合适。其实算法的主要目的在于让人们了解所执行工作的流程与步骤，只要清楚地体现出算法的 5 个条件即可。

常用的算法一般可以用中文、英文、数字等文字方式来描述，也就是用自然语言来描述算法的具体步骤。例如，图 1-17 所示就是小华早上去上学并买早餐的简单文字算法。

图 1-17

常用的算法也可以用可读性高的高级程序设计语言或伪语言（Pseudo-Language）来描述或者表达。以下算法是用 C 语言描述的，给 Pow()函数传入两个数 x、y，求 x 的 y 次方的值，即求 x^y 的值：

```
float Pow( float x, int y )
{
   float p = 1;
   int i;
   for( i = 1; i <= y; i++ )
      p *= x;

   return p;
}

int main(void)
{
   float x;
   int y;

   printf( "请输入次方运算（ex.2^3）： " );
   scanf( "%f^%d", &x, &y );
   printf( "次方运算结果：%.4f\n", Pow(x, y) );
   /* 调用 Pow()函数，并输出计算结果 */
}
```

提示 伪语言是接近高级程序设计的语言，也是一种不能直接放入计算机中执行的语言。一般需要一种特定的预处理器（Preprocessor），或者用人工编写转换成真正的计算机语言，经常使用的有 SPARKS、PASCAL-LIKE 等。

流程图（Flow Diagram）是一种以图形符号来表示算法的通用方法。例如，输入一个数值，并判断是奇数还是偶数，如图 1-18 所示。

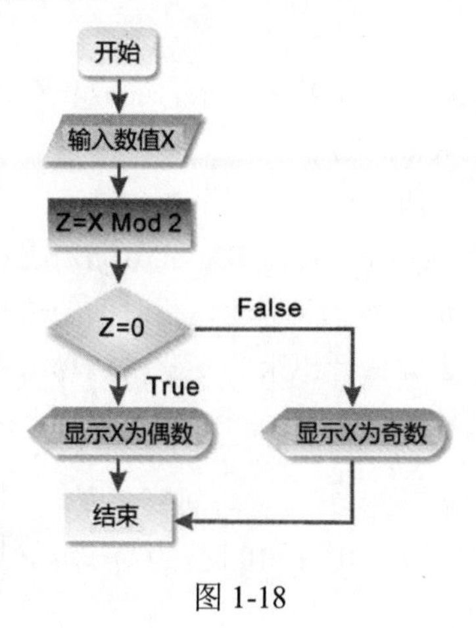

图 1-18

> **提示**　算法和过程（Procedure）有何不同？与流程图又有什么关系？
>
> 算法和过程是有所区别的，因为过程不一定要满足有限性的要求，如操作系统或计算机上运行的过程，除非宕机，否则永远在等待循环中（Waiting Loop）。这也违反了算法 5 个条件中的“有限性”。另外，只要是算法，就都能够使用流程图来表示，但是由于过程流程图可包含无限循环，因此无法使用算法来表达。

以图形方式也可以表示算法，如数组、树形图、矩阵图等。图 1-19 就是用图形描述算法的一个例子。

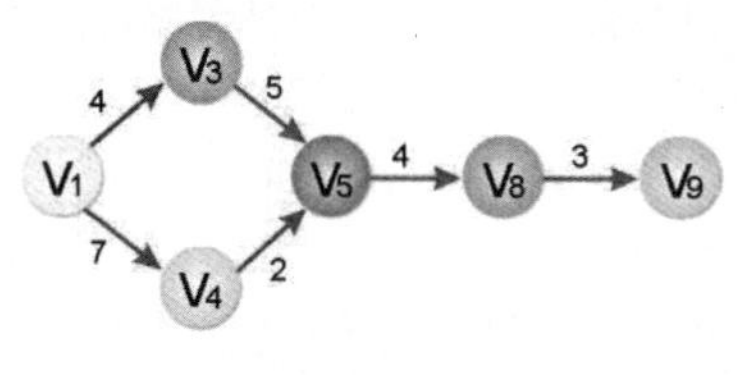

图 1-19

1.3.2　时间复杂度 $O(f(n))$

读者可能会想，应该怎么评估一个算法的好坏呢？例如，可以把某个算法执行步骤的计数来作为衡量运行时间的标准，程序语句如下：

```
a = a + 1
```

与

```
a = a + 0.3 / 0.7 * 10005
```

由于涉及变量存储类型与表达式的复杂度，因此绝对精确的运行时间一定不相同。不过如此大费周章地去考虑程序的运行时间往往会寸步难行，而且毫无意义，此时可以利用一种“概量”的概念来衡量运行时间，我们称之为时间复杂度（Time Complexity）。其详细定义如下：

在一个完全理想状态下的计算机中，我们定义 $T(n)$来表示程序执行所要花费的时间，其中 n 代表数据输入量。当然程序的运行时间（Worse Case Executing Time）或最大运行时间是时间复杂度的衡量标准，一般以 Big-Oh 表示。

在分析算法的时间复杂度时，往往用函数来表示它的成长率（Rate of Growth），其实时间复杂度是一种渐近表示法（Asymptotic Notation）。

$O(f(n))$可视为某算法在计算机中所需运行时间不会超过某一常数倍的 $f(n)$。也就是说，当某算法的运行时间 $T(n)$的时间复杂度为 $O(f(n))$（读成 Big-oh of $f(n)$或 order is $f(n)$）时，意思是存在两个常数 c 与 n_0，若 $n \geq n_0$，则 $T(n) \leq cf(n)$。$f(n)$又称为运行时间的成长率。由于在估算算法复杂度时采取“宁可高估不要低估”的原则，因此估计出来的复杂度是算法真正所需运行时间的上限。参看以下范例，以了解时间复杂度的意义。

范例 假如运行时间 $T(n)=3n^3 + 2n^2 + 5n$，求时间复杂度。

解答 首先找出常数 c 与 n_0。当 $n_0=0$、$c=10$ 时，若 $n \geq n_0$，则 $3n^3+2n^2+5n \leq 10n^3$，因此得知时间复杂度为 $O(n^3)$。

事实上，时间复杂度只是执行次数的一个概略的量度，并非真实的执行次数。而 Big-Oh 则是一种用来表示最坏运行时间的表现方式，也是最常用于描述时间复杂度的渐近式表示法。常见的 Big-Oh 可参考表 1-2 和图 1-20。

表 1-2　常见的 Big-Oh

Big-Oh	特色与说明
$O(1)$	称为常数时间（Constant Time），表示算法的运行时间是一个常数
$O(n)$	称为线性时间（Linear Time），表示执行的时间会随着数据集合的大小而线性增长
$O(\log_2 n)$	称为次线性时间（Sub-Linear Time），成长速度比线性时间还慢，而比常数时间还快
$O(n^2)$	称为平方时间（Quadratic Time），算法的运行时间会成二次方的增长
$O(n^3)$	称为立方时间（Cubic Time），算法的运行时间会成三次方的增长
$O(2^n)$	称为指数时间（Exponential Time），算法的运行时间会成 2 的 n 次方增长。例如，解决 Nonpolynomial Problem（非多项问题）算法的时间复杂度为 $O(2^n)$
$O(n\log_2 n)$	称为线性乘对数时间，介于线性和二次方增长的中间模式

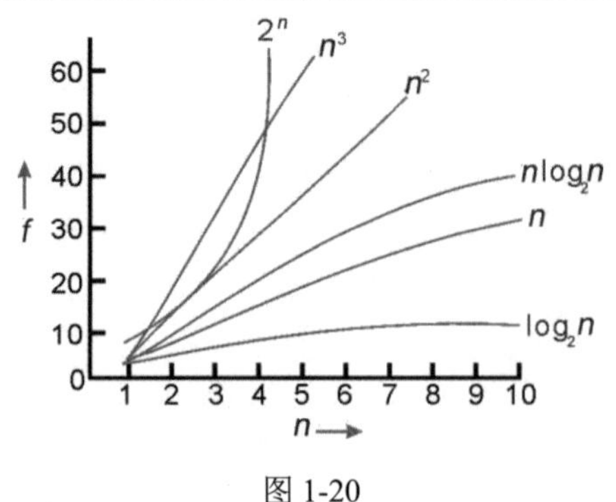

图 1-20

当 $n \geq 16$ 时，时间复杂度的优劣比较关系如下：

$$O(1) < O(\log_2 n) < O(n) < O(n\log_2 n) < O(n^2) < O(n^3) < O(2^n)$$

1.4 课后习题

1. 以下 C 程序片段是否相当严谨地表达出算法的含义？

```
count=0;
while(count< >3)
```

2. 以下程序的 Big-Oh 是什么？

```
total=0;
for(i=1; i<=n ; i++)
    total=total+i*i;
```

3. 算法必须符合哪 5 个条件？
4. 在下列程序的循环部分中，实际执行的次数与时间复杂度是什么？

```
for i=1 to n
    for j=i to n
        for k =j to n
            { end of k Loop }
    { end of j Loop }
{ end of i Loop }
```

5. 试证明 $f(n) = a_m n^m + \cdots + a_1 n + a_0$，则 $f(n) = O(n^m)$。
6. 下面的程序片段执行后，其中程序语句 sum=sum+1 被执行的次数是多少？

```
sum=0;
for(i=-5;i<=100;i=i+7)
    sum=sum+1;
```

7. 请问计算思维课程包含哪几个部分？

第 2 章

经典算法介绍

2

算法可以说就是用计算机来实现数学思想的一种学问，学习算法就是了解它们如何演算以及如何在各层面影响我们的日常生活。善用算法是培养程序设计逻辑很重要的步骤，许多实际的问题都可以用多个可行的算法来解决，但要从中找出最佳的解决算法则是一项挑战。本章将介绍一些近年来相当知名的算法，帮助读者了解不同算法的概念与技巧，以便可以分析各种算法的优劣。

2.1 分 治 法

分治法（Divide and Conquer，也称为“分而治之法”）是一种很重要的算法，核心思想就是将一个难以直接解决的大问题依照相同的概念分割成两个或更多的子问题，以便各个击破。

下面以一个实际的例子来进行说明：假设有 8 幅很难画的画，我们可以分成两组（每组各 4 幅画）来完成；如果还是觉得复杂，就再分成 4 组（每组各 2 幅画）来完成，即采用相同模式反复分割问题，这就是分治法的核心思想，如图 2-1 所示。

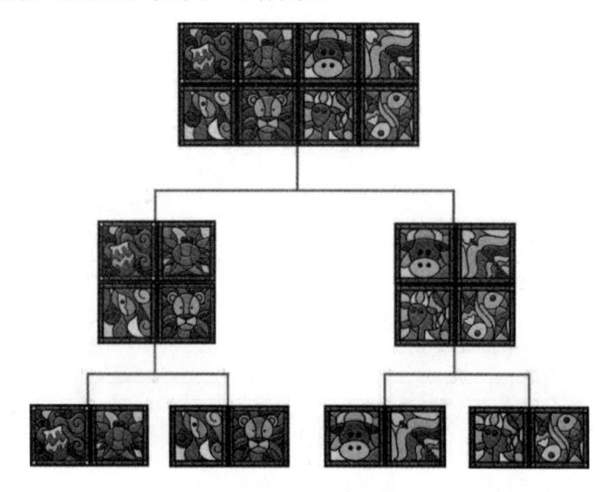

图 2-1

其实任何一个可以用程序求解的问题所需的计算时间都与其规模和复杂度有关，问题的规模越小，越容易直接求解。因此，可以不断分解问题，使子问题规模不断缩小，让这些子问题简单到可以直接解决，再将各个子问题的解合并，最后得到原问题的解答。再举个例子，规划一个有 8 个章节主题的项目，如果只靠一个人独立完成，不但时间比较长，而且有些规划的内容可能不是那个人的专长，这时就可以按照这 8 个章节的特性分给 2 个项目负责人去完成。为了让这个规划更快完成，并能找到适合的分类，可以再分别分割成 2 部分，并分派给不同的项目成员，如此一来，每个成员只需负责其中 2 个章节，经过这样的分配就可以将原先的大项目简化成 4 个小项目，并委派给 4 个成员去完成。根据分治法的核心思想，还可以将其分割成 8 个小主题，委派给 8 个成员去分别完成，因为参与人员较多，所以所需时间缩减为原先一个人独立完成的 1/8。这个例子的分治法解决方案的示意图如图 2-2 所示。

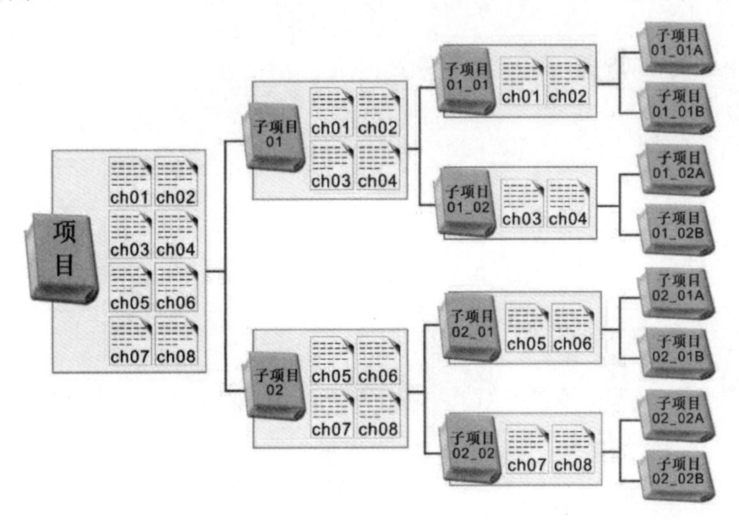

图 2-2

分治法也可以应用在数字的分类与排序上，如果要以人工的方式将散落在地上的打印稿按从第 1 页整理并排序到第 100 页，可以有两种做法，一种方法是逐一捡起打印稿，并逐一按页码顺序插入到正确的位置。但这样的方法的缺点是排序和整理的过程较为繁杂，且比较浪费时间。另一种方法是应用分治法的原理，先将页码 1 到页码 10 放在一起，页码 11 到页码 20 放在一起，以此类推，将页码 91 到页码 100 放在一起，也就是说，将原先的 100 页分类为 10 个页码区间，然后分别对 10 堆页码进行整理，最后将页码从小到大的分组合并起来，就可以轻松恢复到原先的稿件顺序。通过分治法可以让原先复杂的问题变成规则更简单、数量更少、速度更快且更容易解决的小问题。

2.2　递　归　法

递归法（Recursive Method）和分治法很像一对孪生兄弟，都是将一个复杂的算法问题进行分解，让规模越来越小，最终使子问题容易求解。递归法是一种很特殊的算法，在早期人工智能所用的语言（如 Lisp、Prolog）中几乎是整个语言运行的核心。现在许多程序设计语言（包括 C、C#、C++、Java、Python 等）都具备递归功能。简单来说，在某些程序设计语言中，函数或子程序不只是能够被其他函数调用或引用，还可以自己调用自己，这种调用的功能就是所谓的“递归”。

从程序设计语言的角度来说，可以这样描述递归：假如一个函数或子程序是由自身所定义或调用的，就称为递归。它至少要定义两个条件，一个可以反复执行的递归过程与一个跳出执行过程的出口。

提示　尾递归（Tail Recursion）是指函数或子程序的最后一条语句为递归调用，因为每次调用后再回到前一次调用的第一条语句是return语句，所以不需要再进行任何运算了。

对递归法而言，阶乘是很典型的范例，一般以符号“!”来代表阶乘。例如，4的阶乘可写为4!，$n!$则表示为：

$$n! = n\times(n-1)\times(n-2)\times\cdots\times 1$$

下面逐步分解它的运算过程，以观察其规律。

```
5! = (5 * 4!)
   = 5 * (4 * 3!)
   = 5 * 4 * (3 * 2!)
   = 5 * 4 * 3 * (2 * 1)
   = 5 * 4 * (3 * 2)
   = 5 * (4 * 6)
   = (5 * 24)
   = 120
```

用C语言编写的$n!$递归函数算法如下，请注意其中所应用的递归基本条件：一个反复的过程；一个递归终止的条件，确保有跳出递归过程的出口。

```
int factorial(int i)
{
    int sum;
    if(i == 0)  /* 递归终止的条件，跳出递归过程的出口 */
        return(1);
    else
        sum = i * factorial(i-1);  /* sum=n*(n-1)!，反复执行的递归过程 */
    return sum;
}
```

以上是用阶乘函数的范例来说明递归的运行方式，在系统中具体实现递归时，则要用到堆栈的数据结构。所谓堆栈（Stack），就是一组相同数据类型的集合，所有的操作均在这个结构的顶端进行，具有后进先出（Last In First Out，LIFO）的特性。有关堆栈的详细功能说明与实现，请参考后面章节。

我们再来看著名的斐波那契数列（Fibonacci Polynomial）的递归法求解。斐波那契数列的基本定义为：

$$F_n=\begin{cases}0 & n=0\\ 1 & n=1\\ F_{n-1}+F_{n-2} & n=2,3,4,5,6\cdots\ (n\text{为正整数})\end{cases}$$

简单来说，这个数列的第0项是0，第1项是1，之后各项的值是由其前面两项值相加的结果

（后面每项的值都是其前两项值的和）。根据斐波那契数列的定义，可以尝试把它设计成递归形式：

```
int fib(int n)
{
    if(n==0) return 0;
    if(n==1)
        return 1;
    else
        return fib(n-1) + fib(n-2);/*递归调用自身2次*/
}
```

【范例程序：CH02_01.cpp】

下面设计一个计算第 n 项斐波那契数列的递归程序。

```
01  /*
02  [示范] 斐波那契数列的递归程序
03  */
04  #include<iostream>
05  using namespace std;
06
07  int fib(int);              //fib()函数的原型声明
08
09  int main()
10  {
11      int i,n;
12      cout<<"请输入要计算到第几项斐波那契数列: ";
13      cin>>n;
14      for(i=0;i<=n;i++)      //计算前n项斐波那契数列
15          cout<<"fib("<<i<<")="<<fib(i)<<endl;
16      return 0;
17  }
18
19  int fib(int n)             //定义函数fib()
20  {
21
22      if (n==0)
23          return 0;          //如果n=0，则返回0
24      else if(n==1 || n==2)  //如果n=1或n=2，则返回1
25          return 1;
26      else                   //否则返回 fib(n-1)+fib(n-2)
27          return (fib(n-1)+fib(n-2));
28  }
```

【执行结果】参考图2-3。

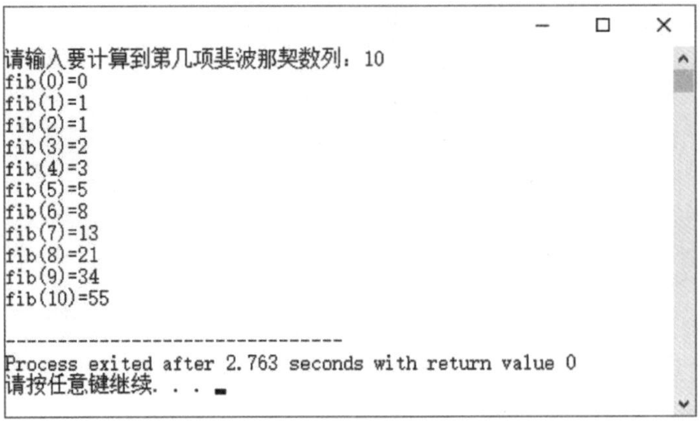

```
请输入要计算到第几项斐波那契数列：10
fib(0)=0
fib(1)=1
fib(2)=1
fib(3)=2
fib(4)=3
fib(5)=5
fib(6)=8
fib(7)=13
fib(8)=21
fib(9)=34
fib(10)=55

--------------------------------
Process exited after 2.763 seconds with return value 0
请按任意键继续. . .
```

图 2-3

2.3 贪 心 法

贪心法（Greed Method）又称为贪婪算法，该算法是从某一起点开始，在每一个解决问题的步骤中采用贪心原则，即采取在当前状态下最有利或最优化的选择，不断地改进该解答，持续在每一个步骤中选择最佳方法，并且逐步逼近给定的目标，当达到某一个步骤不能再继续前进时，算法停止，以尽可能快的方法求得更好的解。

图 2-4

贪心法的解题思路尽管是把求解的问题分成若干个子问题，不过有时还是不能保证求得的最后解是最佳的或最优化的解，因为贪心法容易过早做出决定，所以只能求出满足某些约束条件的解。贪心法在某些问题上还是可以得到最优解的，例如求图结构的最小生成树、最短路径与哈夫曼编码（Huffman Coding）、机器学习等方面。许多公共运输系统也会用到最短路径的理论，如图 2-4 所示。

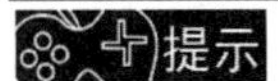

哈夫曼编码经常应用于数据的压缩，是可以根据数据出现的频率来构建的二叉树。数据的存储和传输是数据处理的两个重要领域，两者都和数据量的大小息息相关，哈夫曼树正好可以解决数据的大小问题。

我们来看一个简单的例子（例子中的货币系统不是现实的情况，只是为了举例）。假设我们去超市购买几罐可乐（见图 2-5），要价 24 元，我们付给售货员 100 元，希望不要找太多纸币，即纸币的总数量最少，该如何找钱呢？假设目前的纸币金额有 50 元、10 元、5 元、1 元 4 种，从贪心法的策略来说，应找的钱总数是 76 元，所以一开始选择 50 元的纸币一张，接下来选择 10 元的纸币两张，最后选择 5 元的纸币和 1 元的纸币各一张，总共 5 张纸币，这个结果也确实是最优的解。

贪心法也适合用于某些旅游景点路线的判断，假如我们要从图 2-6 中的顶点 5 走到顶点 3，最短的路径是什么呢？采用贪心法，当然是先走到顶点 1，接着走到顶点 2，最后从顶点 2 走到顶点 3，这样的距离是 28。可是从图 2-6 中我们发现直接从顶点 5 走到顶点 3 才是最短的距离（距离为 20），说明在这种情况下，没有办法以贪心法的规则来找到最优的解。

图 2-5　　　　图 2-6

2.4　动态规划法

动态规划法（Dynamic Programming Algorithm，DPA）类似于分治法，在 20 世纪 50 年代初由美国数学家 R. E. Bellman 发明，用于研究多阶段决策过程的优化过程与求得一个问题的最优解。动态规划法主要的做法是：如果一个问题的答案与子问题相关，就能将大问题拆解成各个小问题，其中与分治法最大的不同是可以将每一个子问题的答案存储起来，以供下次求解时直接取用。这样的做法不但可以减少再次计算的时间，而且可以将这些解组合成大问题的解，故而可以解决重复计算的问题。

例如，斐波那契数列采用的是类似分治法的递归法，如果改用动态规划法，那么已计算过的数据就不必重复计算了，也不会再往下递归，这样就可以提高性能。若想求斐波那契数列的第 4 项数 Fib(4)，则它的递归过程可以用图 2-7 表示。

从图中可知递归调用了 9 次，而加法运算了 4 次，Fib(1)执行了 3 次，Fib(0)执行了 2 次，重复计算则影响了执行性能。根据动态规划法的算法思路可以绘制出如图 2-8 所示的执行示意图。

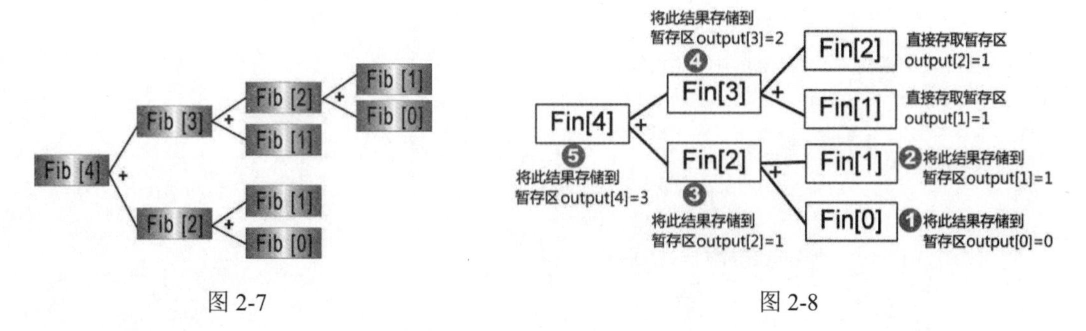

图 2-7　　　　图 2-8

前面提到动态规划法的优点是已计算过的数据不必重复计算。为了达到这个目的，我们可以先设置一个用来记录该斐波那契数列中的项为是否已计算过的数组——output，该数组中的每一个元素用来分别记录已被计算过的斐波那契数列中的各项。不过在计算之前，该 output 数组的初值全部设置为空值（设置为 0 即可），当该斐波那契数列中的项被计算后，就必须将该项计算得到的值存储到 output 数组中。举例来说，我们可以将 Fib(0)记录到 output[0]中，Fib(1)记录到 output[1]中，以此类推。

每当要计算斐波那契数列中的项时，就先从 output 数组中判断，如果是空值，就进行计算，再将计算得到的斐波那契数列项存储到对应的 output 数组中（数组下标对应数列的项次），这样就可以确保斐波那契数列的每一项只被计算过一次。算法的执行过程如下：

（1）第一次计算 Fib(0)，按照斐波那契数列的定义，得到数值为 0，将此值存入用来记录已计算斐波那契数列的数组中，即 output[0]=0。

（2）第一次计算 Fib(1)，按照斐波那契数列的定义，得到数值为 1，将此值存入用来记录已计算斐波那契数列的数组中，即 output[1]=1。

（3）第一次计算 Fib(2)，按照斐波那契数列的定义，得到数值为 Fib(1)+ Fib(0)，因为这两个数值都已计算过，因此可以直接计算 output[1] + output[0] = 1+0 = 1，将此值存入用来记录已计算斐波那契数列的数组中，即 output[2]=1。

（4）第一次计算 Fib(3)，按照斐波那契数列的定义，得到数值为 Fib(2)+ Fib(1)，因为这两个数值都已计算过，因此可以直接计算 output[2] + output[1] = 1 + 1 = 2，将此值存入用来记录已计算斐波那契数列的数组中，即 output[3]=2。

（5）第一次计算 Fib(4)，按照斐波那契数列的定义，得到数值为 Fib(3)+ Fib(2)，因为这两个数值都已计算过，因此可以直接计算 output[3] + output[2] = 2+1 = 3，将此值存入用来记录已计算斐波那契数列的数组中，即 output[4]=3。

（6）第一次计算 Fib(5)，按照斐波那契数列的定义，得到数值为 Fib(4)+ Fib(3)，因为这两个数值都已计算过，所以可以直接计算 output[4] + output[3] = 3+2 = 5，将此值存入用来记录已计算斐波那契数列的数组中，即 output[5]=5，后续各项以此类推。

根据上面动态规划法改进斐波那契数列的递归算法，用 C++语言实现改进的算法，程序代码如下：

```
int fib(int);          // fib()函数的原型声明
int output[1000];      // Fibonacci 的暂存区
int main()
{
   int n;
   cout<<"请输入所要计算第几个斐式数列：";
   cin>>n;
   cout<<"fib("<<n<<")="<<fib(n);
   return 0;
}

int fib(int n) // 以动态规划法定义函数
{
   int i;
   if(n==0)
      return 0;
   if(n==1)
      return 1;
   else
   {
      output[0]=0;
```

```
        output[1]=1;
        for(i=2;i<=n;i++)
            output[i]=output[i-1]+output[i-2];
        return output[n];
    }
}
```

2.5 迭　代　法

迭代法（Iterative Method）无法使用公式一次求解，而需要使用迭代。

【范例程序：CH02_02.cpp】

下面以 C++用 for 循环设计一个计算 1!~*n*!的阶乘程序。

```
01  // 计算 10! 的值
02  #include <iostream>
03  #include <cstdlib>
04  using namespace std;
05
06  int main()
07  {
08      int i, sum=1;
09      for (i=1;i<=10;i++)              // 定义 for 循环
10      {
11          sum*=i;                      // sum=sum+i
12      }
13      cout<<i-1<<"!="<<sum<<endl;      // 打印出 i 和 sum 的值
14      return 0;
15  }
```

【执行结果】参考图 2-9。

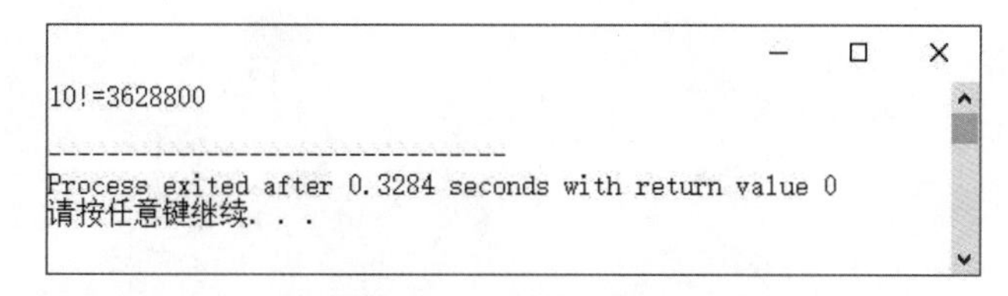

图 2-9

上述例子采用的是一种固定执行次数的迭代法，当遇到问题，无法用公式一次求解，又无法确定要执行多少次，此时就可以使用 while 循环。

while 循环必须加入控制变量的起始值及递增或递减表达式，并且在编写循环过程时必须检查离开循环体的条件是否存在，如果条件不存在，则会让循环体一直执行而无法停止，导致“无限循环”（即死循环）。循环结构通常需要具备以下 3 个条件：

（1）循环控制变量的初始值。

（2）循环条件判断表达式。

（3）调整循环控制变量的增减值。

程序如下：

```
int i=0,sum=0;
while(i<10)
{
    i++;              /* 执行循环一次则加 1，控制循环的条件变量 */
    sum=i+sum;
}
cout<<i<<"!"<<"="<<sum;
```

当 i 小于 10 时会执行 while 循环体内的语句，所以 i 会加 1，直到 i 等于 10，这时条件判断表达式为 false 了，就会终止循环。

帕斯卡三角形算法

帕斯卡（Pascal）三角形算法基本上就是计算出三角形每一个位置的数值。在帕斯卡三角形上的每一个数字都对应一个 ${}_rC_n$，其中 r 代表行（row），而 n 代表列（column），r 和 n 都是从数字 0 开始的。帕斯卡三角形算法的定义如下：

$$
\begin{array}{c}
{}_0C_0 \\
{}_1C_0\ {}_1C_1 \\
{}_2C_0\ {}_2C_1\ {}_2C_2 \\
{}_3C_0\ {}_3C_1\ {}_3C_2\ {}_3C_3 \\
{}_4C_0\ {}_4C_1\ {}_4C_2\ {}_4C_3\ {}_4C_4
\end{array}
$$

帕斯卡三角形对应的数据如图 2-10 所示。

图 2-10

帕斯卡三角形的 ${}_rC_n$ 计算公式如下：

$$
{}_rC_0 = 1
$$

$$
{}_rC_n = {}_rC_{n-1} \times (r - n + 1) / n
$$

上面的两个式子所代表的意义是每一行的第 0 列的值一定为 1。例如，${}_0C_0 = 1$、${}_1C_0 = 1$、${}_2C_0 = 1$、${}_3C_0 = 1$，以此类推。一旦每一行的第 0 列元素的值为数字 1 确定后，该行每一列的元素值就都可以从同一行前一列的值根据下面的公式计算得到：

$$_{r}C_{n} = {}_{r}C_{n-1} \times (r - n + 1) / n$$

举例来说：

（1）第 0 行帕斯卡三角形的求值过程：当 $r = 0$、$n = 0$ 时，即第 0 行第 0 列所对应的数字为 1。

此时的帕斯卡三角形外观如下：

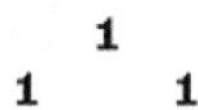

（2）第 1 行帕斯卡三角形的求值过程：当 $r = 1$、$n = 0$ 时，代表第 1 行第 0 列所对应的数字 $_{1}C_{0}$ =1；当 $r = 1$、$n = 1$ 时，即第 1 行第 1 列所对应的数字为 $_{1}C_{1}$，代入公式 $_{r}C_{n} = {}_{r}C_{n-1} \times (r - n + 1) / n$（其中 $r = 1$，$n = 1$），可以推导出 $_{1}C_{1} = {}_{1}C_{0} \times (1 - 1 + 1) / 1 = 1 \times 1 = 1$。得到的结果是 $_{1}C_{1} = 1$。

此时的帕斯卡三角形外观如下：

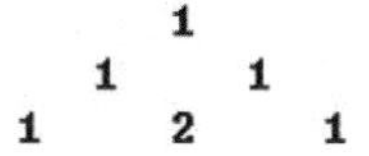

（3）第 2 行帕斯卡三角形的求值过程：按照上面每一行中各个元素值的求值过程可以推导得出 $_{2}C_{0}$ =1、$_{2}C_{1}$ =2、$_{2}C_{2}$=1。

此时的帕斯卡三角形外观如下：

      1
    1   1
  1   2   1

（4）第 3 行帕斯卡三角形的求值过程：按照上面每一行中各个元素值的求值过程可以推导得出 $_{3}C_{0}$ =1、$_{3}C_{1}$ =3、$_{3}C_{2}$=3、$_{3}C_{3}$ =1。

此时的帕斯卡三角形外观如下：

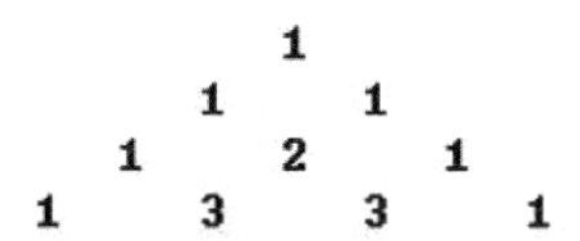

同理，可以推导出第 4 行、第 5 行、第 6 行等所有帕斯卡三角形中各行的元素值。

2.6　枚　举　法

枚举法（又称为穷举法）是一种常见的数学方法，是我们在日常工作中使用比较多的一种算法，核心思想是列举所有的可能。根据问题要求逐一列举问题的解答，或者为了便于解决问题，把问题分为不重复、不遗漏的有限几种情况，逐一列举各种情况并加以解决，最终达到解决整个问题的目的。像枚举法这种分析问题、解决问题的方法，得到的结果总是正确的，缺点是速度太慢。

例如，我们想将 A 与 B 两个字符串连接起来，就是将 B 字符串中的每一个字符从第一个字符开始逐步连接到 A 字符串中的最后一个字符，如图 2-11 所示。

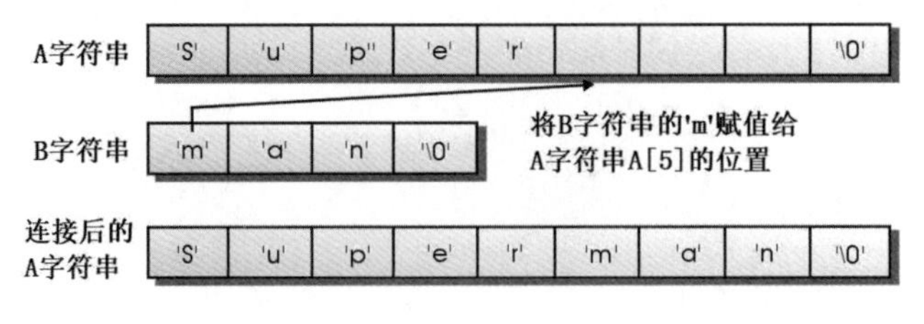

图 2-11

【范例程序：CH02_03.cpp】

下面的C++范例程序声明两个字符串，再把它们串接起来。

```
01  #include <iostream>
02
03  using namespace std;
04
05  int main()
06  {
07      char Str_1[40];
08      char Str_2[40];
09      char Str_3[80];
10      int count, s_record;
11
12      cout<<"字符串 Str_1 的内容：";
13      cin>>Str_1;
14      cout<<"字符串 Str_2 的内容：";
15      cin>>Str_2;
16
17      s_record=0;
18      // 把整数变量 s_record 归 0，用来记录 Str_3 所指向的数组元素
19
20      for (count=0; Str_1[count] != '\0'; count++, s_record++)
21          // 将 Str_1 字符串复制到 Str_3
22          Str_3[s_record]=Str_1[count];
23
24      for (count=0; Str_2[count] != '\0'; count++, s_record++)
25          // 将 Str_2 字符串复制到 Str_3
26          Str_3[s_record]=Str_2[count];
27
28      Str_3[s_record]='\0';
29      // 字符串最后要加上 NULL 字符
30
31      cout<<"串接后的字符串 Str_3："<<Str_3<<endl;
32      // 显示字符串串接后的结果
33
34      return 0;
35  }
```

【执行结果】参考图 2-12。

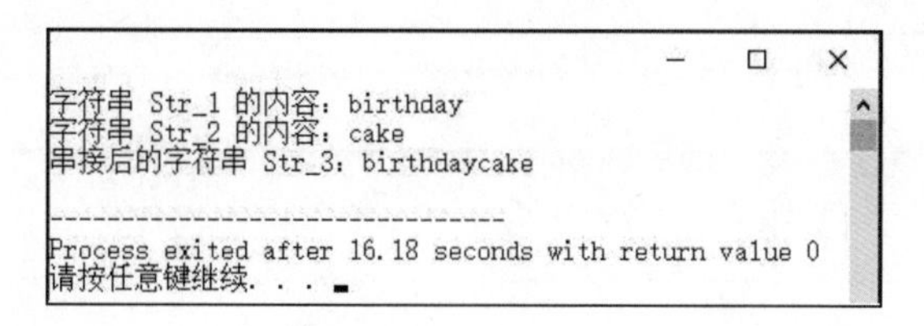

图 2-12

再来看一个例子，计算 1000 依次减去 1，2，3……直到哪一个数时，相减的结果开始为负数？这是很典型的枚举法应用，只要按序减去 1，2，3，4，5，6……即可。

$$1000-1-2-3-4-5-6-\cdots-? < 0$$

以枚举法来求解这个问题，算法过程如下：

1000–1 = 999

999–2 = 997

997–3 = 994

994–4 = 990

⋮　⋮　⋮

139–42 = 97

97–43 = 54

54–44 = 10

10–45 = –35

开始产生负数，根据枚举法得知，一直减到数字 45，相减的结果开始为负数。

简单来说，枚举法的核心概念就是将要分析的项目在不遗漏的情况下逐一列举出来，再从所列举的项目中找到自己需要的目标对象。

【范例程序：CH02_04.cpp】

下面的 C++范例程序以 while 循环来计算 1000 依次减去 1，2，3，……直到哪一个数时，相减的结果为负数。

```
01  #include <iostream>
02  #include <cstdlib>
03
04  using namespace std;
05
06  int main()
07  {
08     int x=1, sum=1000;
09
10     while(sum>0) // while 循环
11     {
12        sum-=x;
13        x++;
14     }
15     cout<<x-1<<endl;
16
```

```
17        return 0;
18    }
```

【执行结果】参考图 2-13。

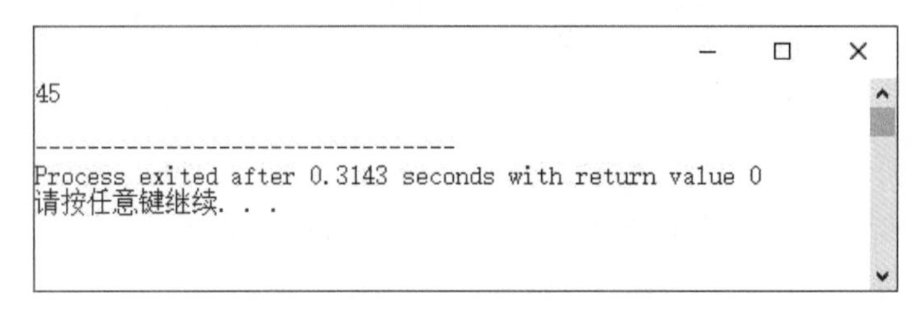

图 2-13

下面我们把 3 个相同的小球放入 A、B、C 三个盒子中，试问共有多少种不同的方法？分析枚举法的关键是分类，本题分类的方法有很多种，例如可以分成这样三类：第一类是 3 个球放在一个盒子里；第二类是两个球放在一个盒子里，剩余的 1 个球放在一个盒子里；第三类是将 3 个球分 3 个盒子放。

第一类：3 个球放在一个盒子里，会有 3 种可能的情况，如图 2-14~图 2-16 所示。

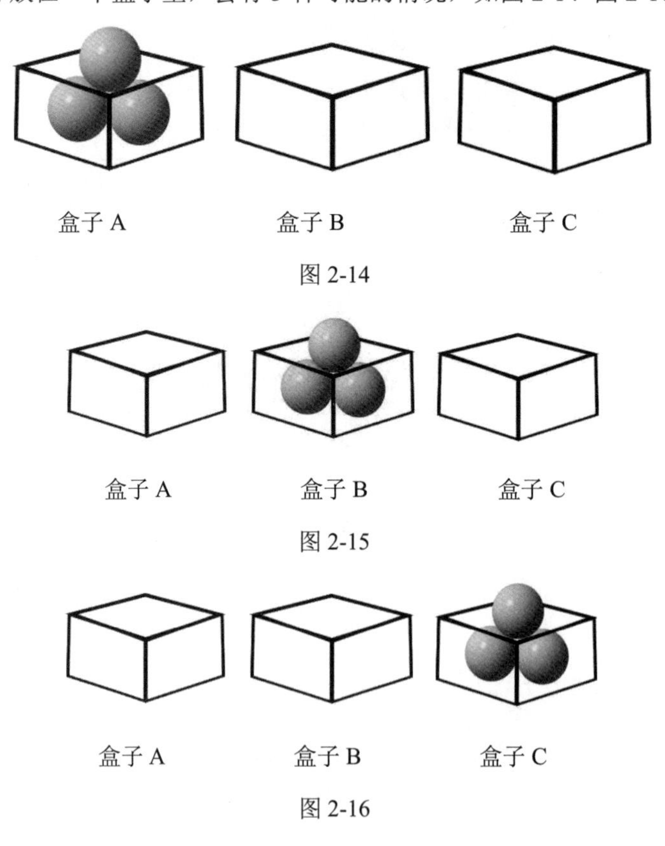

图 2-14

图 2-15

图 2-16

第二类：两个球放在一个盒子里，剩余的 1 个球放在一个盒子里，会有 6 种可能的情况，如图 2-17~图 2-22 所示。

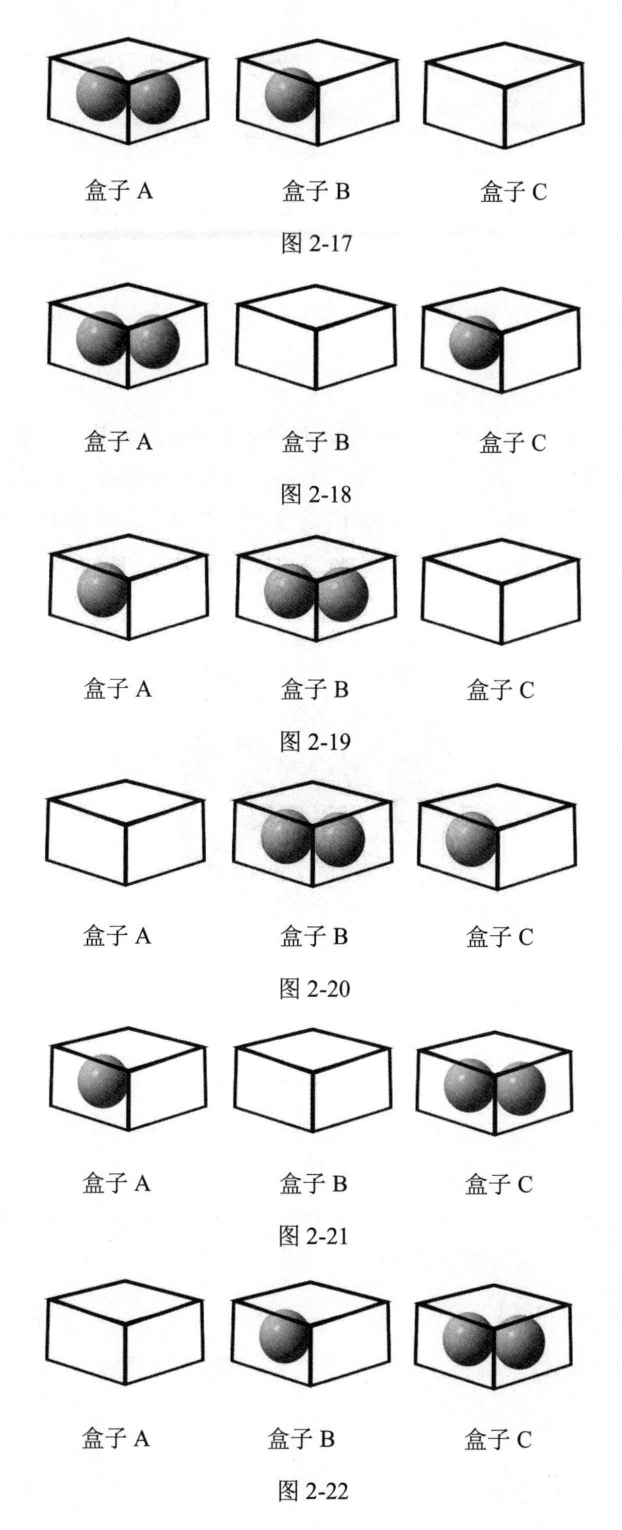

图 2-17

图 2-18

图 2-19

图 2-20

图 2-21

图 2-22

第三类：3 个球分 3 个盒子放，只有一种可能的情况，如图 2-23 所示。

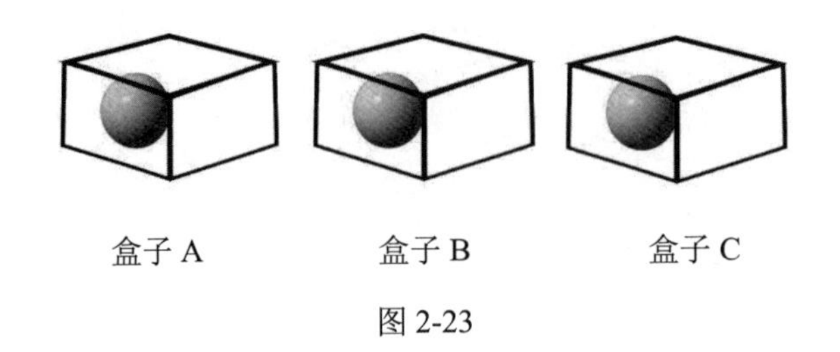

图 2-23

根据枚举法的思路找出上述 10 种放置小球的方式。

质数求解算法

所谓质数（也称为素数）就是大于 1 并且除了自身之外无法被其他整数整除的数，例如 2，3，5，7，11，13，17，19，23 等，如图 2-24 所示。如何快速找出质数呢？在此特别推荐埃拉托色尼筛选法（Eratosthenes），即求质数的方法。首先假设要检查的数为 N，接着参照下列步骤判断数字 N 是否为质数。在求质数的过程中，可以运用一些技巧以减少循环检查的次数，以便加速对质数的判断工作。

图 2-24

除了判断一个数是否为质数外，另一个衍生的问题是如何求出小于 N 的所有质数？在此也一并说明。

求质数很简单，可以使用循环将数字 N 除以所有小于它的正整数，如果可以整除，就不是质数。进一步检查会发现，其实只要检查到 N 的开平方根取整的正整数就可以了，这是因为 $N= A\times B$，如果 A 大于 N 的平方根，那么因为 A 和 B 乘积对称的关系，相当于 B 已被检查过了。由于开平方根常会碰到浮点数精确度的问题，因此为了让循环检查的速度加快，可以使用整数 i 和 $i\times i \leqslant N$ 的条件判断表达式来判定要检查到哪一个整数后即可停止。

【范例程序：CH02_05.cpp】

下面的 C++范例程序通过求解来判断输入的数字 N 是否为质数。

```
01   #include <iostream>
02   #include <math.h>
03
04   using namespace std;
05
06   bool is_prime(int n)
07   {
08       int i=2;
```

```
09      while (i<=sqrt(n))
10      {
11          if(n % i == 0) // 如果可以整除，就表示 i 是 n 的因子，则返回 false
12              return false;
13          i=i+1;
14      }
15      return true;
16  }
17  int main()
18  {
19      int n;
20      cout<<"请输入一个大于或等于 2 的数字：";
21      cin>>n;
22      cout<<endl;
23      if(n==2)
24      {
25          cout<<n<<"是质数";
26          return 0;
27      }
28      if(is_prime(n))
29          cout<<n<<"是质数。";
30       else
31          cout<<n<<"不是质数。";
32
33      return 0;
34   }
```

【执行结果】参考图 2-25。

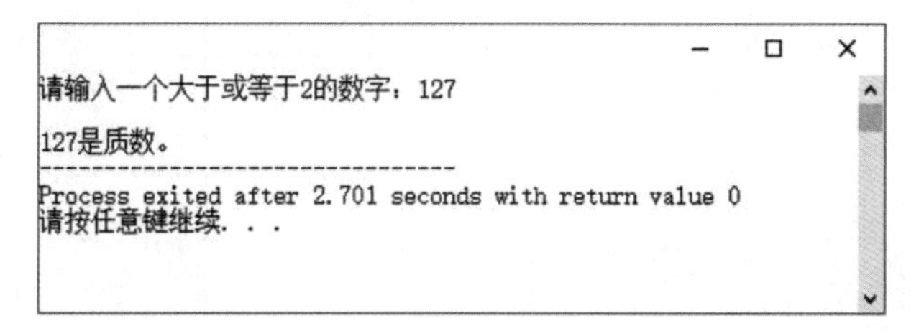

图 2-25

2.7 回　溯　法

回溯法（Backtracking）也是枚举法的一种。对于某些问题而言，回溯法是一种可以找出所有（或一部分）解的一般性算法，同时避免枚举不正确的数值。一旦发现不正确的数值，回溯法就不再递归到下一层，而是回溯到上一层，以节省时间，是一种走不通就退回再走的方式。它的特点主要是在搜索过程中寻找问题的解，当发现不满足求解条件时就回溯（返回），并尝试别的路径，避免无效搜索。

例如，老鼠走迷宫就是一种回溯法的应用。老鼠走迷宫问题的描述是：假设把一只老鼠放在一个没有盖子的大迷宫盒的入口处，盒中有许多墙，使得大部分路径都被挡住而无法前进。老鼠可以采用尝试错误的方法找到出口。不过，这只老鼠必须在走错路时就退回来并把走过的路记下来，避免下次走重复的路，就这样直到找到出口为止。简单来说，老鼠行进时必须遵守以下 3 个原则：

（1）一次只能走一格。

（2）遇到墙无法往前走，则退回一步找找是否有其他的路可以走。

（3）走过的路不会再走第二次。

在编写走迷宫程序之前，我们先来了解如何在计算机中描述一个仿真迷宫的地图——可以使用二维数组 MAZE[row][col]并符合以下规则：

- MAZE[i][j] = 1：表示[i][j]处有墙，无法通过。
- MAZE[i][j] = 0：表示[i][j]处无墙，可通行。
- MAZE[1][1]是入口，MAZE[m][n]是出口。

图 2-26 是一个使用 10×12 二维数组表示的仿真迷宫地图。假设老鼠从左上角的 MAZE[1][1]进入，从右下角的 MAZE[8][10]出来，老鼠的当前位置用 MAZE[x][y]表示，那么老鼠可能移动的方向如图 2-27 所示。由图中可知，老鼠可以选择的方向共有 4 个，分别为东、西、南、北，但是并非每个位置都有 4 个方向可以选择，必须视情况而定。例如，T 字形的路口就只有东、西、南 3 个方向可以选择。

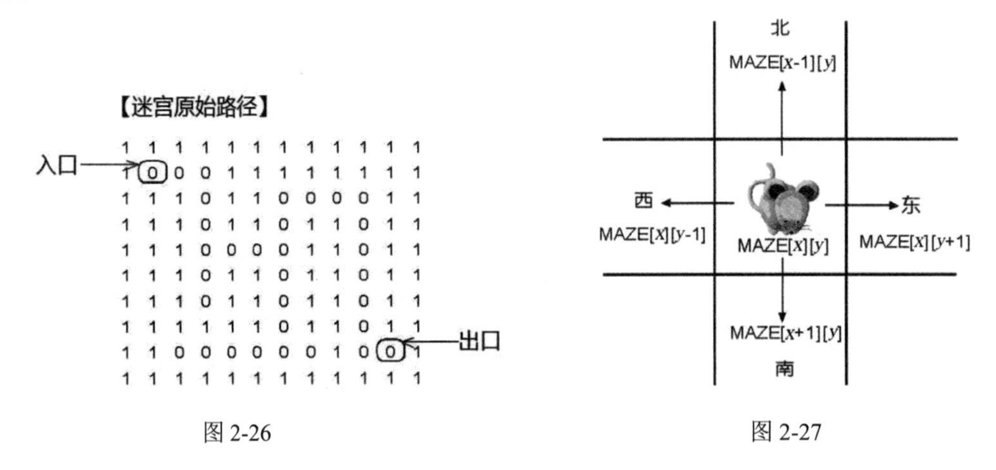

图 2-26　　　　图 2-27

可以先使用链表记录走过的位置，并且将走过的位置所对应的数组元素内容标记为 2，然后将这个位置压入堆栈，再进行下一个方向或路的选择。如果走到死胡同并且没有抵达终点，就退回到上一个位置，直至退回到上一个岔路后再选择其他的路。由于每次新加入的位置必定会在堆栈的顶端，因此堆栈顶端指针所指向的方格编号便是当前搜索迷宫出口的老鼠所在的位置。如此重复这些动作，直至走到迷宫出口为止。在图 2-28 和图 2-29 中以小球代表迷宫中的老鼠。

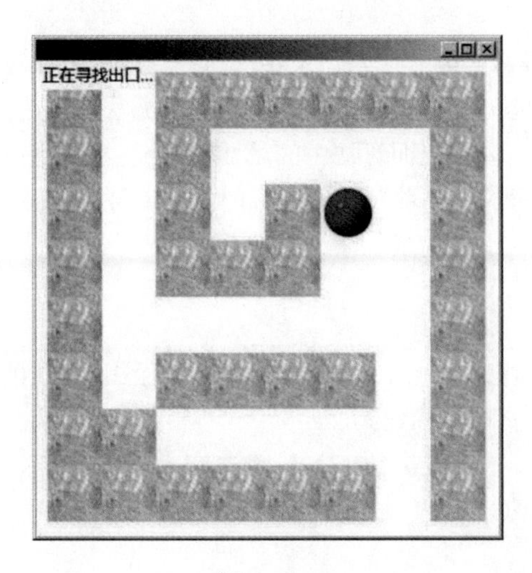

图 2-28

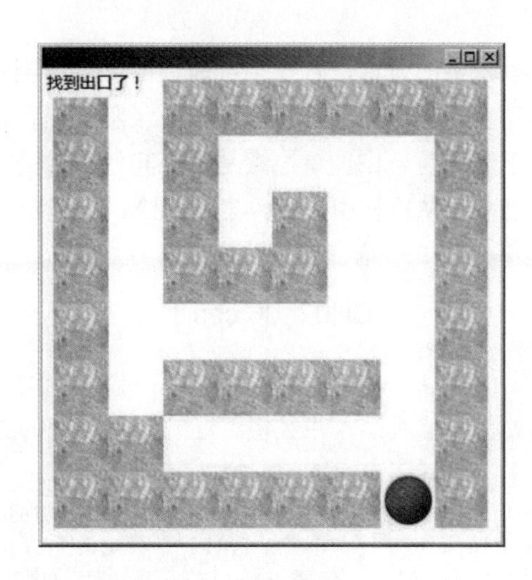

图 2-29

上面这样一个迷宫搜索的过程可以使用如下 C++语言算法来描述。

```
01 if(上一格可走)
02 {
03     把方格编号压入堆栈;
04     往上走;
05     判断是否为出口;
06 }
07 else if(下一格可走)
08 {
09     把方格编号压入堆栈;
10     往下走;
11     判断是否为出口;
12 }
13 else if(左一格可走)
14 {
15     把方格编号压入堆栈;
16     往左走;
17     判断是否为出口;
18 }
19 else if(右一格可走)
20 {
21     把方格编号压入堆栈;
22     往右走;
23     判断是否为出口;
24 }
25 else
26 {
27     从堆栈删除一个方格编号;
28     从堆栈中取出一个方格编号;
29     往回走;
30 }
```

上面的算法是每次进行移动时所执行的操作，其主要是判断当前所在位置的上、下、左、右是否有可以前进的方格，若找到可前进的方格，则将该方格的编号加入记录移动路径的堆栈中并向该方格移动；而当四周没有可走的方格（第 25 行程序语句），也就是当前所在的方格无法走出迷宫，则必须退回到前一格重新检查是否有其他可走的路径。所以在上面算法中的第 27 行会将当前所在位置的方格编号从堆栈中删除，之后第 28 行从堆栈再弹出的就是前一次所走过的方格编号。

以下是用 C++语言编写的走迷宫程序。

【范例程序：CH02_06.cpp】

设计一个 C++程序，使用链表堆栈来找出老鼠走迷宫的路线，1 表示该处有墙无法通过，0 表示[i][j]处无墙可通行，并且将走过的位置对应的数组元素内容标记为 2。

```
01  #include <iostream>
02  #define EAST  MAZE[x][y+1]   //定义东方的相对位置
03  #define WEST  MAZE[x][y-1]   //定义西方的相对位置
04  #define SOUTH MAZE[x+1][y]     //定义南方的相对位置
05  #define NORTH MAZE[x-1][y]     //定义北方的相对位置
06  using namespace std;
07  const int ExitX = 8;   //定义出口的 X 坐标在第 8 行
08  const int ExitY = 10; //定义出口的 Y 坐标在第 10 列
09  struct list
10  {
11     int x,y;
12     struct list* next;
13  };
14  typedef struct list node;
15  typedef node* link;
16  int MAZE[10][12] = {1,1,1,1,1,1,1,1,1,1,1,1, //声明迷宫数组
17                      1,0,0,0,1,1,1,1,1,1,1,1,
18                      1,1,1,0,1,1,0,0,0,0,1,1,
19                      1,1,1,0,1,1,0,1,1,0,1,1,
20                      1,1,1,0,0,0,0,1,1,0,1,1,
21                      1,1,1,0,1,1,0,1,1,0,1,1,
22                      1,1,1,0,1,1,0,1,1,0,1,1,
23                      1,1,1,1,1,1,0,1,1,0,1,1,
24                      1,1,0,0,0,0,0,0,1,0,0,1,
25                      1,1,1,1,1,1,1,1,1,1,1,1};
26  link push(link stack,int x,int y);
27  link pop(link stack,int* x,int* y);
28  int chkExit(int ,int ,int,int);
29  int main(void)
30  {
31     int i,j;
32     link path = NULL;
33     int x=1;  //入口的 X 坐标
34     int y=1;    //入口的 Y 坐标
35     cout<<"[迷宫的路径(0 标记的部分)]\n"<<endl; //打印出迷宫的路径图
36     for(i=0;i<10;i++)
37     {
38        for(j=0;j<12;j++)
39           cout<<MAZE[i][j]<<" ";
40        cout<<endl;
41     }
42     while(x<=ExitX&&y<=ExitY)
```

```
43        {
44           MAZE[x][y]=2;
45           if(NORTH==0)
46           {
47              x -= 1;
48              path=push(path,x,y);
49           }
50           else if(SOUTH==0)
51           {
52              x+=1;
53              path=push(path,x,y);
54           }
55           else if(WEST==0)
56           {
57              y-=1;
58              path=push(path,x,y);
59           }
60           else if(EAST==0)
61           {
62              y+=1;
63              path=push(path,x,y);
64           }
65           else if(chkExit(x,y,ExitX,ExitY)==1) // 检查是否走到出口了
66              break;
67           else
68           {
69              MAZE[x][y]=2;
70              path=pop(path,&x,&y);
71           }
72        }
73        cout<<"[老鼠走过的路径(2 标记的部分)]"<<endl; // 打印出老鼠走完迷宫后的路径图
74        for(i=0;i<10;i++)
75        {
76           for(j=0;j<12;j++)
77              cout<<MAZE[i][j]<<" ";
78           cout<<endl;
79        }
80
81        return 0;
82     }
83     link push(link stack,int x,int y)
84     {
85        link newnode;
86        newnode = new node;
87        if(!newnode)
88        {
89           cout<<"Error! 内存分配失败! "<<endl;
90           return NULL;
91        }
92        newnode->x=x;
93        newnode->y=y;
94        newnode->next=stack;
95        stack=newnode;
96        return stack;
97     }
```

```
98   link pop(link stack,int* x,int* y)
99   {
100      link top;
101      if(stack!=NULL)
102      {
103          top=stack;
104          stack=stack->next;
105          *x=top->x;
106          *y=top->y;
107          delete top;
108          return stack;
109      }
110      else
111          *x=-1;
112      return stack;
113  }
114  int chkExit(int x,int y,int ex,int ey)
115  {
116      if(x==ex&&y==ey)
117      {
118          if(NORTH==1||SOUTH==1||WEST==1||EAST==2)
119              return 1;
120          if(NORTH==1||SOUTH==1||WEST==2||EAST==1)
121              return 1;
122          if(NORTH==1||SOUTH==2||WEST==1||EAST==1)
123              return 1;
124          if(NORTH==2||SOUTH==1||WEST==1||EAST==1)
125              return 1;
126      }
127      return 0;
128  }
```

【执行结果】参考图 2-30。

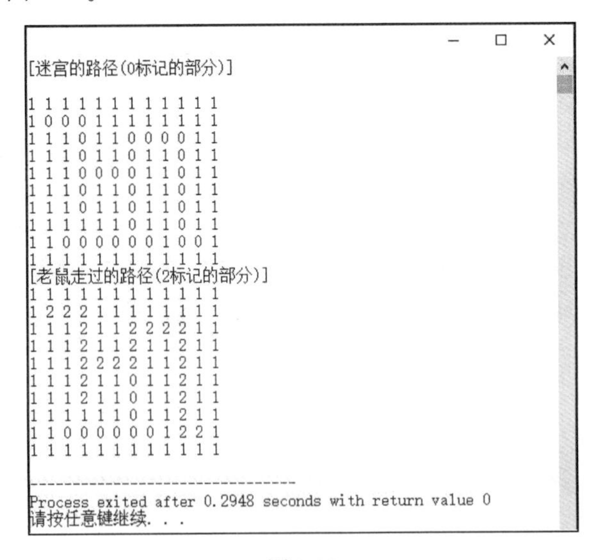

图 2-30

2.8 课后习题

1. 试简述分治法的核心思想。

2. 递归至少要定义哪两个条件？

3. 试简述贪心法的主要核心概念。

4. 简述动态规划法与分治法的差异。

5. 什么是迭代法？试简述。

6. 试简述枚举法的核心概念。

7. 试简述回溯法的核心概念。

第 3 章 常用数据结构

当初人们试图建造计算机的主要原因之一就是用来存储和管理一些数字化的信息和数据，这也是最初数据结构（Data Structure）概念的来源。当我们使用计算机解决问题时，必须以计算机能够了解的模式来描述问题，而数据结构是数据的表示法，也就是计算机中存储数据的基本结构。编写程序就像盖房子一样，要先规划出房子的结构图，如图 3-1 所示。

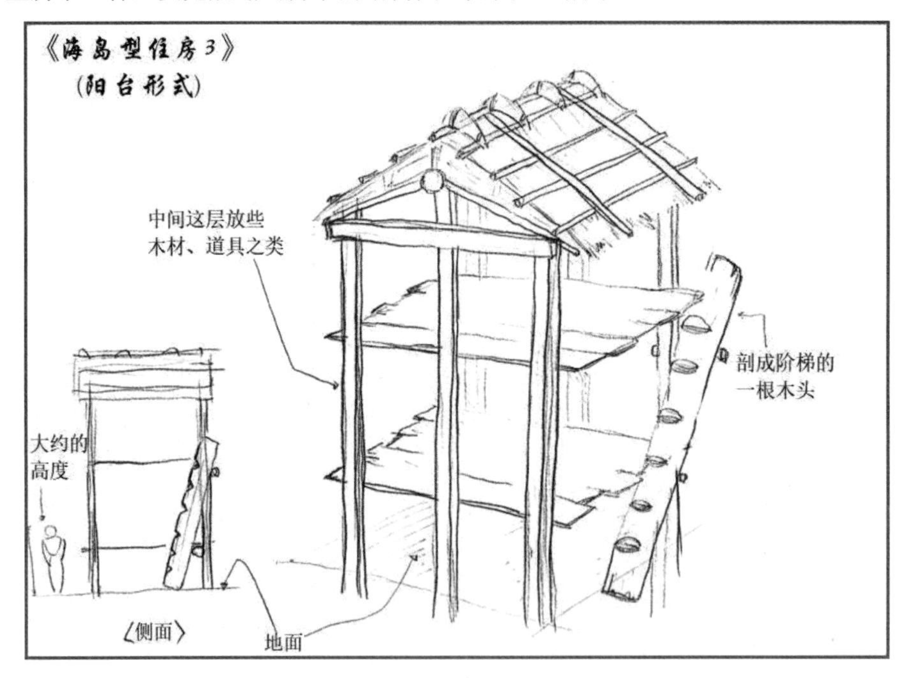

图 3-1

简单来说，数据结构讲述的就是一种辅助程序设计并进行优化的方法论，它不仅考虑到数据的存储与处理方法，同时也考虑到数据彼此之间的关系与运算，目的是提高程序的执行效率与减少对内存空间的占用等。图书馆的书籍管理也是一种数据结构的应用，如图 3-2 所示。

图 3-2

3.1　认识数据结构

在信息技术（Information Technology）发达的今日，我们日常的生活已经和计算机密不可分了。计算机与数据是息息相关的，具有处理速度快与存储容量大的两大特点（见图 3-3），因而在数据处理上非常重要。数据结构和相关的算法就是数据进入计算机进行处理的一套完整逻辑。在进行程序设计时，对于要存储和处理的一类数据，程序员必须选择一种数据结构来进行这类数据的添加、修改、删除、存储等操作，如果在选择数据结构时做了错误的决定，那么程序执行起来将可能变得非常低效，如果选错了数据类型，那么后果更加不堪设想。

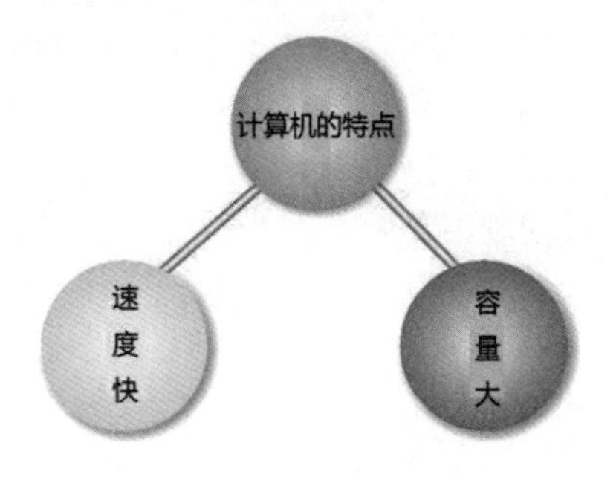

图 3-3

以日常生活中的医院为例，医院会将事先设计好的个人病历表格准备好，当有新的病人上门时，就请他们自行填写，随后管理人员会按照某种次序（例如姓氏或年龄）将病历表加以分类，然后用文件夹或档案柜加以收藏。日后当旧病人复诊时，只要询问病人的姓名或年龄，管理人员就可以快速从文件夹或档案柜中找出病人的病历表。这个档案柜中所存放的病历表就是一种数据结构概念的应用，如图 3-4 所示。

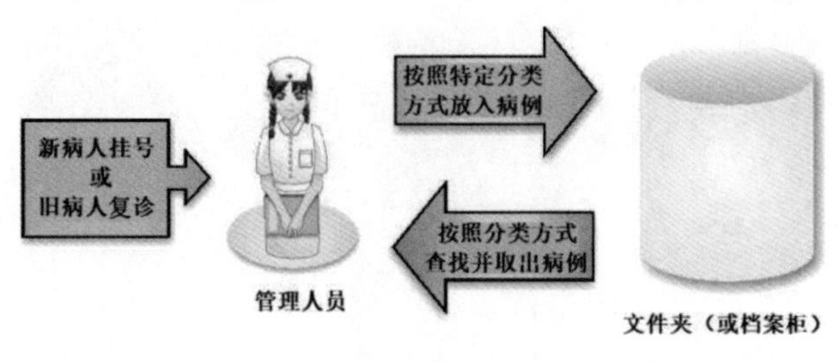

图 3-4

“数据表”（见图 3-5）中的数据结构是一个二维矩阵，纵向称为列（或者“栏”），横向称为行。每一张数据表的最上面一行用来存放数据项的名称，称为字段名（Field Name），除了字段名这一行之外，其他行用来存放一项项数据，称为值（Value）。

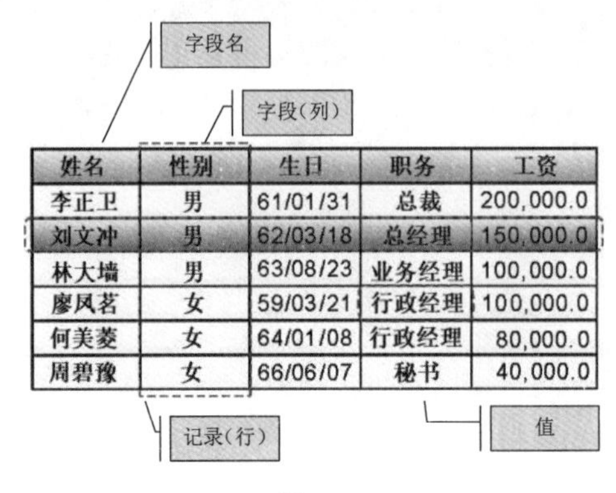

姓名	性别	生日	职务	工资
李正卫	男	61/01/31	总裁	200,000.0
刘文冲	男	62/03/18	总经理	150,000.0
林大墙	男	63/08/23	业务经理	100,000.0
廖凤茗	女	59/03/21	行政经理	100,000.0
何美菱	女	64/01/08	行政经理	80,000.0
周碧豫	女	66/06/07	秘书	40,000.0

图 3-5

数据与信息

提及数据结构，首先必须了解什么是数据（Data）与信息（Information）。

所谓数据，指的就是一种未经处理的原始文字（Word）、数字（Number）、符号（Symbol）或图形（Graph）等。我们可将数据分为两大类：一类为数值数据（Numeric Data），例如由 0～9 所组成的可用运算符（Operator）进行运算的数据；另一类为字符数据（Alphanumeric Data），比如 A，B，C，…，+，*等非数值数据（Non-Numeric Data），例如，姓名或课表、通讯录等都可泛称为“数据”。

信息就是利用大量的数据，经过系统整理、分析、筛选处理而提炼出来的具有参考价格以及提供决策依据的文字、数字、符号或图表。在近代的“信息革命”浪潮中，如何掌握信息、利用信息可以说是个人或事业团体发展成功的重要原因。充分发挥计算机的优势更能让信息的价值发挥到淋漓尽致的境界。

读者可能会有疑问：“数据和信息的角色是否一成不变呢？”这倒也不一定，同一份文件可能在某种情况下为数据，而在另一种情况下则为信息。例如，“广州市每周的平均气温是 25℃”这段文字只是陈述事实的一种数据，我们无法判定广州市是一个炎热还是凉爽的城市。一名学生的语文成绩为 90 分，我们可以说这是一项成绩的数据，无法判断它具备什么含义。如果经过排序（Sorting）处理，就可以知道这名学生语文成绩在班上的排名，也就清楚了优良程度，这时它就成为一种信息，排序则是数据结构的一种应用。

从严谨的角度来形容“数据处理”，就是用人力或机器设备对数据进行系统地整理，如记录、排序、合并、计算、统计等，以使原始的数据符合需求，并成为有用的信息，如图 3-6 所示。

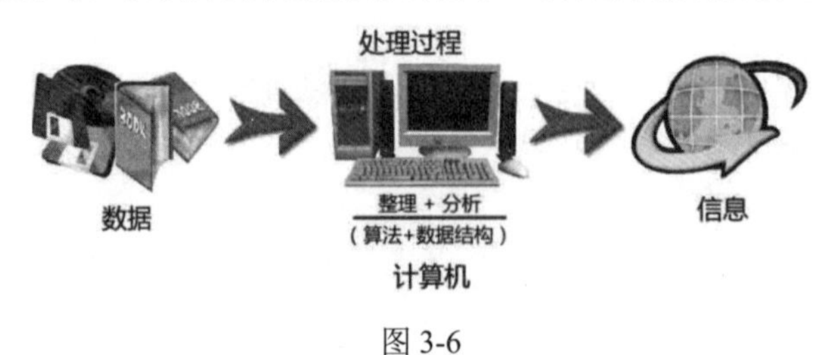

图 3-6

数据结构用于表示数据在计算机内存中所存储的位置和方式，通常可以分为以下 3 种数据类型。

1）基本数据类型

基本数据类型（Primitive Data Type）是不能以其他类型来定义的数据类型，或称为标量数据类型（Scalar Data Type）。几乎所有的程序设计语言都会为标量数据类型提供一组基本数据类型，例如 Python 语言中的基本数据类型包括整数、浮点数、布尔值和字符等。

2）结构数据类型

结构数据类型（Structured Data Type）也被称为虚拟数据类型（Virtual Data Type），是一种比基本数据类型更高一级的数据类型，例如字符串（String）、数组（Array）、指针（Pointer）、列表（List）、文件（File）等。

3）抽象数据类型

我们可以将一种数据类型看成是一种值的集合，以及在这些值上所进行的运算和所代表的属性组成的集合。抽象数据类型（Abstract Data Type，ADT）比结构数据类型更高级，是指一个数学模型以及定义在此数学模型上的一组数学运算或操作。也就是说，抽象数据类型在计算机中体现了一种信息隐藏（Information Hiding）的程序设计思想，并表示了信息之间的某种特定的关系模式。例如，堆栈就是一种典型的抽象数据类型，具有后进先出的数据操作方式。

3.2 常见的数据结构

数据结构可以通过程序设计语言所提供的数据类型、引用及其他操作加以实现。我们知道一个程序能否快速而高效地完成特定的任务取决于是否选对了数据结构，而程序是否能清楚而正确地把问题解决则取决于算法。所以，我们认为“数据结构加上算法等于高效的可执行程序”，如图 3-7 所示。

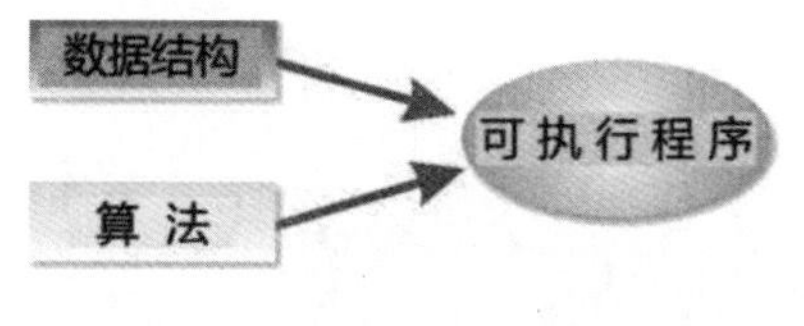

图 3-7

不同类型的数据结构适用于不同类型的应用程序，选择合适的数据结构可以让算法发挥最大性能，精心选择的数据结构可以给设计的程序带来更高效率的算法。然而，无论是哪种情况，数据结构的选择都是至关重要的。接下来我们将介绍一些常见的数据结构。

3.2.1 数组

数组结构在计算机内部就是一排紧密相邻的可数内存，并提供一个能够直接访问单一的数据内容的计算方法。我们可以想象一下自家信箱，其中每个信箱都有地址，邮递员可以按照信件上的地址把信件直接投递到指定的信箱中。这就好比街道名就是数组名称，而信箱号码就是数组的下标（也称为“索引”），即数组的名称表示一块紧密相邻的内存的起始地址位置，而数组的下标（或索引）就是用来表示从此内存起始地址位置的第几个内存区块，如图 3-8 所示。

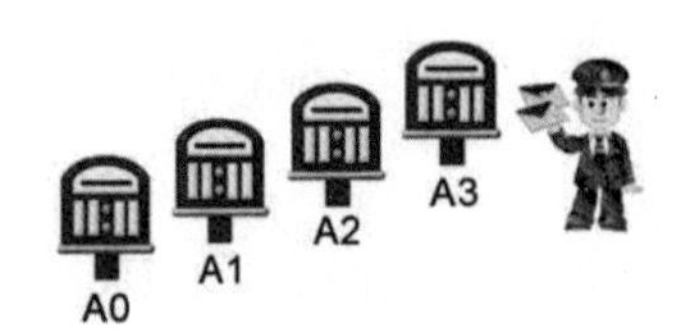

图 3-8

通常数组的使用可以分为一维数组、二维数组及多维数组等，其基本工作原理都相同。例如，下面的 C 语言语句表示声明一个名称为 Score、长度（数据结构中较常见的说法是指数组的大小）为 5 的数组：

```
int Score[0]
```

示意图如图 3-9 所示。

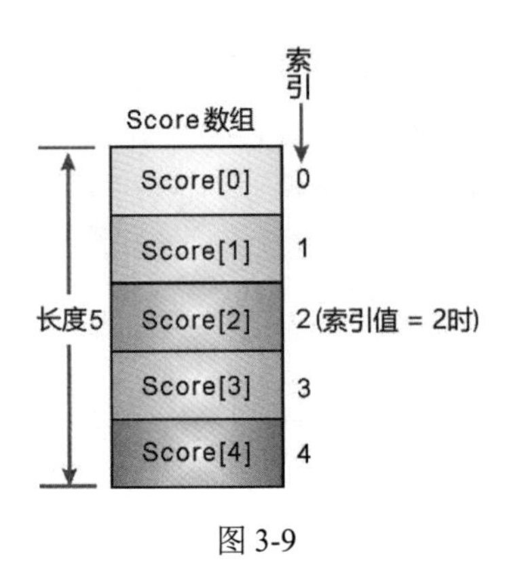

图 3-9

二维数组

二维数组可视为一维数组的扩展，与一维数组一样也是用于处理数据类型相同的数据，差别只在于维数不同。例如，一个含有 $m \times n$ 个元素的二维数组为 $\boldsymbol{A}(1{:}m, 1{:}n)$，其中 m 代表行数、n 代表列数。$\boldsymbol{A}$[4][4]数组中各个元素在直观平面上的具体排列方式如图 3-10 所示。

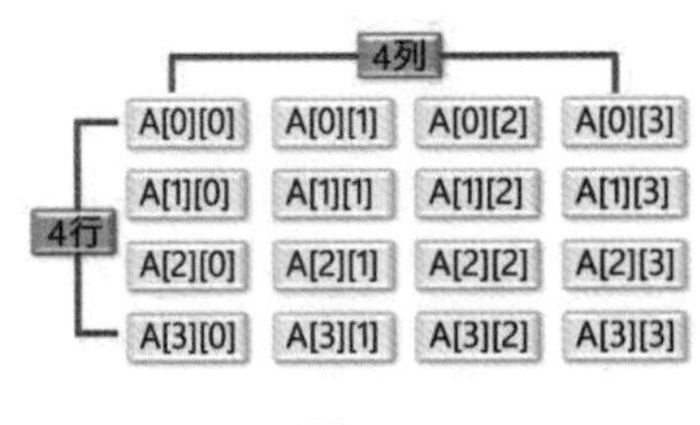

图 3-10

【范例程序：CH03_01.cpp】

下面的 C++范例程序使用二维数组来求解一个二阶行列式。二阶行列式的计算公式如图 3-11 所示。

$$\Delta = \begin{vmatrix} a1 & b1 \\ a2 & b2 \end{vmatrix} = a1*b2-a2*b1$$

图 3-11

```
01    #include <iostream>
02    #include <cstdlib>
03
04    using namespace std;
05
06    int main()
07    {
08        int arr[2][2];
09        int sum;
10        cout << "|a1 b1|\n";
11        cout << "|a2 b2|\n";
12        cout << "请输入 a1:";
13        cin >> arr[0][0];
14        cout << "请输入 b1:";
15        cin >> arr[0][1];
16        cout << "请输入 a2:";
17        cin >> arr[1][0];
18        cout << "请输入 b2:";
19        cin >> arr[1][1];
20        sum = arr[0][0]*arr[1][1]-arr[0][1]*arr[1][0]; // 求二阶行列式的值
21        cout << "|" << arr[0][0] << " " << arr[0][1] << "|\n";
22        cout << "|" << arr[1][0] << " " << arr[1][1] << "| = ";
23        cout << sum <<endl;
24
25        return 0;
26    }
```

【执行结果】参考图 3-12。

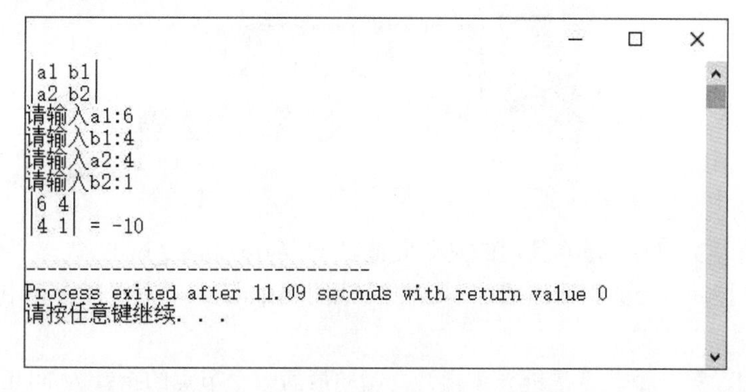

图 3-12

三维数组的表示法和二维数组的表示法一样，都可视为是一维数组的扩展或延伸，可以将三维数组看作是一个立方体。将 arr[2][3][4]三维数组想象成空间上的立方体，如图 3-13 所示。

例如，在 C++语言中三维数组声明的方式如下：

```
int num[2][3][3]={{{33,45,67},
                   {23,71,56},
                   {55,38,66}},
                  {{21,9,15 },
```

```
{38,69,18},
{90,101,89}}};//声明三维数组
```

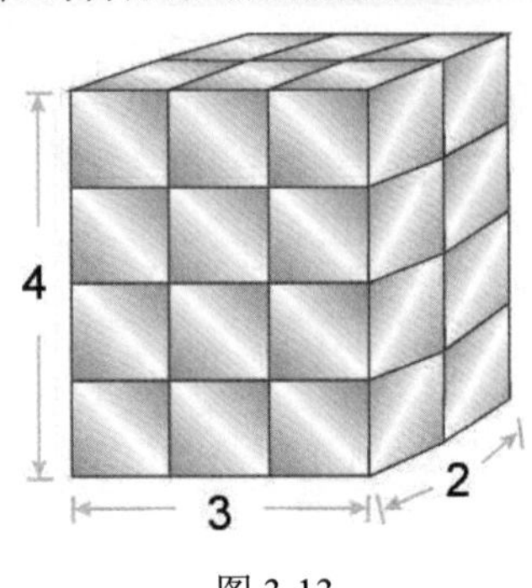

图 3-13

3.2.2 链表

链表又称为动态数据结构，使用不连续内存空间来存储，是由许多相同数据类型的数据项按特定顺序排列而成的线性表。链表的特性是各个数据项在计算机内存中的位置是不连续且随机（Random）存放的，优点是数据的插入或删除都相当方便。当有新数据加入链表后，就向系统申请一块内存空间；当数据被删除后，就把这块内存空间还给系统。在链表中添加和删除数据都不需要移动大量的数据。

在日常生活中有许多链表抽象概念的运用，例如把链表想象成火车（见图 3-14），有多少人就挂多少节车厢，当假日人多需要较多车厢时就可多挂些车厢，人少时就把车厢数量减少，这种做法非常有弹性。

图 3-14

在动态分配内存空间时，最常使用的是单向链表（Single Linked List）。一个单向链表节点基本上是由数据字段和指针两个元素所组成的，其中指针用于指向下一个元素在内存中的地址，如图 3-15 所示。

在单向链表中，第一个节点是链表头指针；指向最后一个节点的指针为 NULL，表示它是链表尾，不指向任何地方。例如，链表 A={a, b, c, d, x}，其单向链表的数据结构如图 3-16 所示。

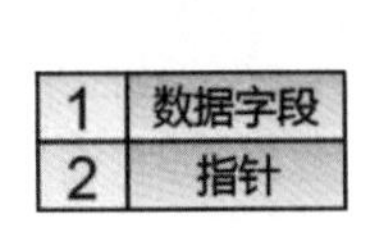

图 3-15

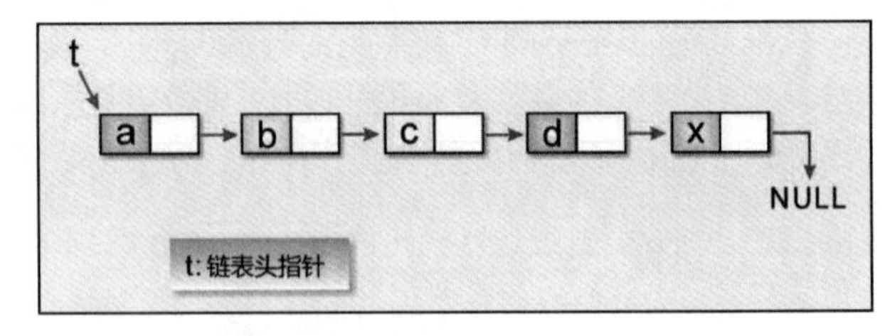

图 3-16

单向链表中所有节点都知道本节点的下一个节点在哪里，却不知道前一个节点，在单向链表的各种操作中链表头指针相当重要，只要存在链表头指针，就可以遍历整个链表、进行加入和删除节点等操作。注意，除非必要，否则不可移动链表头指针。

3.2.3　堆栈

堆栈是一组相同数据类型的组合，所有的操作均在堆栈顶端进行，具有后进先出的特性。所谓后进先出，其实就如同自助餐中餐盘在桌面上一个一个往上叠放，在取用时先拿最上面的餐盘，如图 3-17 所示，这就是典型的堆栈概念的应用。

图 3-17

堆栈是一种抽象数据类型，具有下列特性：

（1）只能从堆栈的顶端存取数据。
（2）数据的存取遵循“后进先出”的原则。

在堆栈的数据结构中，将每一个元素放入堆栈顶端，被称为压入（push），而从堆栈顶端取出元素，则被称为弹出（pop）。堆栈压入和弹出的操作过程如图 3-18 所示。

堆栈压入和弹出操作示意图如图 3-19 所示。

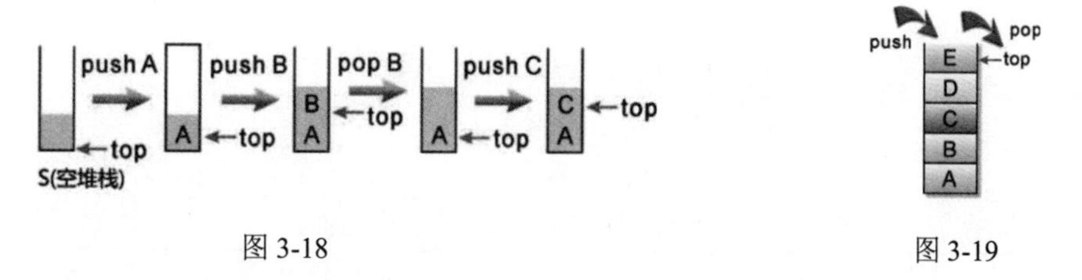

图 3-18　　图 3-19

堆栈的基本操作如表 3-1 所示。

表3-1　堆栈的基本操作

基 本 操 作	说　明
create	创建一个空堆栈
push	把数据压入堆栈顶端，并返回新堆栈
Pop	从堆栈顶端弹出数据，并返回新堆栈
empty	判断堆栈是否为空堆栈，是则返回 true，否则返回 false
Full	判断堆栈是否已满，是则返回 true，否则返回 false

3.2.4　队列

队列（Queue）是有序列表，属于抽象数据类型，所有加入与删除的操作都可以发生在队列两端，并且符合先进先出的特性。队列的概念就好比乘坐火车时买票的队伍，先到的人自然可以优先买票，买完票后就从队伍前端离去准备乘坐火车，而队伍的后端又陆续有新的乘客加入，如图 3-20 所示。

队列在计算机领域的应用相当广泛，如计算机的模拟（Simulation）、CPU 的作业调度（Job Scheduling）、外围设备联机并发处理系统（Spooling）的应用与图遍历的广度优先搜索法（BFS）。堆栈只需一个顶端 top 指针指向堆栈顶端，队列必须使用 front 和 rear 这两个指针分别指向队列前端和队列末尾，如图 3-21 所示。

图 3-20

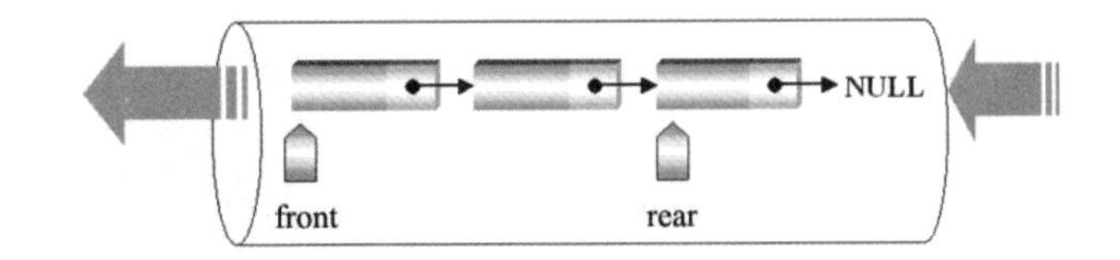

图 3-21

队列是一种抽象数据类型，有下列特点：

（1）遵行先进先出的原则。

（2）拥有加入与删除两种基本操作，而且使用 front 与 rear 两个指针分别指向队列的前端与末尾。

队列的基本操作如表 3-2 所示的 5 种。

表3-2　队列的基本操作

基本操作	说明
create	创建空队列
add	将新数据加入队列的末尾，返回新队列
delete	删除队列前端的数据，返回新队列
front	返回队列前端的数据
empty	若队列为空集合，则返回 true，否则返回 false

3.3　树结构简介

树结构（或称为树形结构）是一种日常生活中应用相当广泛的非线性结构，包括企业内的组织结构、家族的族谱、篮球赛程等。另外，在计算机领域中的操作系统与数据库管理系统都是树结构，比如 Windows、UNIX 操作系统和文件系统均是树结构的应用。图 3-22 所示的 Windows 文件资源管理器就是以树结构来存储各种文件的。

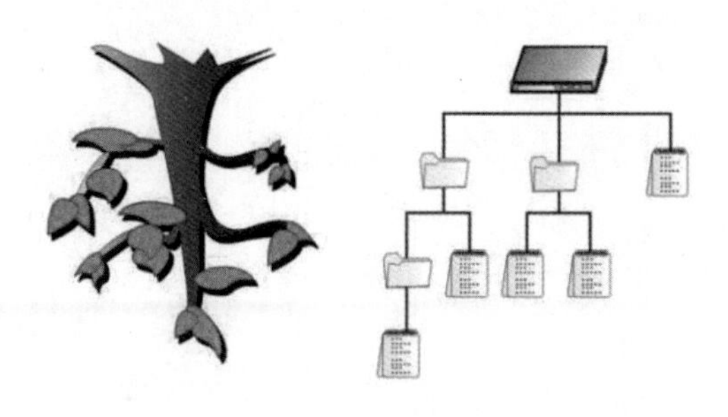

图 3-22

在年轻人喜爱的大型网络游戏中，需要获取某些物体所在的地形信息，如果程序是依次从构成地形的模型三角面寻找，往往就会耗费许多运行时间，非常低效。因此，程序员一般会使用树结构中的二叉空间分割树（BSPtree）、四叉树（QuadTree）、八叉树（Octree）等来代表分割场景的数据，如图 3-23 和图 3-24 所示。

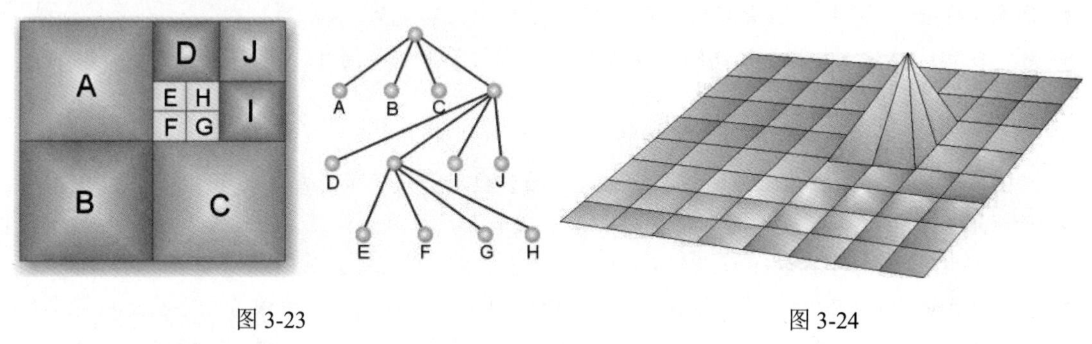

图 3-23　　　　图 3-24

3.3.1　树的基本概念

树是由一个或一个以上的节点组成的。树中存在一个特殊的节点，称为树根。每个节点都是由一些数据和指针组合而成的记录。除了树根外，其余节点可分为 $n \geqslant 0$ 个互斥的集合，即 $T_1, T_2, T_3, \cdots, T_n$，其中每一个子集合本身也是一种树结构，即此根节点的子树。在图 3-25 中，A 为根节点，B、C、D、E 均为 A 的子节点。

一棵合法的树，节点间虽可以互相连接，但不能形成无出口的回路。例如，图 3-26 就是一棵不合法的树。

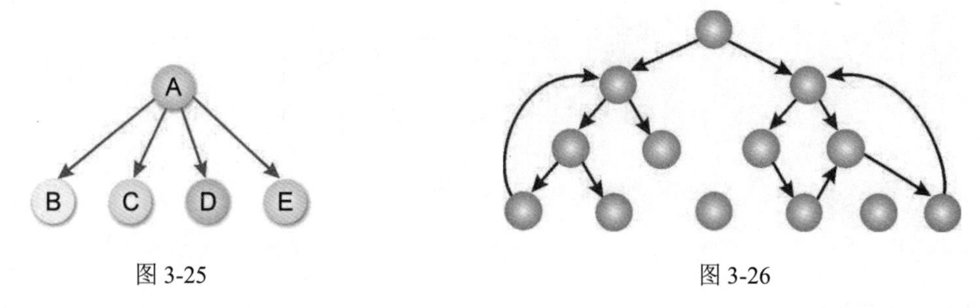

图 3-25　　　　图 3-26

在树结构中，有许多常用的专有名词，本节将以图 3-27 中这棵合法的树为例，来为读者进行详细介绍。

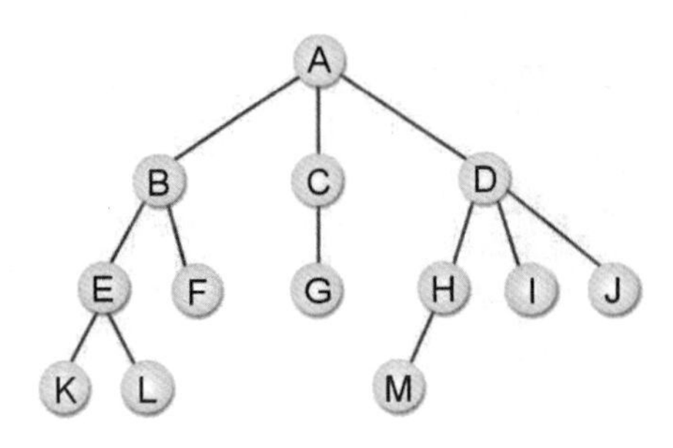

图 3-27

- 度数（Degree）：每个节点所有子树的个数。例如图 3-27 中节点 B 的度数为 2，节点 D 的度数为 3，F、K、I、J 等的度数为 0。
- 层数（Level）：树的层数，假设树根 A 为第一层，节点 B、C、D 的层数为 2，节点 E、F、G、H、I、J 的层数为 3。
- 高度（Height）：树的最大层数。图 3-27 所示的树的高度为 4。
- 树叶或称终端节点（Terminal Node）：度数为零的节点就是树叶。图 3-27 中的 K、L、F、G、M、I、J 就是树叶。
- 父节点（Parent）：一个节点有连接的上一层节点，即为父节点。在图 3-27 中，F 的父节点为 B，而 B 的父节点为 A，通常在绘制树形图时我们会将父节点画在子节点的上方。
- 子节点（Children）：一个节点有连接的下一层节点，即为子节点。在图 3-27 中，A 的子节点为 B、C、D，而 B 的子节点为 E、F。
- 祖先（Ancestor）和子孙（Descendent）：所谓祖先，是指从树根到该节点路径上所包含的节点；而子孙则是从该节点往下追溯子树中的任一节点。在图 3-27 中，K 的祖先为 A、B、E 节点，H 的祖先为 A、D 节点，B 的子孙为 E、F、K、L 节点。
- 兄弟节点（Sibling）：有共同父节点的节点。在图 3-27 中，B、C、D 为兄弟节点，H、I、J 也为兄弟节点。
- 非终端节点（Nonterminal Node）：树叶以外的节点，如图 3-27 中的 A、B、C、D、E、H。
- 同代（Generation）：在同一棵树中具有相同层数的节点，如图 3-27 中的 E、F、G、H、I、J 或 B、C、D 都是同代。
- 森林（Forest）：n（$n \geqslant 0$）棵互斥树的集合。将一棵大树移去树根即为森林。例如，将图 3-27 中的根节点 A 移去，形成图 3-28 所示的包含 3 棵树的森林。

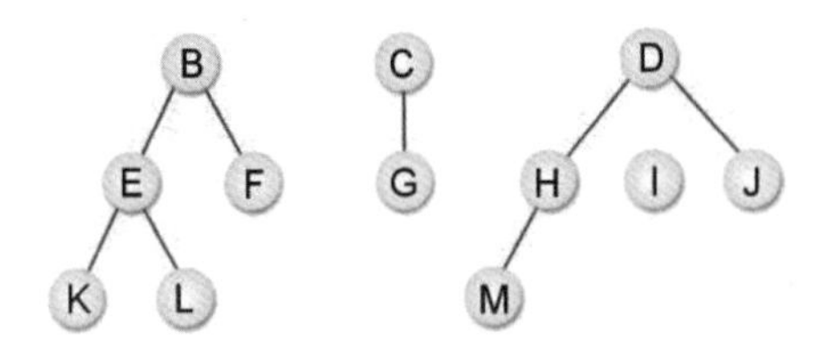

图 3-28

3.3.2 二叉树

一般树结构在计算机内存中的存储方式是以链表（Linked List）为主的。对于 n 叉树（n-way

树）来说，因为每个节点的度数都不相同，所以我们必须为每个节点都预留存放 n 个链接字段的最大存储空间。每个节点的数据结构如下：

data	$link_1$	$link_2$		$link_n$

注意，这种 n 叉树十分浪费链接存储空间。假设此 n 叉树有 m 个节点，那么此树共有 $n\times m$ 个链接字段。另外，因为除了树根外，每一个非空链接都指向一个节点，所以得知空链接个数为 $n\times m-(m-1)=m\times(n-1)+1$，而 n 叉树的链接浪费率为 $\frac{m\times(n-1)+1}{m\times n}$。因此，我们可以得出以下结论：

- n=2 时，二叉树的链接浪费率约为 1/2。
- n=3 时，三叉树的链接浪费率约为 2/3。
- n=4 时，四叉树的链接浪费率约为 3/4。

……

因为当 n = 2 时，链接浪费率最低，所以为了改进存储空间浪费的缺点，我们经常使用二叉树（Binary Tree）结构来取代其他树结构。

二叉树（又称为 Knuth 树）是一个由有限节点所组成的集合。此集合可以为空集合，或者由一个树根及其左右两个子树所组成。简单地说，二叉树最多只能有两个子节点，就是度数小于或等于 2，二叉树中的数据结构如下：

llink	data	rlink

二叉树和一般树的不同之处具体如下：

（1）树不可为空集合，但是二叉树可以。

（2）树的度数为 $d\geqslant 0$，但是二叉树的节点度数为 $0\leqslant d\leqslant 2$。

（3）树的子树间没有次序关系，但是二叉树有。

下面我们来看一棵实际的二叉树，如图 3-29 所示。

图 3-29 是以 A 为根节点的二叉树，并且包含了以 B、D 为根节点的两棵互斥的左子树和右子树（见图 3-30）。这两棵左、右子树虽属于同一种树结构，却是两棵不同的二叉树结构，原因就是二叉树必须考虑前后次序的关系，这点大家要特别注意。

图 3-29 图 3-30

3.4 图论简介

树结构用于描述节点与节点之间“层次”的关系，而图结构用于描述两个顶点之间“是否相连”

的关系。在图中连接两个顶点的若填上加权值（也可以称为成本），这类图就称为“网络”。图在生活中的应用非常普遍，如图 3-31 所示。

图 3-31

图的理论（简称图论）（Graph Theory）起源于 1736 年，是一位瑞士数学家欧拉（Euler）为了解决“哥尼斯堡”问题所想出来的一种数据结构理论，这就是著名的“七桥问题”（见图 3-32）。简单来说，就是有七座横跨 4 个城市的大桥，欧拉所思考的问题是：“是否有人可以在每一座桥梁只经过一次的情况下，把所有地方都走过一次而且回到原点。”

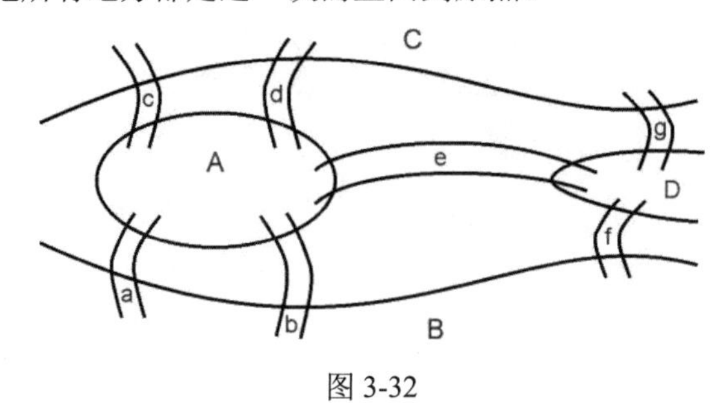

图 3-32

欧拉当时使用的方法就是以图结构来进行分析的。他以顶点表示城市，以边表示桥梁，并定义连接每个顶点的边数为该顶点的度数。我们可以用图 3-33 所示的简图来表示“哥尼斯堡桥梁”问题。

最后欧拉得出一个结论：当所有顶点的度数都为偶数时，才能从某顶点出发，经过每条边一次，再回到起点。也就是说，在图 3-33 中每个顶点的度数都是奇数，所以欧拉所思考的问题是不可能发生的，这就是有名的欧拉环（Eulerian Cycle）理论。

如果条件改成从某顶点出发，经过每条边一次，不一定要回到起点，即只允许其中两个顶点的度数是奇数，其余顶点的度数必须为偶数，符合这样的结果就称为欧拉链（Eulerian Chain），如图 3-34 所示。

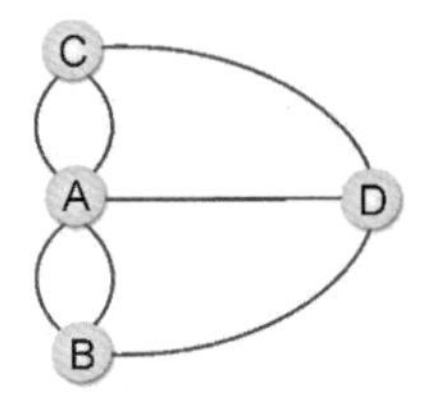

图 3-33

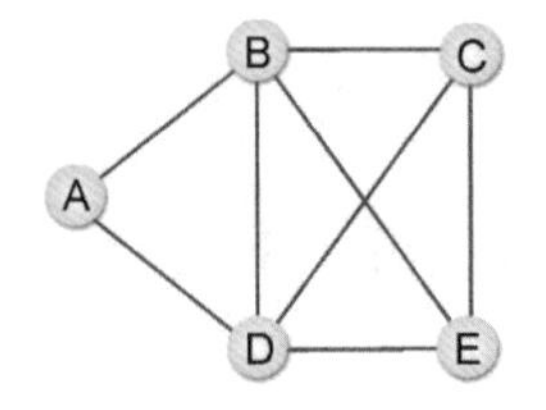

图 3-34

图的定义

图是由“顶点”和“边”所组成的集合，通常用 $G = (V, E)$来表示，其中 V 是所有顶点组成的集合，而 E 代表所有边组成的集合。图的种类有两种：一种是无向图（Graph）；另一种是有向图（Digraph）。无向图以（V_1, V_2）表示其边，有向图则以$<V_1, V_2>$表示其边。

1．无向图

无向图是一种边没有方向的图，即具有相同边的两个顶点没有次序关系，例如（V_1, V_2）与（V_2, V_1）代表的是相同的边，如图 3-35 所示。

```
V={A,B,C,D,E}
E={(A,B),(A,E),(B,C),(B,D),(C,D),(C,E),(D,E)}
```

2．有向图

有向图是一种每一条边都可使用有序对$<V_1, V_2>$来表示的图，并且$<V_1, V_2>$与$<V_2, V_1>$表示两个方向不同的边，而$<V_1, V_2>$是指以 V_1 为末尾指向头部 V_2 的边，如图 3-36 所示。

```
V={A,B,C,D,E}
E={<A,B>,<B,C>,<C,D>,<C,E>,<E,D>,<D,B>}
```

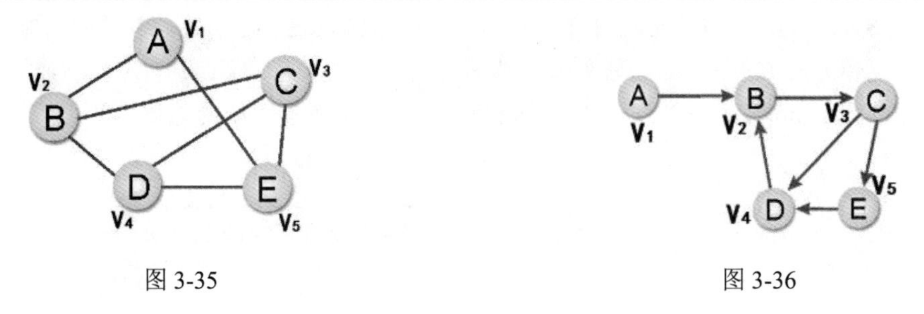

图 3-35　　　　图 3-36

3.5　哈　希　表

哈希表是一种存储记录的连续内存，通过哈希函数的应用，可以快速存取与查找数据。所谓哈希法（Hashing），就是将本身的键（Key）通过特定的数学函数运算或其他方法转换成相对应的数据存储地址，如图 3-37 所示。注意：哈希法所使用的数学函数称为哈希函数（Hashing Function）。另外，Key 在不混淆“键–值对”（Key-Value Pair）时也可以称为键值。

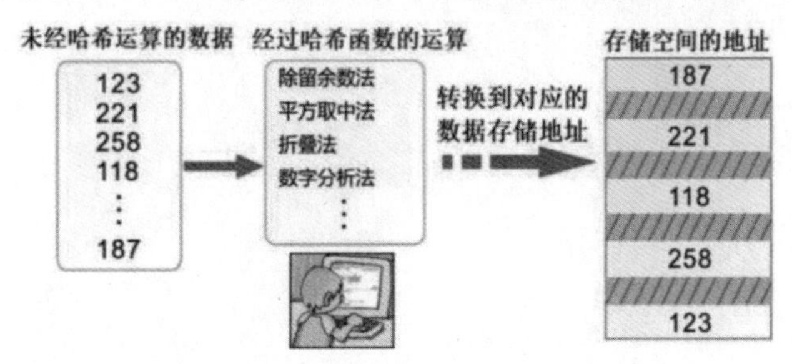

图 3-37

先来了解一下有关哈希函数的相关名词：

- 桶（Bucket）：哈希表中存储数据的位置，每一个位置对应唯一的地址。桶就好比存在一个记录的位置。
- 槽（Slot）：每一个记录中可能包含多个字段，而槽指的就是“桶”中的字段。
- 碰撞（Collision）：两个不同的数据经过哈希函数运算后对应到相同的地址。
- 溢出（Overflow）：如果数据经过哈希函数运算后所对应的Bucket已满，就会使Bucket发生溢出。
- 哈希表（Hash Table）：存储记录的连续内存。哈希表是一种类似数据表的索引表格，可分为 n 个Bucket，每个Bucket又可分为 m 个Slot，如表3-3所示。

表3-3 哈希表

	索 引	姓 名	电 话
bucket→	0001	Allen	07-772-1234
	0002	Jacky	07-772-5525
	0003	May	07-772-6604
		↑slot	↑slot

- 同义词（Synonym）：当两个标识符 I_1 和 I_2 经过哈希函数运算后所得的数值相同时，即 $f(I_1)=f(I_2)$，就称 I_1 与 I_2 对于 f 这个哈希函数是同义词。
- 加载密度（Loading Factor）：标识符的使用数目除以哈希表内槽的总数，即：

$$\alpha\text{（加载密度）}=\frac{n\text{（标识符的使用数目）}}{s\text{（每一个桶内的槽数）}\times b\text{（桶的数目）}}$$

α 值越大，表示哈希存储空间的使用率越高，碰撞或溢出的概率也会越高。

- 完美哈希（Perfect Hashing）：既没有碰撞也没有溢出的哈希函数。

在设计哈希函数时应该遵循以下原则：

（1）避免碰撞和溢出的发生。

（2）哈希函数不宜过于复杂，越容易计算越佳。

（3）尽量把文字的键值转换成数字的键值，以利于哈希函数的运算。

（4）所设计的哈希函数计算得到的值尽量能均匀地分布在每一个桶中，不要过于集中在某些桶中，这样既可以降低碰撞又能减少溢出。

3.6 课后习题

1. 解释抽象数据类型。

2. 简述数据与信息的差异。

3. 数据结构主要表示数据在计算机内存中所存储的位置和模式，通常可以分为哪3种类型？

4. 试简述一个单向链表节点字段的组成。

5. 简要说明堆栈与队列的主要特性。

6. 什么是欧拉链理论？试绘图说明。

7. 解释下列哈希函数的相关名词。

（1）桶
（2）同义词
（3）完美哈希
（4）碰撞

8. 一般树结构在计算机内存中的存储方式是以链表为主的，对于 *n* 叉树来说，我们必须取 *n* 为链接个数的最大固定长度，试说明为了改进存储空间浪费的缺点为何经常使用二叉树结构来取代树结构。

第 4 章

排 序 算 法

4

排序算法几乎可以说是最常使用的一种算法，其目的是将一串不规则的数据按照递增或递减的方式重新排列。随着大数据和人工智能技术的普及和应用，企业所拥有的数据量都在成倍增长，排序算法更是成为不可或缺的重要工具之一。在许多人都喜爱的各种电子游戏中，排序算法也无处不在。例如，在处理多边形模型隐藏面消除的过程中，不管游戏场景中的多边形有没有挡住其他的多边形，只要按照从后到前的顺序，游戏中的光栅化图形就可以正确地显示出所有可见的图形。其实就是沿着观察方向，按照多边形的深度信息对它们进行排序处理，如图 4-1 所示。

图 4-1

提示　光栅处理的主要作用是将 3D 模型转换成能够被显示于屏幕的图像，并对图像进行修正和进一步美化处理，让展现在眼前的画面能更加逼真与生动。

人工智能的概念最早是由美国科学家 John McCarthy 于 1955 年提出的，目标是使计算机具有类似人类学习解决复杂问题与进行思考的能力。简单地说，人工智能就是由计算机所仿真或执行的具有类似人类智慧或思考的行为，如推理、规划、解决问题及学习等能力。

4.1 认 识 排 序

排序功能对于计算机相关领域而言是一项非常重要并且普遍的工作。所谓排序，就是指将一组数据按特定规则调换位置，使数据具有某种顺序关系（递增或递减）。用以排序的依据称为键（Key或键值）。通常，键值的数据类型有数值类型、中文字符串类型以及非中文字符串类型 3 种。

在比较的过程中，如果键值为数值类型，就直接以数值的大小作为键值大小比较的依据；如果键值为中文字符串类型，就按照该中文字符串从左到右逐字进行比较，并以该中文内码（例如：中文简体 GB 码、中文繁体 BIG5 码）的编码顺序作为键值大小比较的依据；如果该键值为非中文字符串类型，则和中文字符串类型的比较方式类似，仍然按照该字符串从左到右逐字比较，不过是以该字符串的 ASCII 码的编码顺序作为键值大小比较依据的。

在排序的过程中，数据的移动方式可分为“直接移动”和“逻辑移动”两种。直接移动是直接交换存储数据的位置，而逻辑移动并不会移动数据存储的位置，仅改变指向这些数据的辅助指针的值，如图 4-2 和图 4-3 所示。

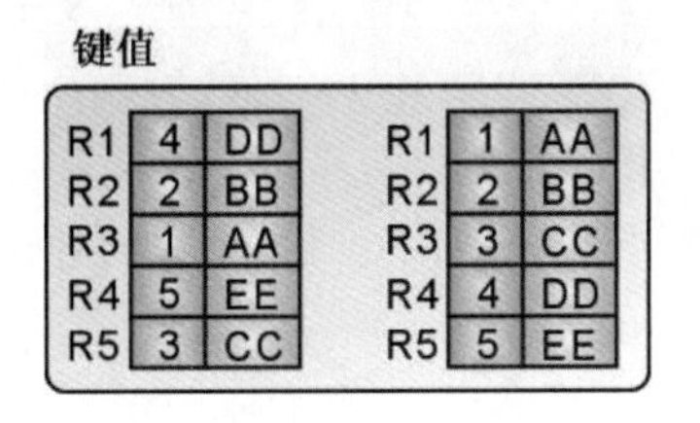

图 4-2

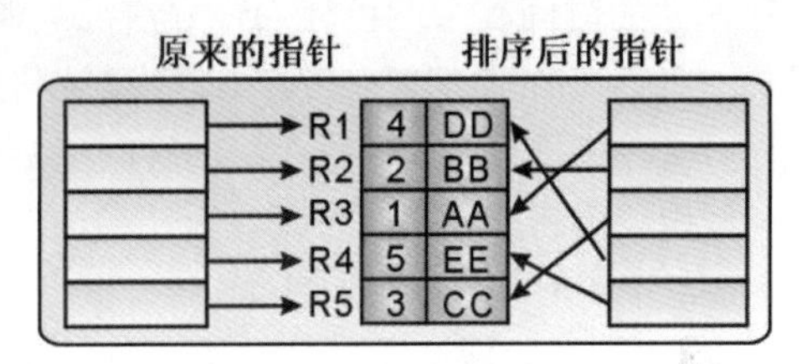

图 4-3

两者之间的优缺点在于直接移动会浪费许多时间进行数据移动，而逻辑移动只要改变辅助指针指向的位置就能轻易达到排序的目的。例如在数据库中，可在报表中显示多条记录，也可以针对这些字段的特性来分组并排序与汇总，这就属于逻辑移动，而不是直接移动数据在数据文件中的位置。数据在经过排序后会有以下好处：

（1）容易阅读。

（2）利于统计和整理。

（3）可大幅减少查找的时间。

4.1.1 排序的分类

按照排序时使用的存储器种类可将排序分为以下两种类型：

（1）内部排序法：排序的数据量小，可以全部加载到内存中进行排序。

（2）外部排序法：排序的数据量大，无法全部一次性加载到内存中进行排序，必须借助辅助存储器（如硬盘）。

常见的内部排序法有：冒泡排序法、选择排序法、插入排序法、希尔排序法、快速排序法、合并排序法、基数排序法、堆积树排序法等，每一种排序法都有其适用的数据类型和应用场合。外部排序法包括直接合并排序法和 *k*-路合并法。在后面的章节中，我们只针对以上内部排序算法做进一步的说明。

4.1.2 排序算法分析

排序算法的选择将影响排序的结果与效率，通常可由以下几点决定：

- 算法稳定与否

稳定排序法是指数据在经过排序后，两个相同键值的记录仍然保持原来的次序，如下面 $7_{左}$的原始位置在 $7_{右}$的左边（$7_{左}$和 $7_{右}$是指相同键值一个在左，另一个在右），采用稳定排序法之后 $7_{左}$仍在 $7_{右}$的左边，采用不稳定排序法之后则有可能 $7_{左}$会跑到 $7_{右}$的右边。例如：

原始数据顺序：　$7_{左}$　2　9　$7_{右}$　6。
稳定排序法：2　6　$7_{左}$　$7_{右}$　9。
不稳定排序法：2　6　$7_{右}$　$7_{左}$　9。

- 时间复杂度

排序算法的时间复杂度可分为最好情况（Best Case）、最坏情况（Worst Case）及平均情况（Average Case）下的时间复杂度。最好情况就是数据已完成排序，如原本数据已经完成升序了，如果再进行一次升序排列，此时排序法的时间复杂度即为最好情况下的时间复杂度。最坏情况则是指每一个键值均需重新排列，例如原本为升序，现在要重新排序成为降序，此时排序法的时间复杂度就是最坏情况下的时间复杂度。例如：

排序前：2　3　4　6　8　9。
排序后：9　8　6　4　3　2。

- 空间复杂度

空间复杂度就是指算法在执行过程中需要占用的额外内存空间。如果所挑选的排序法必须借助递归的方式来进行，那么递归过程中会使用到的堆栈就是这个排序法必须付出的额外空间。另外，任何排序法都有数据对调的操作，数据对调就会暂时用到一个额外的空间，这也是排序法中空间复杂度要考虑的问题。排序法使用到的额外空间越少，其空间复杂度就越佳。例如冒泡法在排序过程中仅会用到一个额外空间，在所有的排序算法中，这样的空间复杂度就算是最好的。

4.2　冒泡排序法

冒泡排序法又称为交换排序法，是从观察水中气泡变化构思而成的，原理是从第一个元素开始，比较相邻元素的大小，若大小顺序有误，则对调后再进行下一个元素的比较，就仿佛气泡逐渐从水底升到水面上一样。如此扫描过一次之后，就可以确保最后一个元素位于正确的顺序，接着逐步进行第二次扫描，直到完成所有元素的排序为止。

下面用数列（55, 23, 87, 62, 16）来演示排序过程，这样就可以清楚地了解冒泡排序法的具体流程。图 4-4 为原始顺序，图 4-5~图 4-8 为排序的具体过程。

图 4-4

从小到大排序的过程如下：

（1）第一次扫描会先拿第一个元素 55 和第二个元素 23 进行比较，如果第二个元素小于第一个元素，则进行互换。接着拿 55 和 87 进行比较，就这样一直比较并互换，到第 4 次比较完后即可确定最大值在数组的最后面，如图 4-5 所示。

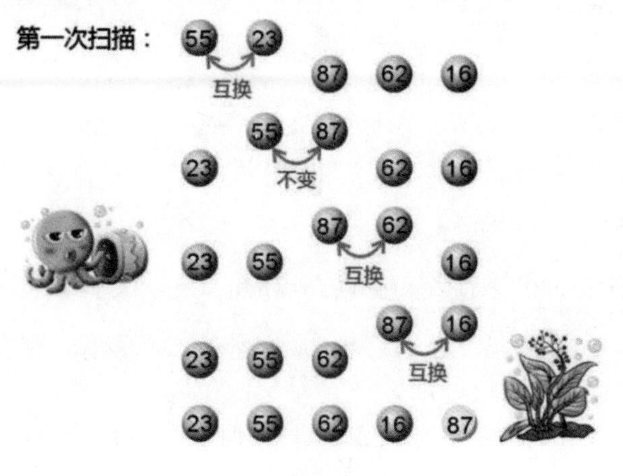

图 4-5

（2）第二次扫描也是从头开始比较，但因为最后一个元素在第一次扫描时就已确定是数组中的最大值，所以只需比较 3 次即可把剩余数组元素的最大值排到剩余数组的最后面，如图 4-6 所示。

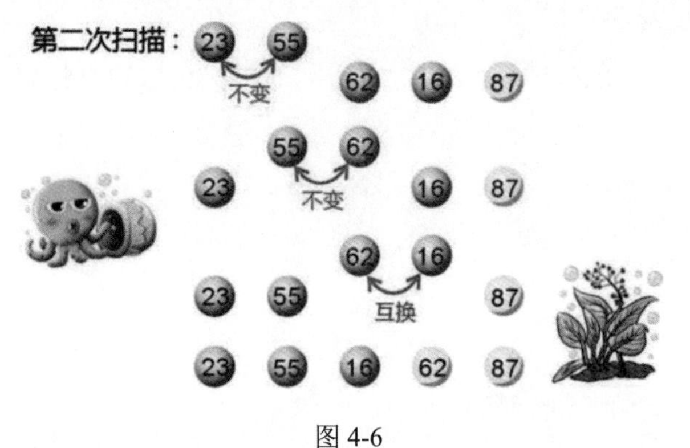

图 4-6

（3）第三次扫描只需要比较两次，如图 4-7 所示。

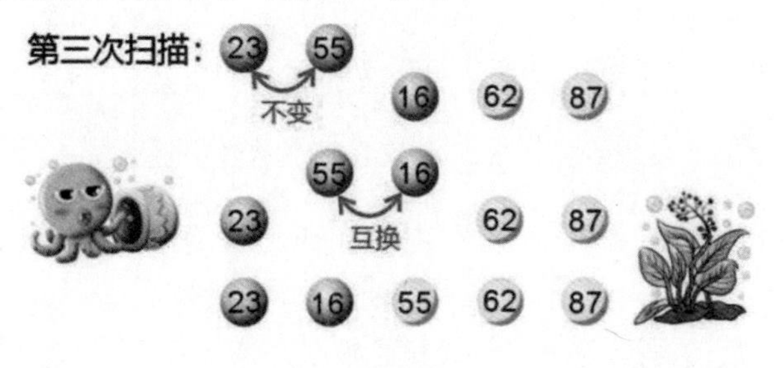

图 4-7

（4）第四次扫描完成后就完成了所有的排序，如图 4-8 所示。

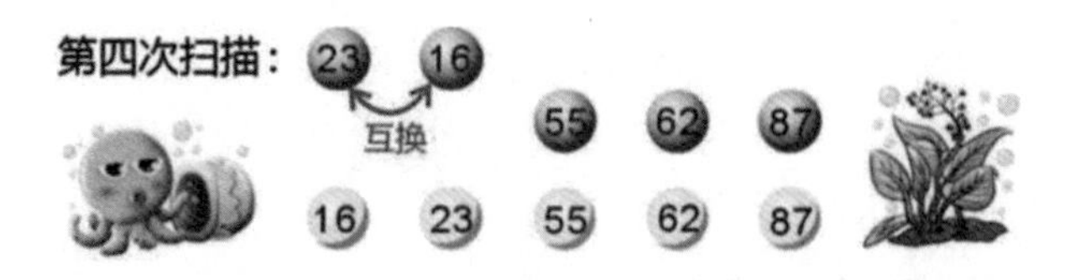

图 4-8

由此可知，5 个元素的冒泡排序法必须执行 5-1 次扫描，第一次扫描需要比较 5-1 次，第二次扫描需要比较 5-1-1 次，以此类推，共比较 4+3+2+1=10 次。

- 冒泡排序法分析

（1）最坏情况和平均情况均需比较$(n-1)+(n-2)+(n-3)+\cdots+3+2+1=\frac{n(n-1)}{2}$次，时间复杂度为$O(n^2)$，最好情况只需完成一次扫描，若发现没有执行数据的交换操作，则表示已经排序完成。所以只做了 $n-1$ 次比较，时间复杂度为$O(n)$。

（2）因为冒泡排序是相邻两个数据相互比较和对调，并不会更改其原本排列的顺序，所以是稳定排序法。

（3）只需要一个额外空间，所以空间复杂度为最佳。

（4）此排序法适用于数据量小或者有部分数据已经排序过的情况。

【范例程序：CH04_01.cpp】

设计一个 C++程序，使用冒泡排序法来对数列（16, 25, 39, 27, 12, 8, 45, 63）进行排序，并输出逐次排序的过程。

```
01   #include <iostream>
02   #include <iomanip>
03   using namespace std;
04   int main(void)
05   {
06       int data[6]={6,5,9,7,2,8};        //原始数据
07       cout<<"冒泡排序法：\n 原始的数列为：";
08       for (int i=0;i<6;i++)
09           cout<<setw(3)<<data[i];
10       cout<<endl;
11
12       for (int i=5;i>0;i--)             //扫描次数
13       {
14           for (int j=0;j<i;j++)         //比较、交换的次数
15           {
16               if (data[j]>data[j+1])    //比较相邻的两个数，若第一个数较大则交换
17               {
18                   int tmp;
19                   tmp=data[j];
20                       data[j]=data[j+1];
21                   data[j+1]=tmp;
22               }
23           }
24           cout<<"第 "<<6-i<<" 次排序后的结果为："; //把各次扫描后的结果打印出来
```

```
25         for (int j=0;j<6;j++)
26            cout<<setw(3)<<data[j];
27         cout<<endl;
28      }
29      cout<<"排序后的数列为: ";
30      for (int i=0;i<6;i++)
31         cout<<setw(3)<<data[i];
32      cout<<endl;
33      return 0;
34   }
```

【执行结果】参考图 4-9。

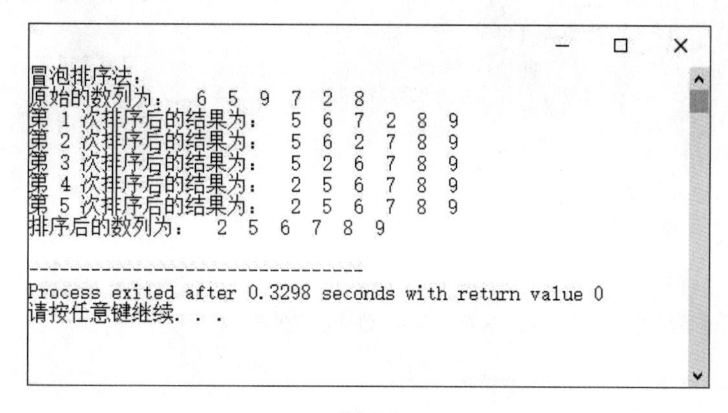

图 4-9

【范例程序：CH04_02.cpp】

从范例程序 CH04_01.cpp 可以看出冒泡排序法有一个缺点，就是无论数据是否已排序完成都固定会执行 $n(n-1)/2$ 次数据比较。在下面的 C++范例程序中，通过在程序中加入一个判断语句用来判断何时可以提前结束排序，这样既可以得到正确的排序结果，又可以提高程序执行的效率。

```
01   #include <iostream>
02   #include <iomanip>
03   using namespace std;
04   void bubble (int *);     // 声明冒泡排序子程序
05   void showdata (int *); // 声明打印数组子程序
06   int main(void)
07   {
08      int data[6]={4,6,2,7,8,9}; //原始数据
09      cout<<"改进的冒泡排序法\n 原始的数列为: \t";
10      showdata(data);
11      bubble(data);
12      return 0;
13   }
14   void showdata (int data[])     // 使用循环打印数据
15   {
16      for (int i=0;i<6;i++)
17         cout<<setw(3)<<data[i];
18      cout<<endl;
```

```
19  }
20  void bubble (int data[])
21  {
22      for(int i=5;i>=0;i--)
23      {
24          int flag=0;  // flag 用来判断是否执行了数据交换的操作
25          for (int j=0;j<i;j++)
26          {
27              if (data[j+1]<data[j])
28              {
29                  int tmp;
30                  tmp=data[j];
31                  data[j]=data[j+1];
32                  data[j+1]=tmp;
33                  flag++;    // 如果执行过数据交换，flag 就不为 0
34              }
35          }
36          if (flag==0)
37              break;
38          /*
39             当执行完一次扫描就判断是否执行过数据交换的操作，如果没有执行过数据
40             交换的操作，就表示此时数列已完成了排序，则可直接跳出循环
41          */
42          cout<<"第 "<<6-i<<" 次排序：\t";
43          for (int j=0;j<6;j++)
44              cout<<setw(3)<<data[j];
45          cout<<endl;
46       }
47      cout<<"排序后的数列为：";
48      showdata (data);
49  }
```

【执行结果】参考图 4-10。

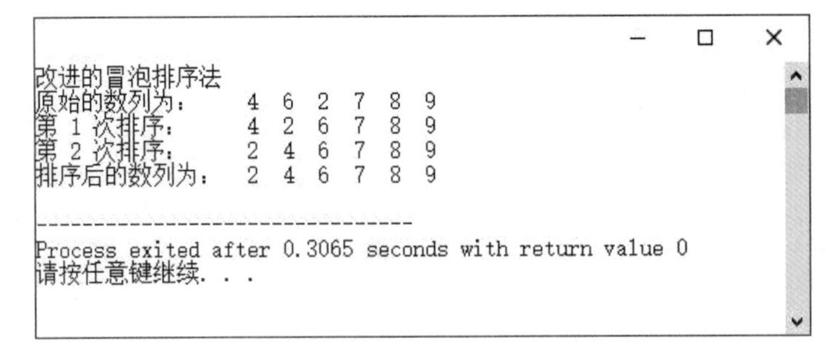

图 4-10

4.3　选择排序法

选择排序法也算是枚举法的应用，就是反复从未排序的数列中取出最小的元素，加入另一个数

列中，最后的结果即为已排序的数列。选择排序法可使用两种方式排序，在所有的数据中，若从大到小排序，则将最大值放入第一个位置；若从小到大排序，则将最大值放入最后一个位置。例如，一开始在所有的数据中挑选一个最小值放在第一个位置（假设是从小到大排序），再从第二个值开始挑选一个最小值放在第 2 个位置，以此重复，直到完成排序为止。

下面我们仍然用数列（55, 23, 87, 62, 16）按从小到大的排序过程来说明选择排序法的演算流程。原始数据如图 4-11 所示，排序过程如图 4-12~图 4-15 所示。

图 4-11

（1）首先找到此数列中的最小值，并与数列中的第一个元素交换，如图 4-12 所示。

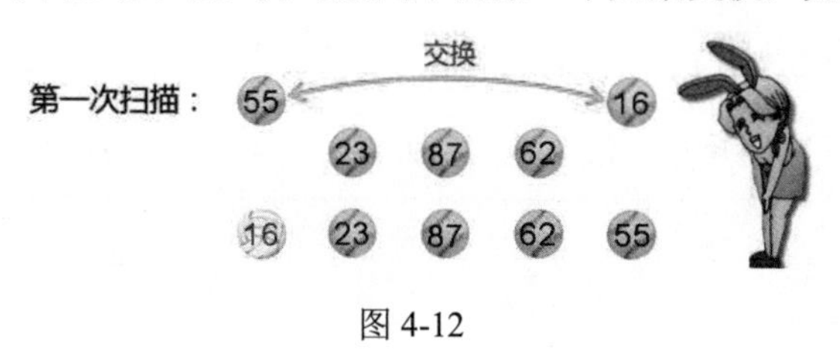

图 4-12

（2）从第 2 个值开始找，找到此数列中（不包含第一个）的最小值，再与第 2 个值交换，如图 4-13 所示。

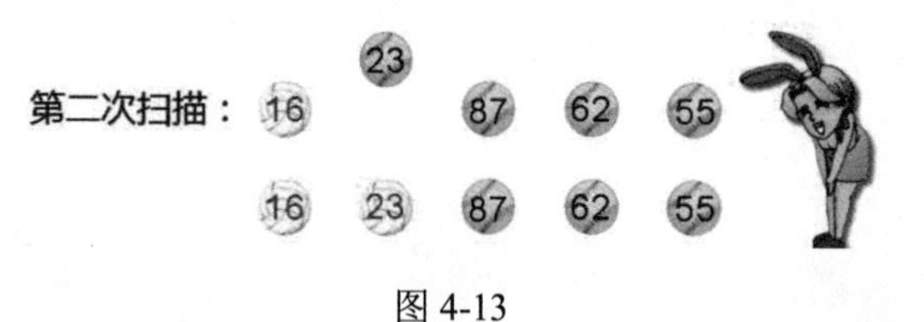

图 4-13

（3）从第 3 个值开始找，找到此数列中（不包含第 1 个值和第 2 个值）的最小值，再与第 3 个值交换，如图 4-14 所示。

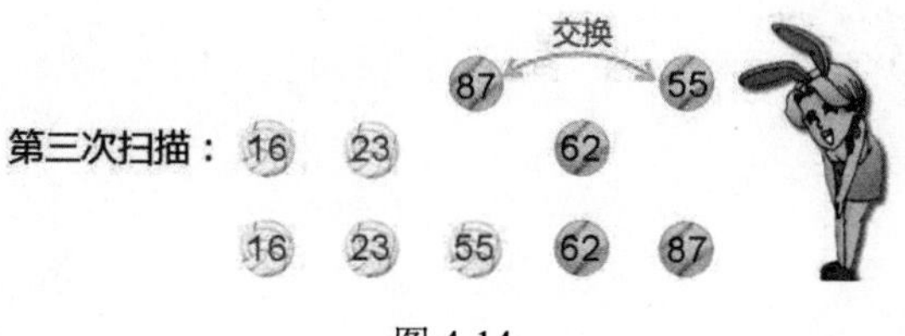

图 4-14

（4）从第 4 个值开始找，找到此数列中（不包含第 1、2、3 个值）的最小值，再与第 4 个值交换，如图 4-15 所示。

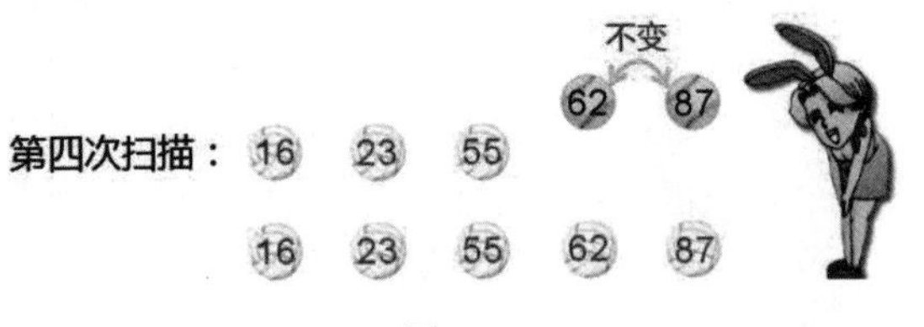

图 4-15

- 选择排序法分析

（1）无论是最坏情况、最好情况还是平均情况都需要找到最大值（或最小值），因此其比较次数为 $(n-1)+(n-2)+(n-3)+\cdots+3+2+1=\frac{n(n-1)}{2}$ 次，时间复杂度为 $O(n^2)$。

（2）由于选择排序法是以最大值或最小值直接与最前方未排序的数据交换，数据排列顺序很有可能被改变，因此不是稳定排序法。

（3）只需要一个额外空间，所以空间复杂度为最佳。

（4）此排序法适用于数据量小或有部分数据已经排序的情况。

【范例程序：CH04_03.cpp】

下面的C++范例程序用选择排序法对数列（9, 7, 5, 3, 4, 6）进行排序。

```
01   #include <iostream>
02   #include <iomanip>
03   using namespace std;
04
05   void select (int *);     // 声明选择排序法的子程序
06   void showdata (int *); // 声明打印数组的子程序
07   int main(void)
08   {
09       int data[6]={9,7,5,3,4,6};
10       cout<<"原始的数列为：";
11       showdata(data);
12       select(data);
13       return 0;
14   }
15   void showdata (int data[])
16   {
17       for (int i=0;i<6;i++)
18           cout<<setw(3)<<data[i];
19       cout<<endl;
20   }
21
22   void select (int data[])
23   {
24       for(int i=0;i<5;i++)         // 扫描 5 次
25       {
26           for(int j=i+1;j<6;j++)        // 从 i+1 开始比较，共比较 5 次
27           {
28               if(data[i]>data[j])  // 比较第 i 个和第 j 个元素
```

```
29              {
30                  int tmp;
31                  tmp=data[i];
32                  data[i]=data[j];
33                  data[j]=tmp;
34              }
35          }
36          cout<<"第 "<<i+1<<" 次排序的结果: ";
37          for (int k=0;k<6;k++)
38              cout<<setw(3)<<data[k]; // 打印排序的结果
39          cout<<endl;
40      }
41      cout<<endl;
42  }
```

【执行结果】参考图 4-16。

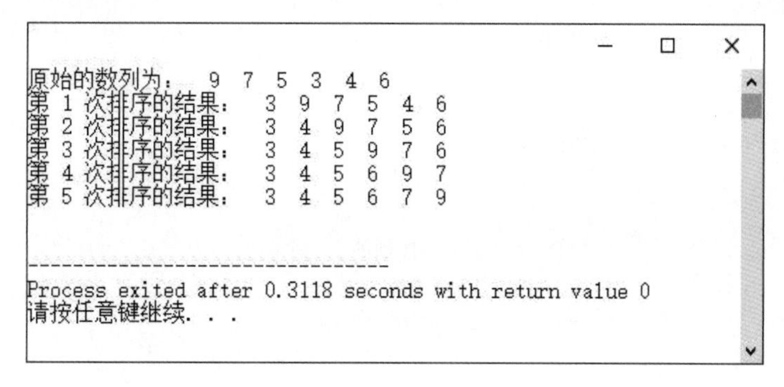

图 4-16

4.4　插入排序法

插入排序法是将数组中的元素逐一与已排序好的数据进行比较，先将前两个元素排好，再将第三个元素插入适当的位置，也就是说这三个元素仍然是已排序好的，接着将第四个元素加入，重复此步骤，直到排序完成为止。可以看作是在一串有序的记录 $R_1,R_2,\cdots,R_i$ 中插入新记录 R，使得 i+1 个记录排序妥当。

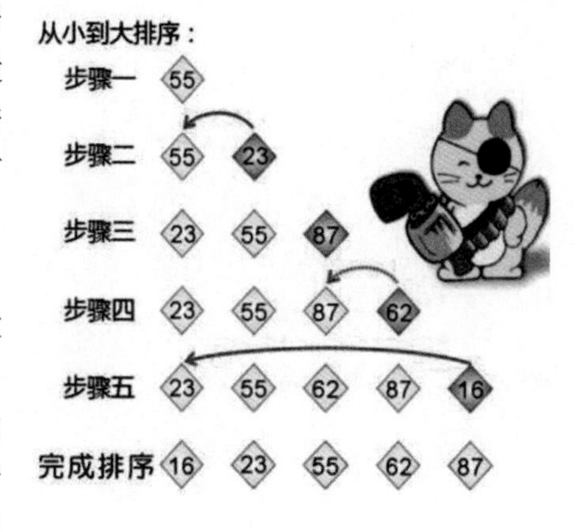

图 4-17

下面我们仍然用数列（55, 23, 87, 62, 16）按从小到大的排序过程来说明插入排序法的演算流程。在图 4-17 中，在步骤二以 23 为基准与其他元素比较后，将其放到适当的位置（55 的前面），步骤三则是将 87 与其他两个元素进行比较，接着 62 在比较完前三个数后插入到 87 的前面，以此类推，将最后一个元素比较完后即可完成排序。

- 插入排序法分析

（1）最坏情况和平均情况需要比较 $(n-1)+(n-2)+(n-3)+\cdots+3+2+1=\frac{n(n-1)}{2}$ 次，时间复杂度为 $O(n^2)$，最好情况下的时间复杂度为 $O(n)$。

（2）插入排序法是稳定排序法。

（3）只需要一个额外空间，所以空间复杂度为最佳。

（4）此排序法适用于大部分数据已经排序或已排序数据库新增数据后进行排序的情况。

（5）因为插入排序法会造成数据的大量搬移，所以建议在链表上使用。

【范例程序：CH04_04.cpp】

设计一个C++程序，并使用插入排序法对数列（4, 6, 1, 8, 10, 32）进行排序。

```
01  /*
02  [示范] 插入排序法
03  */
04  #include <iostream>
05  #include <iomanip>
06  #define SIZE 6    // 定义数组大小
07  using namespace std;
08
09  void inser (int *);          // 声明插入排序法的子程序
10  void showdata (int *);      // 声明打印数组的子程序
11  void inputarr (int *,int);// 声明输入数组的子程序
12  int  main(void)
13  {
14      int data[SIZE];
15      inputarr(data,SIZE);  // 把数组名及数组大小传给子程序
16      cout<<"您输入的原始数列是: ";
17      showdata (data);
18      inser(data);
19      return 0;
20  }
21  void inputarr(int data[],int size)
22  {
23      for (int i=0;i<size;i++)  // 利用循环输入数组数据
24      {
25          cout<<"请输入第 "<<i+1<<" 个元素: ";
26          cin>>data[i];
27      }
28  }
29  void showdata(int data[])
30  {
31      for (int i=0;i<SIZE;i++)
32          cout<<setw(3)<<data[i]; // 打印数组数据
33      cout<<endl;
34  }
35  void inser(int data[])
36  {
```

```
37      int i;                   // i 为扫描次数
38      int j;     // 以 j 来定位比较的元素
39      for (i=1;i<SIZE;i++)  // 扫描循环次数为 SIZE-1
40      {
41          int tmp;            // tmp 用来暂存数据
42          tmp=data[i];
43          j=i-1;
44          while (j>=0 && tmp<data[j])  // 如果第 2 个元素小于第 1 个元素
45          {
46              data[j+1]=data[j];        // 就把所有元素往后推一个位置
47              j--;
48          }
49          data[j+1]=tmp;                // 最小的元素放到第 1 个元素中
50          cout<<"第 "<<i<<" 次扫描: ";
51          showdata(data);
52      }
53  }
```

【执行结果】参考图 4-18。

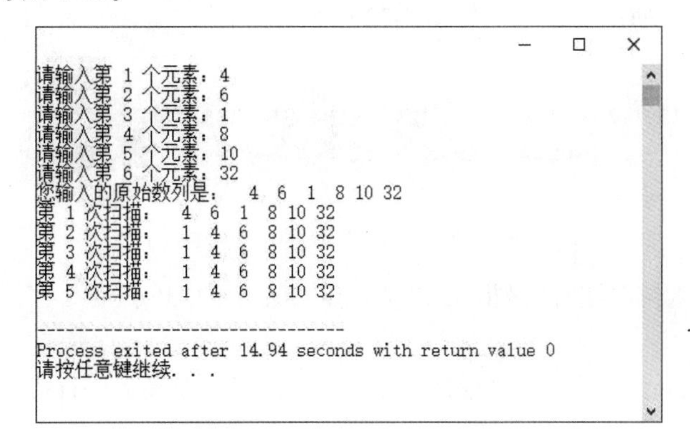

图 4-18

4.5　希尔排序法

在原始记录的键值大部分已排好序的情况下插入排序法会非常有效率，因为它不需要执行太多的数据搬移操作。希尔排序法是 D. L. Shell 在 1959 年 7 月所发明的一种排序法，可以减少插入排序法中数据搬移的次数，以加速排序的进行。排序的原则是将数据区分为特定间隔的几个小区块，以插入排序法排完区块内的数据后再逐渐减少间隔的距离。

下面我们用数列（63, 92, 27, 36, 45, 71, 58, 7）从小到大的排序过程来说明希尔排序法的演算流程（参考图 4-19~图 4-24）。数据排序前的原始顺序如图 4-19 所示。

图 4-19

（1）首先将所有数据分成 Y：(8 div 2)，即 Y=4，称为划分数。注意，划分数不一定是 2，质数最好，但为了方便计算，我们习惯选 2。因此，一开始的间隔设置为 8÷2，如图 4-20 所示。

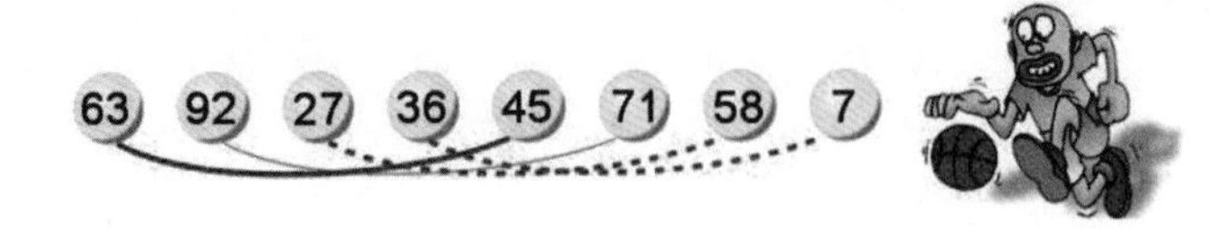

图 4-20

（2）如此就可以得到 4 个区块，分别是(63, 45)(92, 71)(27, 58)(36, 7)，再分别用插入排序法排序为(45, 63)(71, 92)(27, 58)(7, 36)。在整个数列中，数据的排列如图 4-21 所示。

图 4-21

（3）接着缩小间隔为(8÷2)÷2=2，如图 4-22 所示。

图 4-22

（4）再分别用插入排序法对数列(45, 27, 63, 58)(71, 7, 92, 36)进行排序，得到如图 4-23 所示的结果。

（5）再以((8÷2)÷2)÷2=1 的间距进行插入排序，即对每一个元素进行排序，得到如图 4-24 所示的结果。

图 4-23

图 4-24

- 希尔排序法分析

（1）任何情况下的时间复杂度均为 $O(n^{3/2})$。

（2）希尔排序法和插入排序法一样，都是稳定排序法。

（3）只需要一个额外空间，所以空间复杂度为最佳。

（4）此排序法适用于数据大部分都已排序完成的情况。

【范例程序：CH04_05.cpp】

设计一个C++程序，并使用希尔排序法对数列（5, 65, 1, 45, 32, 67, 89, 12）进行排序。

```
01  /*
02  [示范] 希尔排序法
03  */
04  #include <iostream>
05  #include <iomanip>
06  #define SIZE 8  // 定义矩阵大小
07  using namespace std;
08  
09  void shell (int *,int);    // 声明希尔排序法的子程序
10  void showdata (int *);     // 声明打印数组的子程序
11  void inputarr (int *,int);// 声明输入数组的子程序
12  int main(void)
13  {
14     int data[SIZE];
15     inputarr(data,SIZE);
16     cout<<"您输入的原始数列为: ";
17     showdata(data);
18     shell(data,SIZE);
19     return 0;
20  }
21  void inputarr(int data[],int size)
22  {
23     for (int i=0;i<size;i++)
24     {
25        cout<<"请输入第 "<<i+1<<" 个元素: ";
26        cin>>data[i];
27     }
28  }
29  void showdata(int data[])
30  {
31     for (int i=0;i<SIZE;i++)
32     cout<<setw(3)<<data[i];
33     cout<<endl;
34  }
35  void shell(int data[],int size)
36  {
37     int i;         // i 为扫描次数
38     int j;         // 以 j 来定位比较的元素
39     int k=1;       // k 为打印计数
40     int tmp;       // tmp 用来暂存数据
41     int jmp;       // 设置间距位移量
42     jmp=size/2;
43     while (jmp != 0)
44     {
45        for (i=jmp ;i<size ;i++)
```

```
46          {
47              tmp=data[i];
48              j=i-jmp;
49              while(tmp<data[j] && j>=0)  //插入排序法
50              {
51                  data[j+jmp] = data[j];
52                  j=j-jmp;
53              }
54              data[jmp+j]=tmp;
55          }
56          cout<<"第 "<<k++<<" 次排序：";
57          showdata (data);
58          jmp=jmp/2;    //控制循环数
59      }
60  }
```

【执行结果】参考图 4-25。

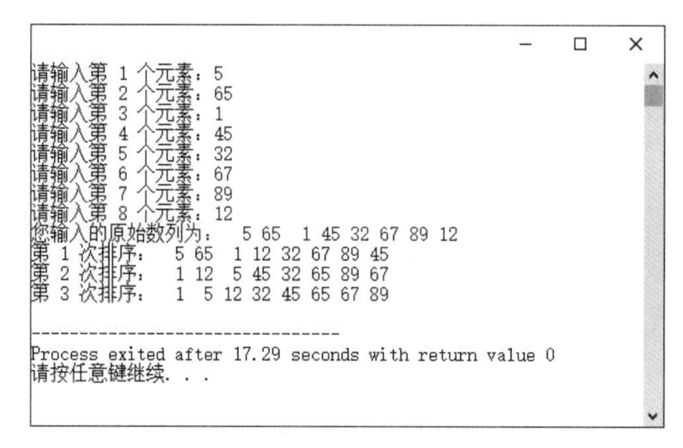

图 4-25

4.6　快速排序法

快速排序是由 C. A. R. Hoare 提出来的。快速排序法又称为分割交换排序法，是目前公认的最佳排序法，也是使用分而治之（Divide and Conquer）的方式，会先在数据中找到一个虚拟的中间值，并按此中间值将所有打算排序的数据分为两部分。其中小于中间值的数据放在左边，大于中间值的数据放在右边，再以同样的方式分别处理左、右两边的数据，直到排序完为止。操作与分割步骤如下：

假设有 n 项记录 R_1，R_2，R_3，…，R_n，其键值为 K_1，K_2，K_3，…，K_n。

步骤01 先假设 K 的值为第一个键值。

步骤02 从左向右找出键值 K_i，使得 $K_i>K$。

步骤03 从右向左找出键值 K_j，使得 $K_j<K$。

步骤04 如果 $i<j$，则 K_i 与 K_j 互换，并回到步骤②。

步骤05 如果 $i\geqslant j$，则将 K 与 K_j 互换，并以 j 为基准点分割成左、右两部分，然后针对左、右两边执行步骤①~⑤，直到左边键值等于右边键值为止。

下面示范使用快速排序法对数据进行排序的过程（参见图 4-26~图 4-30），原始数据顺序如图 4-26 所示。

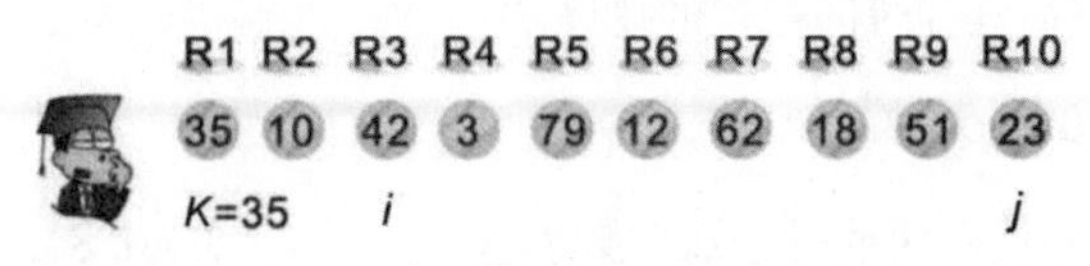

图 4-26

（1）参考图 4-26，K=35，K_i=42>K，K_j=23<K，此时因为 $i<j$，所以 K_i 与 K_j 交换，如图 4-27 所示，然后继续进行比较。

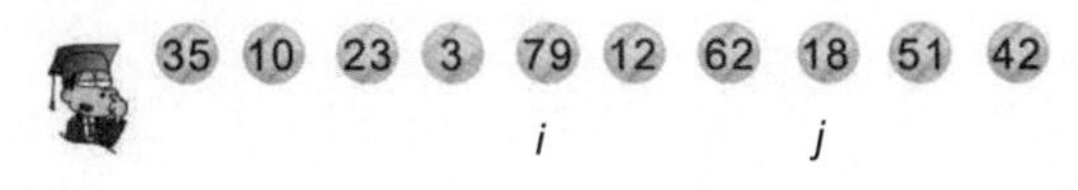

图 4-27

（2）参考图 4-27，K=35，K_i=79>K，K_j=18<K，此时因为 $i<j$，所以 K_i 与 K_j 交换，如图 4-28 所示，然后继续进行比较。

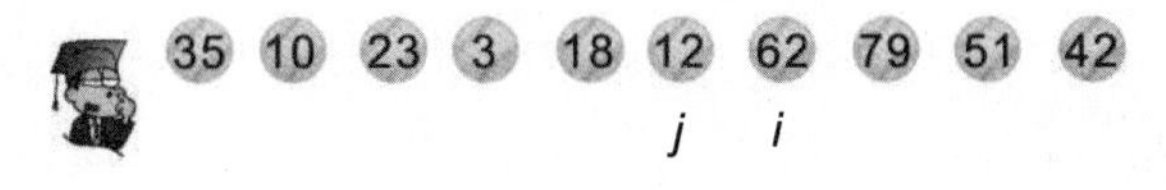

图 4-28

（3）参考图 4-28，K=35，K_i=62>K，K_j=12<K，此时因为 $i \geqslant j$，所以 K 与 K_j 交换，并以 j 为基准点分割成左、右两部分，如图 4-29 所示。

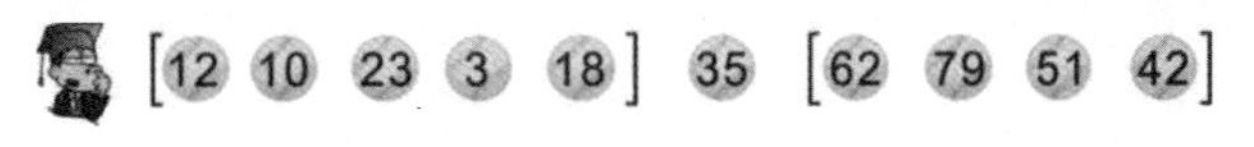

图 4-29

经过上述几个步骤，小于键值 K 的数据就被放在左半部分，大于键值 K 的数据就放在右半部分。按照上述的排序过程，继续对左、右两部分再分别排序，过程如图 4-30 所示。

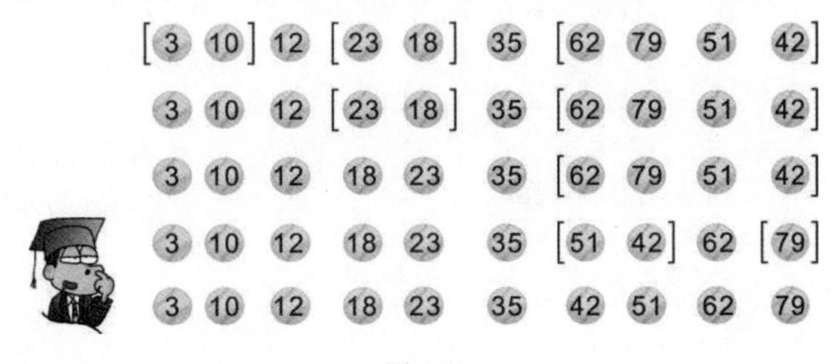

图 4-30

- 快速排序法分析

（1）在最好情况和平均情况下，时间复杂度为 $O(n\log_2 n)$。最坏情况就是每次选中的中间值不是最大值就是最小值，因此最坏情况下的时间复杂度为 $O(n^2)$。

（2）快速排序法不是稳定排序法。

（3）在最坏情况下的空间复杂度为 $O(n)$，而最好情况下的空间复杂度为 $O(\log_2 n)$。

（4）快速排序法是平均运行时间最快的排序法。

【范例程序：CH04_06.cpp】

设计一个 C++程序，并使用快速排序法对数列（32, 5, 24, 55, 40, 81, 17, 48, 25, 71）进行排序。

```
01  /*
02  [示范] 快速排序法
03  */
04  #include <iostream>
05  #include <iomanip>
06  #include <ctime>
07  #include <cstdlib>
08  using namespace std;
09  void inputarr(int*,int);
10  void showdata(int*,int);
11  void quick(int*,int,int,int);
12  int process = 0;
13  int main(void)
14  {
15     int size,data[100]={0};
16     cout<<"请输入数组大小(100 以下)：";
17     cin>>size;
18     cout<<"您输入的原始数列是：";
19     inputarr (data,size);
20     cout<<"排序前的数列是：";
21      showdata (data,size);
22     quick(data,size,0,size-1);
23     cout<<"\n 排序后的数列是：";
24     showdata(data,size);
25     return 0;
26  }
27  void inputarr(int data[],int size)
28  {
29     for (int i=0;i<size;i++)
30        cin>>data[i];
31  }
32  void showdata(int data[],int size)
33  {
34     int i;
35     for (i=0;i<size;i++)
36        cout<<setw(3)<<data[i];
37     cout<<endl;
38  }
39  void quick(int d[],int size,int lf,int rg)
40  {
41     int tmp;
```

```
42      int lf_idx;
43      int rg_idx;
44      int t;
45      //1：第一个键值为 d[lf]
46      if(lf<rg)
47      {
48          lf_idx=lf+1;
49          rg_idx=rg;
50          while(1) {
51              cout<<"[处理过程"<<process++<<"]=> ";
52              for(int t=0;t<size;t++)
53                  cout<<"["<<setw(2)<<d[t]<<"] ";
54              cout<<endl;
55              for(int i=lf+1;i<=rg;i++)
56              //2：从左向右找出一个键值大于 d[lf]
57              {
58                  if(d[i]>=d[lf])
59                  {
60                      lf_idx=i;
61                      break;
62                  }
63                  lf_idx++;
64              }
65              for(int j=rg;j>=lf+1;j--)
66              //3：从右向左找出一个键值小于 d[lf]
67              {
68                  if(d[j]<=d[lf])
69                  {
70                      rg_idx=j;
71                      break;
72                  }
73                  rg_idx--;
74              }
75              if(lf_idx<rg_idx)
76              //4-1：若 lf_idx<rg_idx
77              {
78                  tmp = d[lf_idx];
79                  d[lf_idx] = d[rg_idx];
80                  //则 d[lf_idx]和 d[rg_idx]交换
81                  d[rg_idx] = tmp;    // 然后继续排序
82              } else {
83                  break;    // 否则跳出排序过程
84              }
85          }
86          if(lf_idx>=rg_idx)
87          //5-1：若 lf_idx 大于或等于 rg_idx
88          {// 则将 d[lf]和 d[rg_idx]交换
89              tmp = d[lf];
90              d[lf] = d[rg_idx];
91              d[rg_idx] = tmp;
```

```
92
93              //5-2：并以 rg_idx 为基准点分成左右两部分
94              quick(d,size,lf,rg_idx-1);
95              //以递归方式分别为左右两部分进行排序
96              quick(d,size,rg_idx+1,rg);
97              //直至完成排序
98          }
99      }
100 }
```

【执行结果】参考图 4-31。

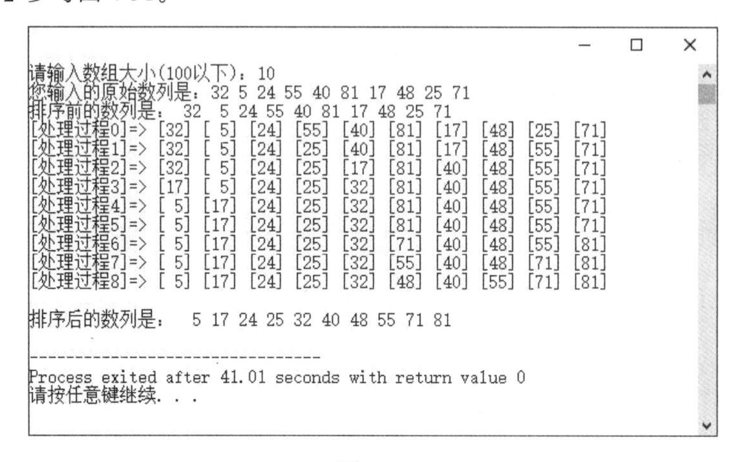

图 4-31

4.7 合并排序法

合并排序法是针对已排序好的两个或两个以上的数列（或数据文件），通过合并的方式将其组合成一个大的且已排好序的数列（或数据文件），步骤如下：

步骤01 将 N 个长度为 1 的键值成对地合并成 $N/2$ 个长度为 2 的键值组。

步骤02 将 $N/2$ 个长度为 2 的键值组成对地合并成 $N/4$ 个长度为 4 的键值组。

步骤03 将键值组不断地合并，直到合并成一组长度为 N 的键值组为止。

下面我们用数列（38, 16, 41, 72, 52, 98, 63, 25）按从小到大的排序过程来说明合并排序法的基本演算流程，如图 4-32 所示。

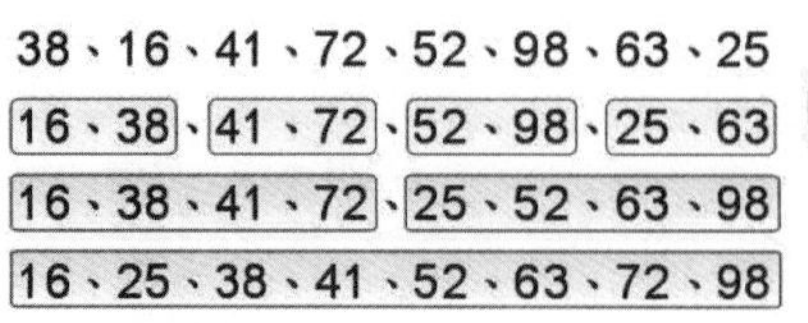

图 4-32

图中展示的是一种比较简单的合并排序，又称为 2 路（2-way）合并排序，主要是把原来的数列视作 N 个已排好序且长度为 1 的数列，再将这些长度为 1 的数列两两合并，结合成 $N/2$ 个已排好序且长度为 2 的数列；同样的做法，再按序两两合并，合并成 $N/4$ 个已排好序且长度为 4 的数列，以此类推，最后合并成一个已排好序且长度为 N 的数列。

现在将排序步骤整理如下：

步骤01 将 N 个长度为 1 的数列合并成 $N/2$ 个已排好序且长度为 2 的数列。

步骤02 将 $N/2$ 个长度为 2 的数列合并成 $N/4$ 个已排好序且长度为 4 的数列。

步骤03 将 $N/4$ 个长度为 4 的数列合并成 $N/8$ 个已排好序且长度为 8 的数列。

步骤04 将 $N/2^{i-1}$ 个长度为 2^{i-1} 的数列合并成 $N/2^i$ 个已排好序且长度为 2^i 的数列。

- 合并排序法分析

（1）使用合并排序法，n 项数据一般需要约 $\log_2 n$ 次处理，因为每次处理的时间复杂度为 $O(n)$，所以合并排序法的最佳情况、最差情况及平均情况下的时间复杂度为 $O(n\log_2 n)$。

（2）由于在排序过程中需要一个与数列（或数据文件）大小相同的额外空间，因此其空间复杂度为 $O(n)$。

（3）合并排序法是一种稳定排序法。

【范例程序：CH04_07.cpp】

下面的C++范例程序使用合并排序法对数列（16, 25, 39, 27, 12, 8, 45, 63）进行排序。

```
01   #include <iostream>
02   #include <cstdlib>
03   #include <iomanip>
04   using namespace std;
05   #define NUM1 4
06   #define NUM2 4
07   int process = 0;
08   int partition(int[], int, int);
09   void mergeSort(int[], int, int[], int, int[]);
10   void quick(int*,int,int,int);
11
12   int main(void) {
13
14       int list1[NUM1] = {16,25,39,27};
15       int list2[NUM1] = {12,8,45,63};
16       int list3[NUM1+NUM2] = {0};
17
18       cout<<"排序前: ";
19       cout<<"\nlist1[]: ";
20       int i;
21
22       for(i = 0; i < NUM1; i++)
23          cout<<list1[i]<<" ";
24
25       cout<<"\nlist2[]: ";
```

```
26      for(i = 0; i < NUM2; i++) {
27          //list2[i] = rand() % 100;
28          cout<<list2[i]<<" ";
29      }
30
31      quick(list1,NUM1,0,NUM1-1);
32      quick(list2,NUM2,0,NUM2-1);
33
34      cout<<"\n 排序后: ";
35      cout<<"\nlist1[]: ";
36      for(i = 0; i < NUM1; i++)
37          cout<<list1[i]<<" ";
38      cout<<"\nlist2[]: ";
39      for(i = 0; i < NUM2; i++)
40          cout<<list2[i]<<" ";
41
42      // 合并排序
43      mergeSort(list1, NUM1, list2, NUM2, list3);
44
45      cout<<"\n 合并后: ";
46      for(i = 0; i < NUM1+NUM2; i++)
47          cout<<list3[i]<<" ";
48      cout<<endl;
49
50      return 0;
51  }
52
53  void quick(int d[],int size,int lf,int rg)
54  {
55      int tmp;
56      int lf_idx;
57      int rg_idx;
58      int t;
59      //1: 第一个键值为d[lf]
60      if(lf<rg)
61      {
62          lf_idx=lf+1;
63          rg_idx=rg;
64          while(1) {
65              for(int i=lf+1;i<=rg;i++)
66              //2: 从左向右找出一个键值大于d[lf]
67              {
68                  if(d[i]>=d[lf])
69                  {
70                      lf_idx=i;
71                      break;
72                  }
73                  lf_idx++;
74              }
75              for(int j=rg;j>=lf+1;j--)
```

```
76              //3：从右向左找出一个键值小于 d[lf]
77              {
78                  if(d[j]<=d[lf])
79                  {
80                      rg_idx=j;
81                      break;
82                  }
83                  rg_idx--;
84              }
85              if(lf_idx<rg_idx)
86              //4：若 lf_idx<rg_idx
87              {
88                  tmp = d[lf_idx];
89                  d[lf_idx] = d[rg_idx];
90                  // 则 d[lf_idx]和 d[rg_idx]交换
91                  d[rg_idx] = tmp;      // 然后继续排序
92              } else {
93                  break;    // 否则跳出排序过程
94              }
95          }
96          if(lf_idx>=rg_idx)
97          //5-1：若 lf_idx 大于或等于 rg_idx
98          {  // 则将 d[lf]和 d[rg_idx]交换
99              tmp = d[lf];
100             d[lf] = d[rg_idx];
101             d[rg_idx] = tmp;
102
103             //5-2：并以 rg_idx 为基准点分成左右两部分
104             quick(d,size,lf,rg_idx-1);
105             //以递归方式分别对左右两部分进行排序
106             quick(d,size,rg_idx+1,rg);
107             //直至完成排序
108         }
109     }
110 }
111
112 void mergeSort(int list1[], int M, int list2[], int N, int list3[])
113 {
114     int i = 0, j = 0, k = 0;
115     while(i < M && j < N)
116     {
117         if(list1[i] <= list2[j])
118             list3[k++] = list1[i++];
119         else
120             list3[k++] = list2[j++];
121     }
122
123     while(i < M)
124         list3[k++] = list1[i++];
125     while(j < N)
```

```
126         list3[k++] = list2[j++];
127  }
```

【执行结果】参考图 4-33。

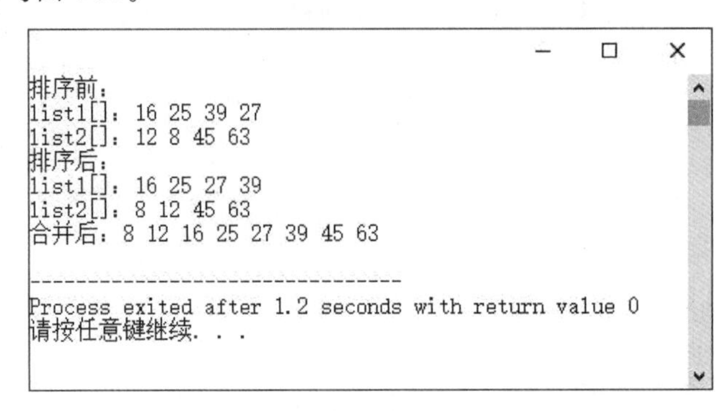

图 4-33

4.8　基数排序法

基数排序法与我们之前所讨论的排序法不太一样，它并不需要进行元素之间的比较操作，而是属于一种分配模式排序方式。

基数排序法按比较的方向可分为最高位优先（Most Significant Digit First，MSD）和最低位优先（Least Significant Digit First，LSD）两种。MSD 法是从最左边的位数开始比较的，而 LSD 法则是从最右边的位数开始比较的。下面以最低位优先为例，介绍其工作原理。

在下面的范例中，将三位数的整数数据以 LSD 法进行排序（按个位数、十位数、百位数来进行排序）。原始数据如下：

59	95	7	34	60	168	171	259	372	45	88	133

步骤 01 把每个整数按其个位数字放到列表中。

个位数字	0	1	2	3	4	5	6	7	8	9
数据	60	171	372	133	34	95 45		7	168 88	59 259

合并后成为：

60	171	372	133	34	95	45	7	168	88	59	259

步骤 02 再把每个整数按其十位数字放到列表中。

十位数字	0	1	2	3	4	5	6	7	8	9
数据	7			133 34	45	59 259	60 168	171 372	88	95

合并后成为：

7	133	34	45	59	259	60	168	171	372	88	95

步骤 03 再把每个整数按其百位数字放到列表中。

百位数字	0	1	2	3	4	5	6	7	8	9
数据	7 34 45 59 60 88 95	133 168 171	259	372						

步骤 04 最后合并，即完成排序。

7	34	45	59	60	88	95	133	168	171	259	372

- 基数排序法分析

（1）在所有情况下的时间复杂度均为 $O(n\log_p k)$，k 是原始数据的最大值。

（2）基数排序法是稳定排序法。

（3）基数排序法会使用很大的额外空间来存放列表数据，其空间复杂度为 $O(n\times p)$，n 是原始数据的个数，p 是数据的字符数。如上例中，数据的个数为 n=12，字符数为 p=3。

（4）若 n 很大，p 固定或很小，则此排序法将很有效率。

【范例程序：CH04_08.cpp】

下面的 C++范例程序让用户自行输入数列元素的个数，再使用基数排序法对输入的数列进行排序。

```
01    /*
02    [示范] 基数排序法
03    */
04    // 基数排序法，从小到大排序
05    #include <iostream>
06    #include <iomanip>
07    #include <ctime>
08    #include <cstdlib>
09    using namespace std;
10    void radix (int *,int);    // 基数排序法的子程序
11    void showdata (int *,int);
12    void inputarr (int *,int);
13    int main(void)
14    {
15        int size,data[100]={0};
16        cout<<"请输入数组大小(100 以下): ";
17        cin>>size;
18        cout<<"您输入的原始数列是: "<<endl;
```

```
19      inputarr (data,size);
20      showdata (data,size);
21      radix (data,size);
22      return 0;
23  }
24  void inputarr(int data[],int size)
25  {
26      srand(time(NULL));
27      for (int i=0;i<size;i++)
28          data[i]=(rand()%999)+1;        // 设置 data 值最大为 3 位数
29  }
30  void showdata(int data[],int size)
31  {
32      for (int i=0;i<size;i++)
33          cout<<setw(5)<<data[i];
34      cout<<endl;
35  }
36  void radix(int data[],int size)
37  {
38      for (int n=1;n<=100;n=n*10)      // n 为基数，从个位数开始排序
39      {
40          int tmp[10][100]={0};         // 设置暂存数组，[0~9 位数][数据个数]，所有内容均为 0
41          for (int i=0;i<size;i++)     // 对比所有数据
42          {
43              int m=(data[i]/n)%10;// m 为 n 位数的值，例如 36 取十位数(36/10)%10=3
44              tmp[m][i]=data[i];          // 把 data[i]的值暂存于 tmp 中
45          }
46          int k=0;
47          for (int i=0;i<10;i++)
48          {
49              for(int j=0;j<size;j++)
50              {
51                  if(tmp[i][j] != 0)  // 因一开始设置 tmp ={0}，故不为 0 者即为
52                  {
53                      data[k]=tmp[i][j];// data 暂存在 tmp 中的值，把 tmp 中的值放回 data[ ]中
54                      k++;
55                  }
56              }
57          }
58          cout<<"经过"<<setw(3)<<n<<"位数排序后：";
59          showdata(data,size);
60      }
61  }
```

【执行结果】参考图 4-34。

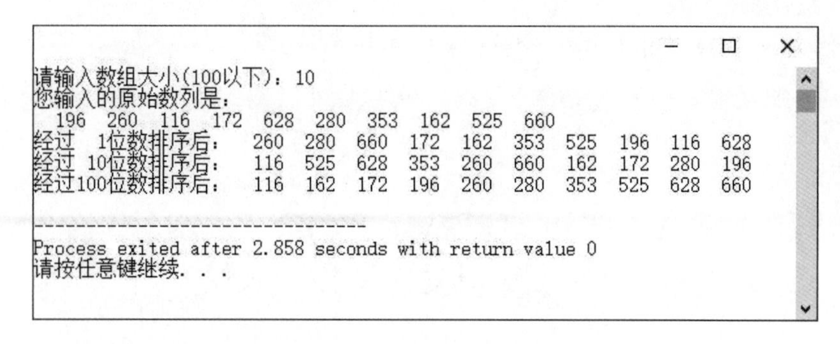

图 4-34

4.9　堆积树排序法

堆积树排序法是选择排序法的改进版，它可以减少在选择排序法中的比较次数，进而减少排序时间。堆积排序法用到了二叉树的技巧，它是利用堆积树来完成排序的。堆积树是一种特殊的二叉树，可分为最大堆积树和最小堆积树两种。最大堆积树具备以下 3 个条件：

（1）它是一棵完全二叉树。
（2）所有节点的值都大于或等于它左右子节点的值。
（3）树根是堆积树中最大的。

最小堆积树具备以下 3 个条件：

（1）它是一棵完全二叉树。
（2）所有节点的值都小于或等于它左右子节点的值。
（3）树根是堆积树中最小的。

在开始介绍堆积树排序法之前，大家必须先了解如何将二叉树转换成堆积树。下面以实例来说明用二叉树表示数列（32, 17, 16, 24, 35, 87, 65, 4, 12），如图 4-35 所示。

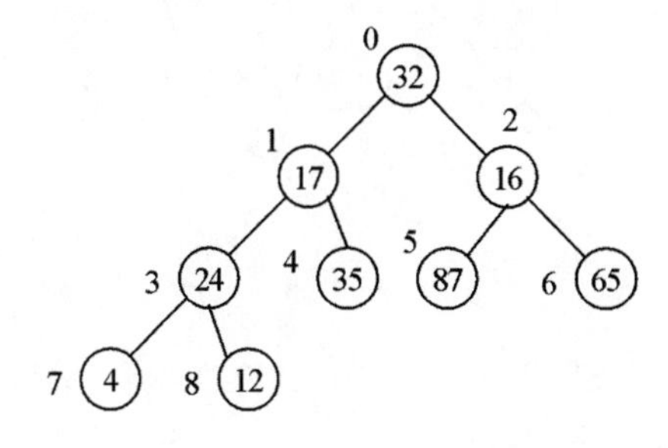

图 4-35

如果将该二叉树转换为堆积树，就可以用数组来存储二叉树所有节点的值，即 **A**[0]=32，**A**[1]=17，**A**[2]=16，**A**[3]=24，**A**[4]=35，**A**[5]=87，**A**[6]=65，**A**[7]=4，**A**[8]=12。

步骤 01 **A**[0]=32 为树根，若 **A**[1]大于父节点，则必须交换。此处因为 **A**[1]=17<**A**[0]=32，故不交换。

步骤02 因为$\boldsymbol{A}[2]=16<\boldsymbol{A}[0]$，故不交换，如图 4-36 所示。

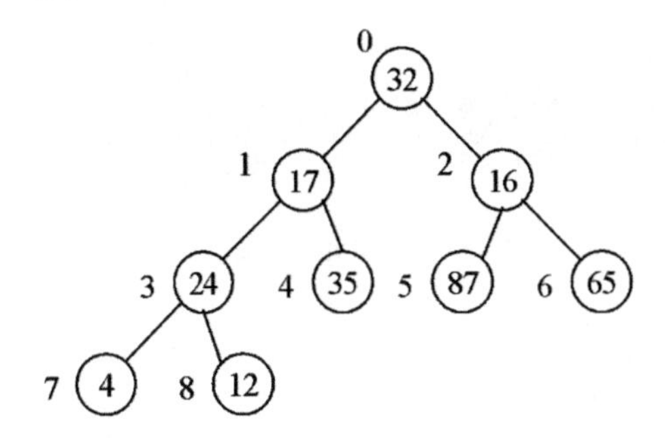

图 4-36

步骤03 参照图 4-36，因为$\boldsymbol{A}[3]=24>\boldsymbol{A}[1]=17$，故交换，如图 4-37 所示。

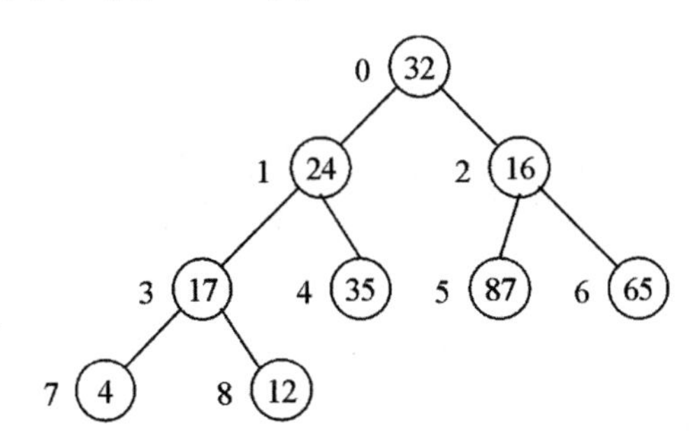

图 4-37

步骤04 参照图 4-37，因为$\boldsymbol{A}[4]=35>\boldsymbol{A}[1]=24$，故交换；再与$\boldsymbol{A}[0]=32$进行比较，因为$\boldsymbol{A}[1]=35>\boldsymbol{A}[0]=32$，故交换，如图 4-38 所示。

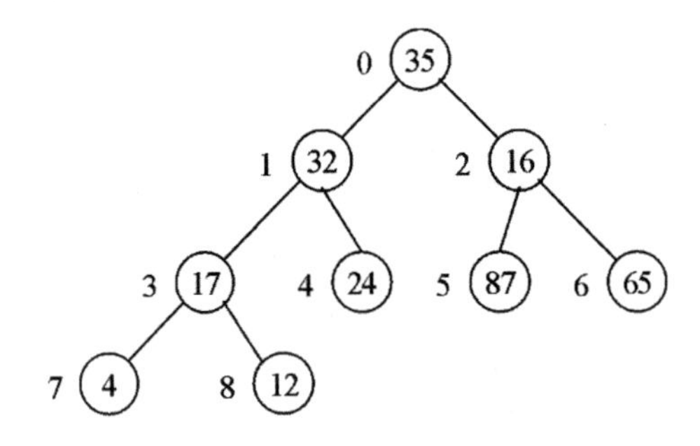

图 4-38

步骤05 参照图 4-38，因为$\boldsymbol{A}[5]=87>\boldsymbol{A}[2]=16$，故交换；再与$\boldsymbol{A}[0]=35$进行比较，因为$\boldsymbol{A}[2]=87>\boldsymbol{A}[0]=35$，故交换，如图 4-39 所示。

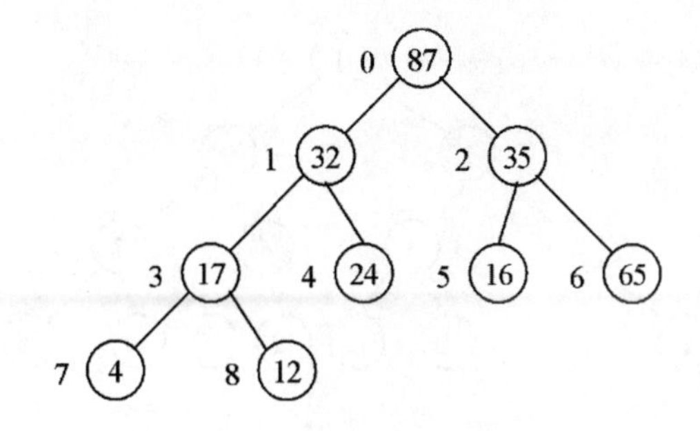

图 4-39

步骤06 参照图 4-39，因为 **A**[6]=65 > **A**[2]=35，故交换；且 **A**[2]=65 < **A**[0]=87，故不必交换，如图 4-40 所示。

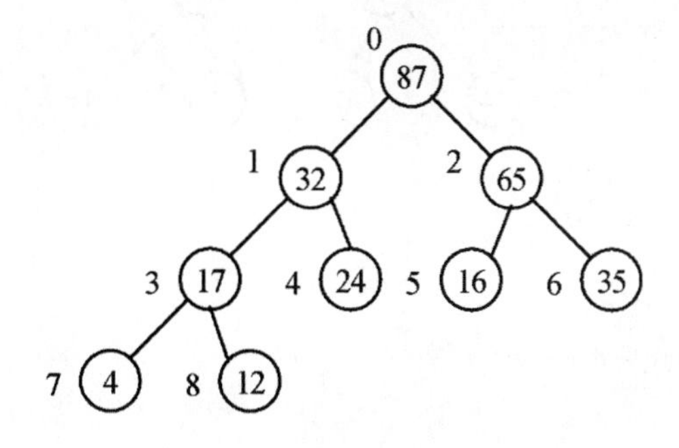

图 4-40

步骤07 因为 **A**[7]=4<**A**[3]=17，故不必交换。

步骤08 因为 **A**[8]=12<**A**[3]=17，故不必交换。

可得到如图 4-41 所示的堆积树。

上述示范从二叉树的树根开始从上往下逐一按堆积树的建立原则来改变各节点的值，最终得到一棵最大堆积树。我们可以发现，堆积树并非唯一，例如可以从数组最后一个元素（例如此例中的 **A**[8]）从下往上逐一比较来建立最大堆积树。如果想从小到大进行排序，就必须建立最小堆积树，方法和建立最大堆积树类似，在此不另外说明。

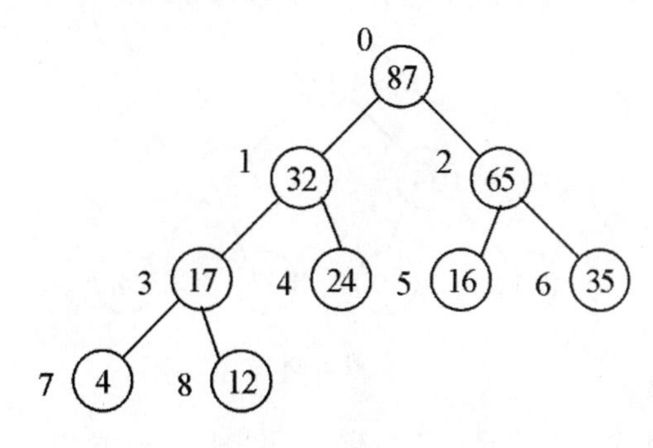

图 4-41

下面我们利用堆积排序法对数列（34, 19, 40, 14, 57, 17, 4, 43）进行排序。

步骤01 按图 4-42 中的数字顺序建立完全二叉树。

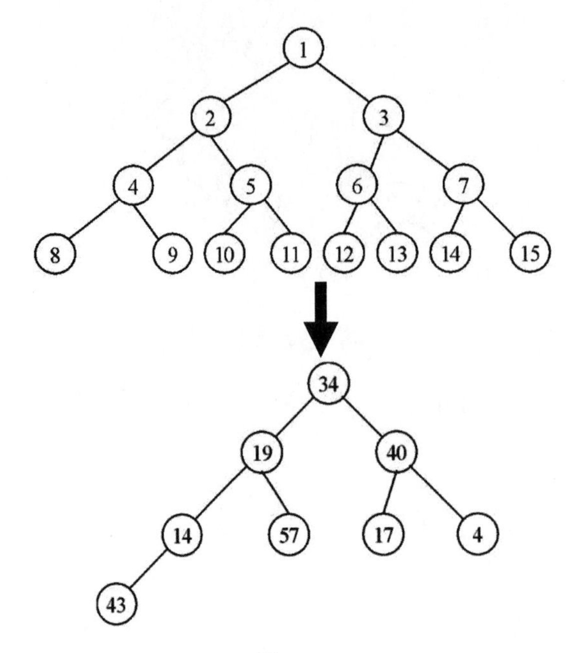

图 4-42

步骤02 建立堆积树，如图 4-43 所示。

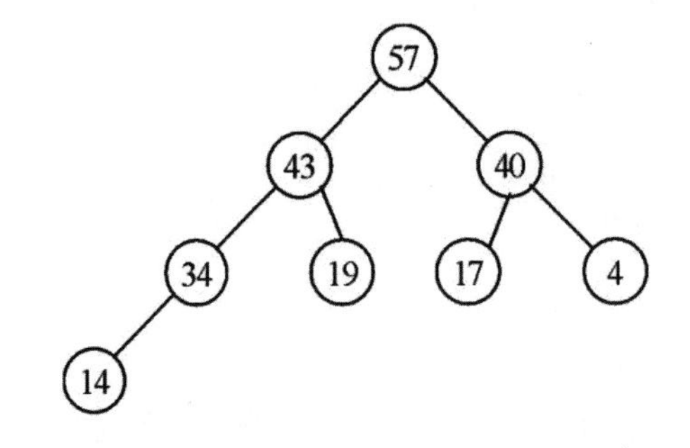

图 4-43

步骤03 将 57 从树根删除，重新建立堆积树，如图 4-44 所示。

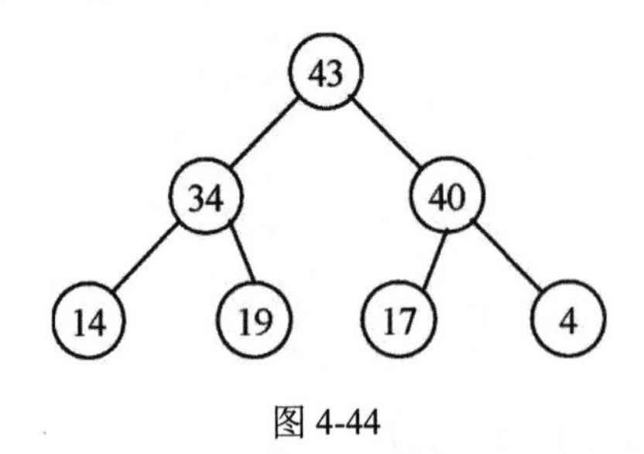

图 4-44

步骤04 将 43 从树根删除，重新建立堆积树，如图 4-45 所示。

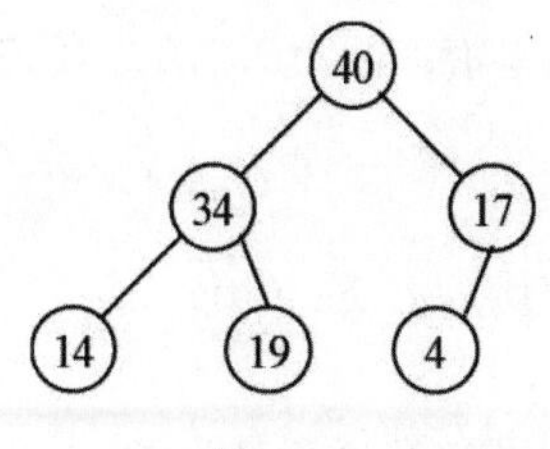

图 4-45

步骤05 将 40 从树根删除，重新建立堆积树，如图 4-46 所示。

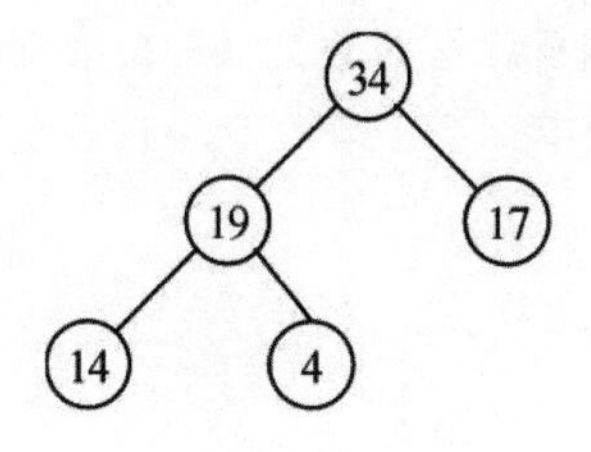

图 4-46

步骤06 将 34 从树根删除，重新建立堆积树，如图 4-47 所示。

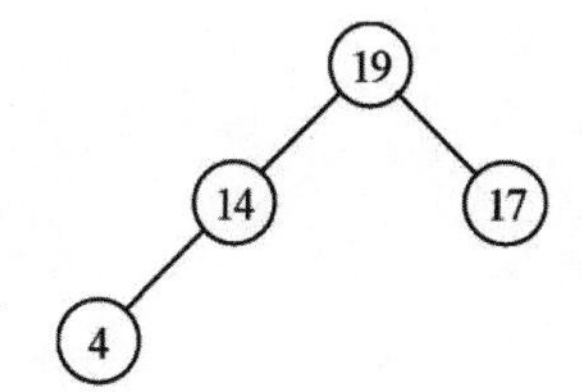

图 4-47

步骤07 将 19 从树根删除，重新建立堆积树，如图 4-48 所示。

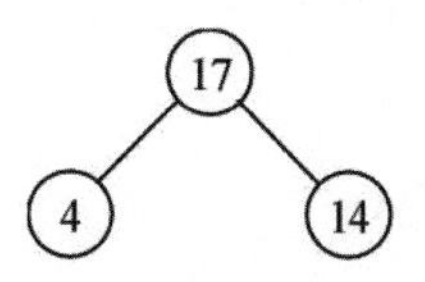

图 4-48

步骤08 将 17 从树根删除，重新建立堆积树，如图 4-49 所示。

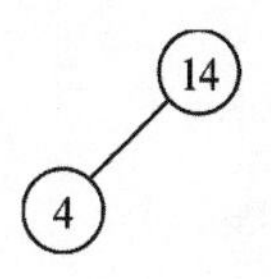

图 4-49

步骤09 将 14 从树根删除，重新建立堆积树，如图 4-50 所示。

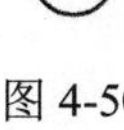

图 4-50

步骤10 将 4 从树根删除，得到的排序结果为 57, 43, 40, 34, 19, 17, 14, 4。

- 堆积树排序法分析

（1）在所有情况下，时间复杂度均为 $O(n\log_2 n)$。

（2）堆积树排序法不是稳定排序法。

（3）只需要一个额外的空间，所以空间复杂度为 $O(1)$。

【范例程序：CH04_09.cpp】

下面的 C++范例程序使用堆积树排序法对数列（5, 6, 4, 8, 3, 2, 7, 1）进行排序。

```
01    /*
02    [示范] 堆积树排序法
03    */
04    #include <iostream>
05    #include <iomanip>
06    using namespace std;
07    void heap(int*,int);
08    void ad_heap(int*,int,int);
09    int main(void)
10    {
11        int data[9]={0,5,6,4,8,3,2,7,1};
12        // 原始数列存储在数组中
13        int size=9;
14        cout<<"原始数列: ";
15        for(int i=1;i<size;i++)
16            cout<<"["<<setw(2)<<data[i]<<"] ";
17        heap(data,size);
18        // 建立堆积树
19        cout<<"\n 排序结果: ";
20        for(int i=1;i<size;i++)
21            cout<<"["<<setw(2)<<data[i]<<"] ";
22        cout<<endl;
23        return 0;
24    }
25    void heap(int *data,int size)
26    {
27        int i,j,tmp;
28        for(i=(size/2);i>0;i--)
29            // 建立堆积树节点
30            ad_heap(data,i,size-1);
31        cout<<"\n 堆积内容: ";
32        for(i=1;i<size;i++)
33            // 原始堆积树的内容
34            cout<<"["<<setw(2)<<data[i]<<"] ";
35        cout<<endl;
36        for(i=size-2;i>0;i--)
37        // 堆积排序
38        {
39            tmp=data[i+1];
40            // 头尾节点交换
41            data[i+1]=data[1];
42            data[1]=tmp;
43            ad_heap(data,1,i);
44            // 处理剩余节点
```

```
45          cout<<"\n 处理过程: ";
46          for(j=1;j<size;j++)
47              cout<<"["<<setw(2)<<data[j]<<"] ";
48      }
49  }
50  void ad_heap(int *data,int i,int size)
51  {
52      int j,tmp,post;
53      j=2*i;
54      tmp=data[i];
55      post=0;
56      while(j<=size && post==0)
57      {
58          if(j<size)
59          {
60              if(data[j]<data[j+1])
61              // 找出最大节点
62                  j++;
63          }
64          if(tmp>=data[j])
65              // 若树根较大，结束比较过程
66              post=1;
67          else
68          {
69              data[j/2]=data[j];
70              // 若树根较小，则继续比较
71              j=2*j;
72          }
73      }
74      data[j/2]=tmp;
75      // 指定树根为父节点
76  }
```

执行结果参考图 4-51。

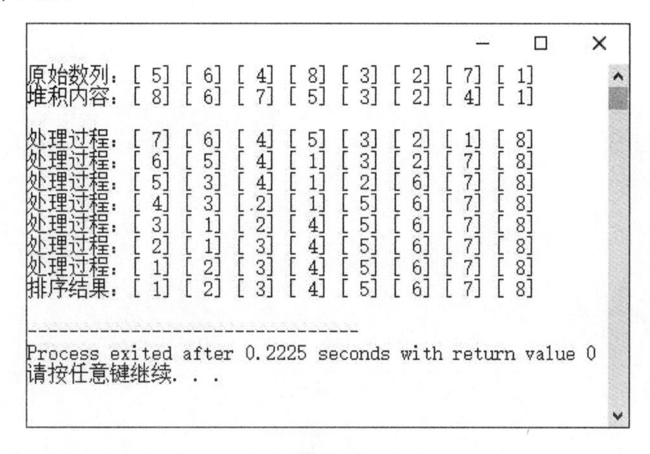

图 4-51

4.10 课后习题

1. 排序的数据是以数组数据结构来存储的。在下列排序法中，哪一个的数据搬移量最大（　）？

（A）冒泡排序法　　（B）选择排序法　　（C）插入排序法

2. 举例说明合并排序法是否为稳定排序法。

3. 待排序的键值为（26, 5, 37, 1, 61），试使用选择排序法列出每个回合排序的结果。

4. 在排序过程中，数据的移动方式可分为哪两种？试说明两者之间的优缺点。

5. 简述基数排序法的主要特点。

6. 下列叙述正确与否？试说明原因。

（1）无论输入什么数据，插入排序的元素比较总次数都会比冒泡排序的元素比较总次数少。

（2）若输入数据已排序完成，再利用堆积树排序时，则只需 $O(n)$时间即可完成排序。其中，n为元素个数。

7. 如果排序按照执行时所使用的内存可分为哪两种方式？

8. 什么是稳定排序？试举出 3 种稳定排序的例子。

第 5 章

查找算法

在数据处理过程中，能否在最短的时间内查找到所需要的数据是值得信息从业人员关心的一个问题。所谓查找（Search，或称为搜索），是指从数据文件中找出满足某些条件的记录，就像我们要从文件柜中找到所需的文件一样（见图 5-1）。用来查找的条件称为键（或称为键值），如同排序中所用的键值。

图 5-1

在电话簿中查找某人的电话，这个人的姓名就是在电话簿中查找电话号码的键值。我们经常使用的搜索引擎所设计的 Spider 程序（网页抓取程序爬虫）会主动经由网站上的超链接“爬行”到另一个网站，收集每个网站上的信息，并收录到数据库中，这是依赖不同的查找算法来进行的。

通常判断一个查找算法的好坏主要是根据其比较次数及查找所需的时间来判断的。哈希法又可称为散列法，任何通过哈希查找的数据都不需要经过事先排序，也就是说，这种查找可以直接且快速地找到键值所存放的地址。一般的查找技巧主要是通过各种不同的比较方法来查找所要的数据项，反观哈希法则是直接通过数学函数来获取对应的存放地址，因此可以快速找到所要的数据。

5.1 常见查找算法的介绍

根据数据量的大小，我们可将查找算法分为：

（1）内部查找：数据量较小的文件，可以一次性全部加载到内存中进行查找。

（2）外部查找：数据量较大的文件，无法一次加载到内存中处理，需要使用辅助存储器分次处理。

从另一个角度来看，查找又可分为静态查找和动态查找两种。定义如下：

（1）静态查找：是指在查找过程中，查找的表格或文件的内容不会被改动。符号表的查找就是一种静态查找。

（2）动态查找：是指在查找过程中，查找的表格或文件的内容可能会被改动。树结构中的 B 树查找就是一种动态查找，另外在百度中搜索信息也是一种动态查找（见图 5-2）。

图 5-2

比较常用的查找方法有顺序查找法、二分查找法、插值查找法及斐波那契查找法等。

5.2　顺序查找法

顺序查找法又称线性查找法，是一种比较简单的查找法。它是将数据一项一项地按顺序逐个查找，所以不管数据顺序如何，都需要从头到尾遍历一次。该方法的优点是文件在查找前不需要进行任何处理与排序，缺点是查找速度比较慢。如果数据没有重复，找到数据就可以中止查找的话，那么最坏情况是未找到数据，需要进行 n 次比较，而最好情况则是一次就能找到数据，只需要 1 次比较。

图 5-3

现在以一个例子来说明，假设有数列(74, 53, 61, 28, 99, 46, 88)，若要查找 28，则需要比较 4 次；若要查找 74，则仅需要比较 1 次；若要查找 88，则需要查找 7 次，这表示当查找的数列长度 n 很大时，利用顺序查找是不太适合的，它是一种适用于小数据文件的查找算法。在日常生活中，我们经常会使用这种查找方法，例如我们想在柜子中找衣服时，通常会从柜子最上方的抽屉逐层寻找，如图 5-3 所示。

- 顺序查找法分析

（1）时间复杂度：如果数据没有重复，找到数据就可以中止查找的话，在最坏情况下是未找到数据，需要进行 n 次比较，时间复杂度为 $O(n)$。

（2）在平均情况下，假设数据出现的概率相等，则需要进行$(n+1)/2$次比较。

（3）当数据量很大时，不适合使用顺序查找法。但如果预估所查找的数据在文件的前端，选择这种查找方法则可以减少查找的时间。

【范例程序：CH05_01.cpp】

下面的 C++范例程序随机生成 1~150 的 80 个随机整数，再使用顺序查找法查找指定的数据并显示具体的查找步骤。

```
01  #include<iostream>
02  #include<iomanip>
03  #include<cstdlib>
04  using namespace std;
05  int main(void)
06  {
07     int i,j,val=0,data[80]={0};
08     for (i=0;i<80;i++)
09        data[i]=(rand()%150+1);
10     while (val!=-1)
11     {
12        int find=0;
13        cout<<"请输入要查找的键值(1~150)，输入-1 则退出程序：";
14        cin>>val;
15        for (i=0;i<80;i++)
16        {
17           if(data[i]==val)
18           {
19              cout<<"在第 "<<setw(3)<<i+1<<"个位置找到键值 ["<<data[i]<<"]"<<endl;
20              find++;
21           }
22        }
23        if(find==0 && val !=-1)
24           cout<<"######没有找到 ["<<val<<"]######"<<endl;
25     }
26     cout<<"所有数据为："<<endl;
27     for(i=0;i<10;i++)
28     {
29        for(j=0;j<8;j++)
30           cout<<setw(2)<<i*8+j+1<<"["<<setw(3)<<data[i*8+j]<<"]  ";
31        cout<<endl;
32     }
33     return 0;
34  }
```

【执行结果】参考图 5-4。

```
请输入要查找的键值(1~150)，输入-1则退出程序：100
######没有找到 [100]######
请输入要查找的键值(1~150)，输入-1则退出程序：120
在第  5个位置找到键值 [120]
请输入要查找的键值(1~150)，输入-1则退出程序：-1
所有数据为：
 1[ 42]   2[ 18]   3[ 35]   4[101]   5[120]   6[125]   7[ 79]   8[109]
 9[113]  10[ 15]  11[  6]  12[ 96]  13[ 32]  14[ 28]  15[ 62]  16[ 42]
17[146]  18[ 93]  19[ 28]  20[ 37]  21[142]  22[ 55]  23[  3]  24[  4]
25[143]  26[ 83]  27[ 22]  28[117]  29[ 69]  30[ 96]  31[ 48]  32[127]
33[ 72]  34[139]  35[ 70]  36[113]  37[ 18]  38[ 50]  39[ 86]  40[145]
41[ 54]  42[112]  43[123]  44[ 34]  45[124]  46[ 15]  47[142]  48[ 62]
49[ 54]  50[119]  51[ 48]  52[ 45]  53[113]  54[ 58]  55[ 88]  56[110]
57[ 24]  58[142]  59[ 80]  60[ 29]  61[ 17]  62[ 36]  63[141]  64[ 43]
65[139]  66[107]  67[ 41]  68[ 93]  69[ 65]  70[149]  71[147]  72[106]
73[141]  74[130]  75[ 71]  76[ 51]  77[  7]  78[ 52]  79[ 94]  80[ 99]

--------------------------------
Process exited after 9.24 seconds with return value 0
请按任意键继续. . .
```

图 5-4

5.3　二分查找法

如果要查找的数据已经事先排好序，则可以使用二分查找法来进行查找。二分查找法是先将数据分割成两等份，再比较键值与中间值的大小。如果键值小于中间值，就可以确定要查找的数据在前半部分，否则在后半部分，如此分割数次直到找到或确定不存在为止。例如，已排序好的数列为（2, 3, 5, 8, 9, 11, 12, 16, 18），所要查找值为 11，具体查找步骤如下：

步骤 01 将查找值与中间值（第 5 个数值）9 比较，如图 5-5 所示。

图 5-5

步骤 02 因为 11>9，所以与后半部分的中间值 12 比较，如图 5-6 所示。

图 5-6

步骤 03 因为 11<12，所以与前半部分的中间值 11 比较，如图 5-7 所示。

图 5-7

步骤04 因为 11=11，表示找到了（即查找完成）。如果不相等则表示没有找到。

● 二分查找法分析

（1）时间复杂度：因为每次的查找都会比上一次少一半的范围，所以最多只需要比较$\lceil \log_2 n \rceil+1$或$\lceil \log_2 (n+1) \rceil$次，时间复杂度为$O(\log_2 n)$。

（2）二分查找法必须事先经过排序，且要求所有备查数据必须加载到内存中才能进行。

（3）此算法适用于不需要增删的静态数据。

【范例程序：CH05_02.cpp】

下面的 C++范例程序随机生成 1~150 的 80 个随机整数，再使用二分查找法查找指定的数据并显示具体的查找步骤。

```
01  #include<iostream>
02  #include<iomanip>
03  #include<cstdlib>
04  using namespace std;
05  int bin_search(int data[80],int val);
06  int main(void)
07  {
08      int num,val=1,data[80]={0};
09      for (int i=0;i<80;i++)
10      {
11          data[i]=val;
12          val+=(rand()%5+1);
13      }
14      while (1)
15      {
16          num=0;
17          cout<<"请输入要查找的键值(1~150)，输入-1 则退出程序：";
18          cin>>val;
19          if(val==-1)
20              break;
21          num=bin_search(data,val);
22          if(num==-1)
23              cout<<"##### 没有找到["<<setw(3)<<val<<"] #####"<<endl;
24          else
25              cout<<"在第 "<<setw(2)<<num+1<<"个位置找到 ["<<setw(3)<<data[num]
    <<"]"<<endl;
26      }
27      cout<<"数据内容为："<<endl;
28      for(int i=0;i<8;i++)
29      {
30          for(int j=0;j<10;j++)
31              cout<<setw(3)<<i*10+j+1<<"-"<<setw(3)<<data[i*10+j];
32          cout<<endl;
33      }
34      cout<<endl;
35      return 0;
```

```
36  }
37  int bin_search(int data[80],int val)
38  {
39      int low,mid,high;
40      low=0;
41      high=79;
42      cout<<"查找过程中……"<<endl;
43      while(low <= high && val !=-1)
44      {
45          mid=(low+high)/2;
46          if(val<data[mid])
47          {
48              cout<<val<<" 介于位置为"<<low+1<<"的值["<<setw(3)<<data[low]<<"]和位置为
    "<<mid+1<<"的中间值["<<setw(3)<<data[mid]<<"]之间，找左半边"<<endl;
49              high=mid-1;
50          }
51          else if(val>data[mid])
52          {
53              cout<<val<<" 介于位置为"<<mid+1<<"的中间值["<<setw(3)<<data[mid] <<"]和位置为
    "<<high+1<<"的值["<<setw(3)<<data[high]<<"]之间，找右半边"<<endl;
54              low=mid+1;
55          }
56          else
57              return mid;
58      }
59      return -1;
60  }
```

【执行结果】参考图 5-8。

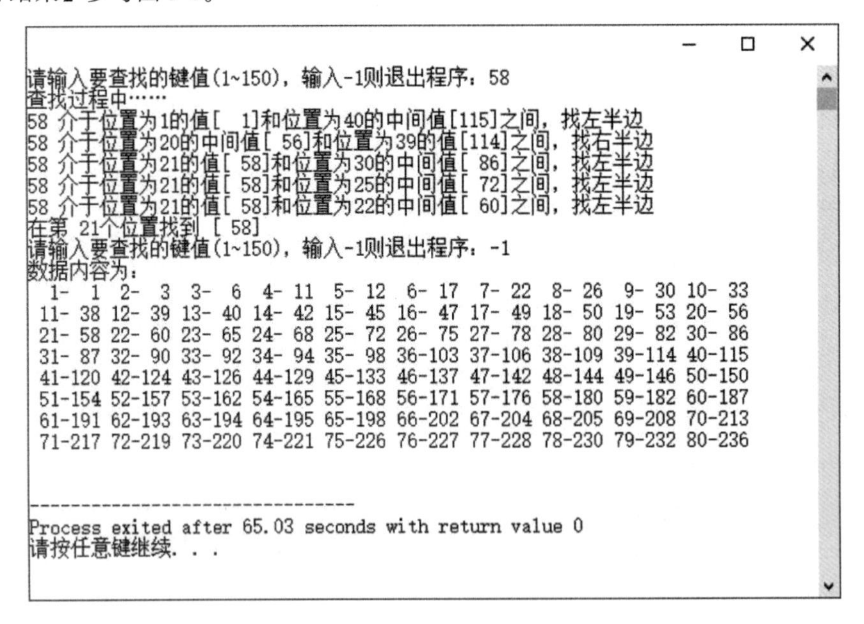

图 5-8

5.4 插值查找法

插值查找法又称为插补查找法，是二分查找法的改进版。它是按照数据位置分布的，利用公式预测数据所在的位置，再以二分法的方式渐渐逼近。使用插值查找法时，假设数据平均分布在数组中，而每一项数据的差距相当接近或有一定的距离比例。插值查找法的公式为：

$$mid = low + ((key - data[low]) / (data[high] - data[low])) \times (high - low)$$

其中 key 是要查找的键值，data[high]、data[low]是剩余待查找记录中的最大值和最小值。假设数据项数为 n，其插值查找法的步骤如下：

步骤 01 将记录按从小到大的顺序给予 1，2，3，…，n 的编号。

步骤 02 令 low=1，high=n。

步骤 03 当 low<high 时，重复执行步骤 04 和步骤 05。

步骤 04 令 $mid = low + ((key - data[low]) / (data[high] - data[low])) \times (high - low)$。

步骤 05 若 $key < key_{mid}$ 且 $high \neq mid-1$，则令 high=mid−1。

步骤 06 若 $key = key_{mid}$，则表示成功查找到键值的位置。

步骤 07 若 $key > key_{mid}$ 且 $low \neq mid+1$，则令 low=mid+1。

- 插值查找法分析

（1）一般而言，插值查找法优于顺序查找法，数据的分布越平均，则查找速度越快，甚至可能第一次就找到数据。此算法的时间复杂度取决于数据分布的情况，平均优于 $O(\log_2 n)$。

（2）使用插值查找法，数据需要先经过排序。

【范例程序：CH05_03.cpp】

下面的 C++范例程序随机生成 1~150 的 50 个随机整数，再使用插值查找法查找指定的数据并显示具体的查找步骤。

```
01  #include<iostream>
02  #include<iomanip>
03  #include<cstdlib>
04  using namespace std;
05  int interpolation_search (int*,int);
06  int main(void)
07  {
08      int i,j,val=1,num,data[50]={0};
09      for (i=0;i<50;i++)
10      {
11          data[i]=val;
12          val+=(rand()%5+1);
13      }
14      while(1)
15      {
16          num=0;
17          cout<<"请输入要查找的键值(1~150)，输入-1 则退出程序：";
```

```
18          cin>>val;
19          if(val==-1)
20             break;
21          num= interpolation_search (data,val);
22          if(num==-1)
23             cout<<"##### 没有找到["<<setw(3)<<val<<"] #####"<<endl;
24          else
25             cout<<" 在 第  "<<setw(2)<<num+1<<" 个 位 置 找 到  ["<<setw(3)<<data[num]
   <<"]"<<endl;
26       }
27       cout<<"数据内容为："<<endl;
28       for(i=0;i<5;i++)
29       {
30          for(j=0;j<10;j++)
31             cout<<setw(3)<<i*10+j+1<<"-"<<setw(3)<<data[i*10+j];
32          cout<<endl;
33       }
34       system("pause");
35       return 0;
36    }
37    int interpolation_search (int data[50],int val)
38    {
39       int low,mid,high;
40       low=0;
41       high=49;
42       cout<<"查找过程中……"<<endl;
43       while(low<= high && val !=-1)
44       {  //插值查找法公式
45          mid=low+((val-data[low])*(high-low)/(data[high]-data[low]));
46          if (val==data[mid])
47             return mid;
48          else if (val < data[mid])
49          {
50             cout<<val<<" 介于位置为"<<low+1<<"的值["<<setw(3)<<data[low]<<"]和位置为
   "<<mid+1<<"的中间值["<<setw(3)<<data[mid]<<"]之间，找左半边"<<endl;
51             high=mid-1;
52          }
53          else if(val > data[mid])
54          {
55             cout<<val<<" 介于位置为"<<mid+1<<"的中间值["<<setw(3)<<data[mid] <<"]和位置为
   "<<high+1<<"的值["<<setw(3)<<data[high]<<"]之间，找右半边"<<endl;
56             low=mid+1;
57          }
58       }
59       return -1;
60    }
```

【执行结果】参考图5-9。

```
请输入要查找的键值(1~150)，输入-1则退出程序：76
查找过程中……
76 介于位置为25的中间值[ 72]和位置为50的值[150]之间，找右半边
76 介于位置为26的中间值[ 75]和位置为50的值[150]之间，找右半边
76 介于位置为27的值[ 78]和位置为27的中间值[ 78]之间，找左半边
##### 没有找到[ 76] #####
请输入要查找的键值(1~150)，输入-1则退出程序：-1
数据内容为：
  1-  1  2-  3  3-  6  4- 11  5- 12  6- 17  7- 22  8- 26  9- 30 10- 33
 11- 38 12- 39 13- 40 14- 42 15- 45 16- 47 17- 49 18- 50 19- 53 20- 56
 21- 58 22- 60 23- 65 24- 68 25- 72 26- 75 27- 78 28- 80 29- 82 30- 86
 31- 87 32- 90 33- 92 34- 94 35- 98 36-103 37-106 38-109 39-114 40-115
 41-120 42-124 43-126 44-129 45-133 46-137 47-142 48-144 49-146 50-150
请按任意键继续. . .
```

图 5-9

5.5　斐波那契查找法

斐波那契查找法又称为斐氏查找法，和二分法一样都是以分割范围来进行查找的，不同的是斐波那契查找法不是按对半方式来分割的，而是以斐波那契级数的方式来分割的。

斐波那契级数 $F(n)$的定义如下：

$$F_0 = 0，F_1 = 1$$

$$F_i = F_{i-1} + F_{i-2},\quad i \geqslant 2$$

斐波那契级数为 0，1，1，2，3，5，8，13，21，34，55，89……也就是说，除了第 0 个和第 1 个元素外，级数中的每个元素值都是前两个元素值的和。

斐波那契查找法的好处是只用到加减运算，而不需要用到乘除运算，这从计算机运算的过程来看效率会高于前面介绍的查找法。在了解斐波那契查找法之前，我们先来认识斐波那契查找树。所谓斐波那契查找树，是以斐波那契级数的特性来建立的二叉树，其建立的原则如下：

（1）斐波那契树的左、右子树均为斐波那契树。

（2）当数据个数 n 确定时，若想确定斐波那契树的层数 k 值是多少，则必须找到一个最小的 k 值，使得斐波那契层数的 Fib(k+1)≥n+1。

（3）斐波那契树的树根一定是一个斐波那契数，且子节点与父节点差值的绝对值为斐波那　契数。

（4）当 k≥2 时，斐波那契树的树根为 Fib(k)，左子树为 k–1 层斐波那契树（其树根为 Fib(k–1)），右子树为 k–2 层斐波那契树（其树根为 Fib(k)+Fib(k–2)）。

（5）若 n+1 值不是斐波那契树的值，则可以找出一个 m，使得 Fib(k+1)–m=n+1，即 m=Fib(k+1)–(n+1)，再按斐波那契树的建立原则完成斐波那契树的建立，最后斐波那契树的各节点减去差值 m 即可，并把小于 1 的节点去掉。

斐波那契树建立过程的示意图如图 5-10 所示。

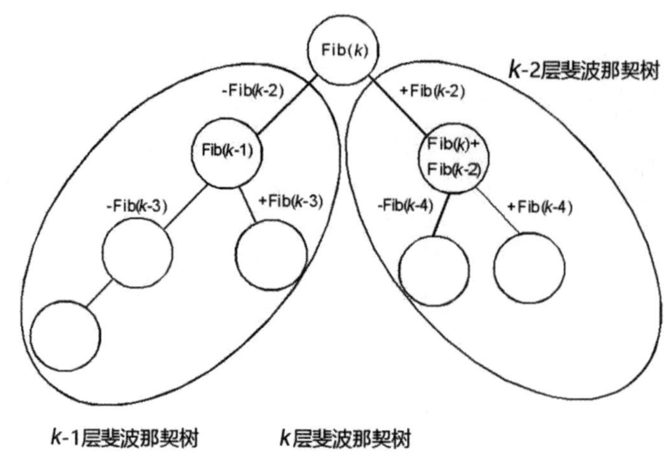

图 5-10

也就是说，当数据个数为 n，且能找到一个最小的斐波那契数 Fib(k+1)使得 Fib(k+1)>n+1 时，Fib(k)就是这棵斐波那契树的树根，Fib(k–2)则是树根与左、右子树开始的差值，左子树用减法，右子树用加法。

例如，求出 n=33 的斐波那契树。我们知道斐波那契数列有 3 个特性：

Fib(0)=0

Fib(1)=1

Fib(k)=Fib(k–1)+Fib(k–2)

由于 n = 33，且 n+1 = 34 为一棵斐波那契树，因此可以得知 Fib(0) = 0，Fib(1) = 1，Fib(2) = 1，Fib(3) = 2，Fib(4) = 3，Fib(5) = 5，Fib(6) = 8，Fib(7) = 13，Fib(8) = 21，Fib(9) = 34。

由 Fib(k+1) = 34 可以推出 k = 8，所以建立二叉树的树根为 Fib(8) = 21，左子树的树根为 Fib(8–1) = Fib(7) = 13。右子树的树根为 Fib(8) + Fib(8–2) = 21 + 8 = 29。

按此原则，我们可以建立如图 5-11 所示的斐波那契树。

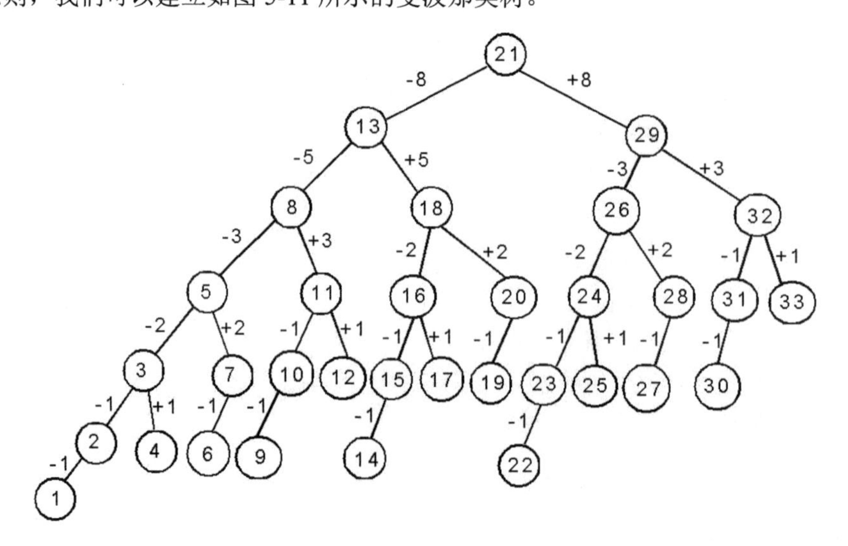

图 5-11

斐波那契查找法是以斐波那契树来查找数据的，如果数据的个数为 n，且 n 比某一个斐波那契数小，且满足如下表达式：

$$\mathrm{Fib}(k+1) \geqslant n+1$$

那么 Fib(k)就是这棵斐波那契树的树根，而 Fib(k−2)是与左、右子树开始的差值。若我们要查找的键值为 key，则首先比较 Fib(k)和键值 key，此时有下列 3 种情况：

（1）当 key 值比较小时，表示所查找的键值 key 落在 1~Fib(k)−1，故继续查找 1~Fib(k)−1 的数据。

（2）如果键值与 Fib(k)的值相等，则表示成功查找到所需要的数据。

（3）当 key 值比较大时，表示所找的键值 key 落在 Fib(k)+1~Fib(k+1)−1，故继续查找 Fib(k) + 1~Fib(k+1)−1 的数据。

- 斐波那契查找法分析

（1）平均而言，斐波那契查找法的比较次数会少于二分查找法的比较次数，但在最坏情况下，二分查找法较快，其平均时间复杂度为 $O(\log_2 n)$。

（2）斐波那契查找算法较为复杂，需要额外产生斐波那契树。

【范例程序：CH05_04.cpp】

下面的 C++范例程序实现了斐波那契查找法。

```
01  #include <iostream>
02  #include <cstdlib>
03  #include <iomanip>
04  #define MAX 20
05  using namespace std;
06  int fib(int n)
07  {
08     if(n==1 || n==0)
09        return n;
10     else
11        return fib(n-1)+fib(n-2);
12  }
13  int fib_search(int data[MAX],int SearchKey)
14  {
15     int index=2;
16     //按斐波那契数列查找
17     while(fib(index)<=MAX)
18        index++;
19     index--;
20     //index >=2
21     //起始的斐波那契数
22     int RootNode=fib(index);
23     //当前斐波那契数的前一项斐波那契数
24     int diff1=fib(index-1);
25     //当前斐波那契数往前数两项的斐波那契数，即 diff2=fib(index-2)
```

```
26     int diff2=RootNode-diff1;
27     RootNode--;//这个表达式是配合数组的下标从 0 开始存储数据的
28     while(1)
29     {
30         if(SearchKey==data[RootNode])
31         {
32             return RootNode;
33         }
34         else
35         {
36             if(index==2) return MAX; //没有找到
37             if(SearchKey<data[RootNode])
38             {
39                 RootNode=RootNode-diff2; //左子树的新斐波那契数
40                 int temp=diff1;
41                 diff1=diff2;       //前一项斐波那契数
42                 diff2=temp-diff2; //往前数两项斐波那契数
43                 index=index-1;
44             }
45            else
46            {
47                 if(index==3) return MAX;
48                 RootNode=RootNode+diff2; //右子树的新斐波那契数
49                 diff1=diff1-diff2; //前一项斐波那契数
50                 diff2=diff2-diff1; //往前数两项斐波那契数
51                 index=index-2;
52            }
53         }
54     }
55 }
56 int main(void)
57 {
58     int data[]={5,7,12,23,25,37,48,54,68,77,
59                 91,99,102,110,118,120,130,135,136,150};
60     int val;
61     int i=0;
62     int j=0;
63     while(1)
64 {
65         cout<<"请输入要查找的键值(1~150)，输入-1 则退出程序：";
66         cin>>val;   //输入查找的数值
67         if(val==-1)//输入值为-1 就跳离循环
68             break;
69         int RootNode=fib_search(data,val); //利用斐波那契查找法查找数据
70         if(RootNode==MAX)
71             cout<<"##### 没有找到["<<setw(3)<<val<<"] #####"<<endl;
72         else
73             cout<<"在第 "<<setw(2)<<RootNode+1 <<"个位置找到 ["<<setw(3)<<data[RootNode]
   <<"]"<<endl;
74     }
```

```
75      cout<<"数据内容为: "<<endl;
76      for(i=0;i<2;i++)
77      {
78          for(j=0;j<10;j++)
79              cout<<setw(3)<<i*10+j+1<<"-"<<setw(3)<<data[i*10+j];
80          cout<<endl;
81      }
82      return 0;
83  }
```

【执行结果】参考图 5-12。

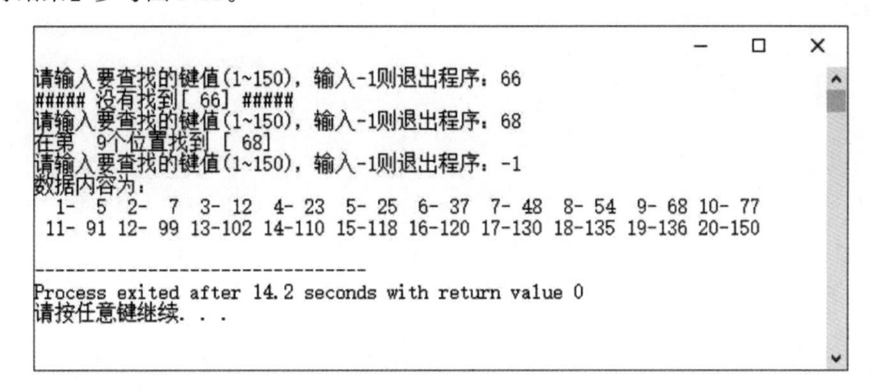

图 5-12

5.6　课 后 习 题

1. 有 n 项数据已排序完成，请用二分查找法查找其中某一项数据，其查找时间约为（　　）？

（A）$O(\log^2 n)$　　（B）$O(n)$　　（C）$O(n^2)$　　（D）$O(\log_2 n)$

2. 使用二分查找法的前提条件是什么？

3. 有关二分查找法的叙述，下列哪一个是正确的（　　）？

（A）文件必须事先排序

（B）当排序数据非常小时，其用时会比顺序查找法长

（C）排序的复杂度比顺序查找法的复杂度要高

（D）以上都正确

4. 在查找的过程中，斐波那契查找法的算术运算比二分查找法的算术运算简单，这种说法是否正确？

5. 假设 $A[i]=2i$，$1\leqslant i\leqslant n$，若欲查找键值为 $2k-1$，那么请以插值查找法进行查找，需要比较几次才能确定此为一次失败的查找？

6. 试写出以插值查找法在数列（1, 2, 3, 6, 9, 11, 17, 28, 29, 30, 41, 47, 53, 55, 67, 78）中查找到 9 的过程。

第 6 章

数组与链表相关算法

数组与链表都是相当重要的结构数据类型，也都是典型线性表的应用。线性表可应用于计算机的数据存储结构中，按照内存存储的方式基本上可分为以下两种：

- 静态数据结构（Static Data Structure）

静态数据结构也称为密集表（Dense List），它使用连续分配的内存空间来存储有序表中的数据。静态数据结构是在编译时就给相关的变量分配好内存空间。在建立静态数据结构的初期，必须事先声明最大可能要占用的固定内存空间，因此容易造成内存的浪费。例如，数组类型就是一种典型的静态数据结构。优点是设计时相当简单，而且读取与修改表中任意一个元素的时间都是固定的。缺点是删除或加入数据时，需要移动大量的数据。

- 动态数据结构（Dynamic Data Structure）

动态数据结构又称为链表，它使用不连续的内存空间存储具有线性表特性的数据。优点是数据的插入或删除都相当方便，不需要移动大量数据。另外，因为动态数据结构的内存分配是在程序执行时才进行的，所以不需要事先声明，这样能充分节省内存空间。缺点是在设计数据结构时比较麻烦，而且在查找数据时也无法像静态数据一样随机读取，必须按顺序去查找直至找到为止。

6.1 矩阵算法与深度学习

从数学的角度来看，对于 $m \times n$ 矩阵的形式，可以用计算机中 $\boldsymbol{A}(m, n)$的二维数组来描述。如图 6-1 所示的矩阵 $\boldsymbol{A}$，从图中读者是否立即就想到了可以声明为一个 $\boldsymbol{A}$(1:3, 1:3)的二维数组来表示它呢？

$$A=\begin{bmatrix} a_{11} & a_{12} & a_{13} \\ a_{21} & a_{22} & a_{23} \\ a_{31} & a_{32} & a_{33} \end{bmatrix}_{3\times3}$$

图 6-1

在三维图形学中也经常使用矩阵，因为矩阵可以清楚地表示模型数据的投影、扩大、缩小、平移、偏斜与旋转等三维运算，如图6-2所示。

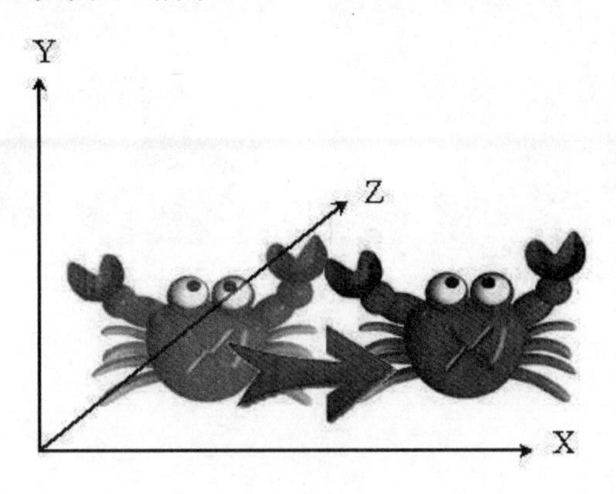

图6-2

提示　在三维空间中，向量用（a, b, c）来表示，其中 a、b、c 分别表示向量在 x、y、z 轴的分量。图6-3中的向量 **A** 是从原点出发指向三维空间中的一个点（a, b, c），也就是说，向量同时包含大小及方向两种特性。所谓单位向量（Unit Vector），指的是向量长度为1的向量。通常在向量计算时，为了降低计算复杂度，会以单位向量进行计算，所以使用向量表示法就可以指明某变量的大小与方向。

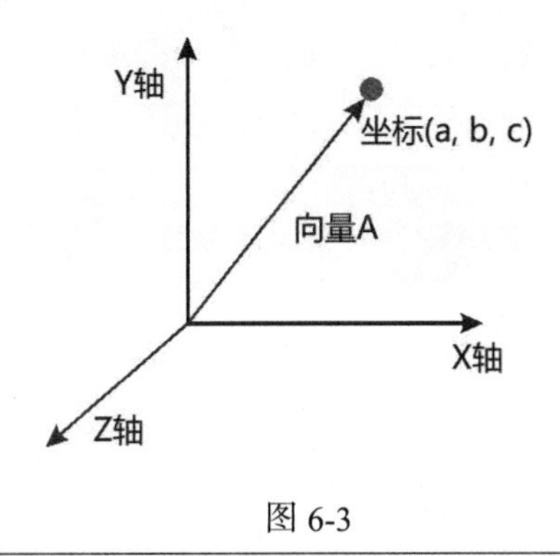

图6-3

深度学习（Deep Learning，DL）是目前的热门话题，它不但是人工智能（AI）的一个分支，也可以看成是具有层次性的机器学习法（Machine Learning，ML），更是将人工智能推向类似人类学习模式的优异发展。在深度学习中，线性代数是一个强大的数学工具，常常遇到需要使用大量的矩阵运算来提高计算效率。

深度学习源自于类神经网络（Artificial Neural Network，又称为人工神经网络）模型，并且结合了神经网络架构与大量的运算资源，目的在于让机器建立模拟人脑进行学习的神经网络，以解读大数据中图像、声音和文字等多种数据或信息。要使类神经网络能正确运行，就必须通过训练的方式让类神经网络反复学习，经过一段时间学习获得经验值才能有效学习到初步运行的模式。由于神经网络将权重存储在矩阵中（矩阵多半是多维模式，要考虑各种参数的组合），因此会涉及"矩阵"的大量运算，例如，矩阵相加、矩阵相乘、转置矩阵和稀疏矩阵等运算。类神经网络的原理也可以应用到计算机游戏中，如图6-4所示。

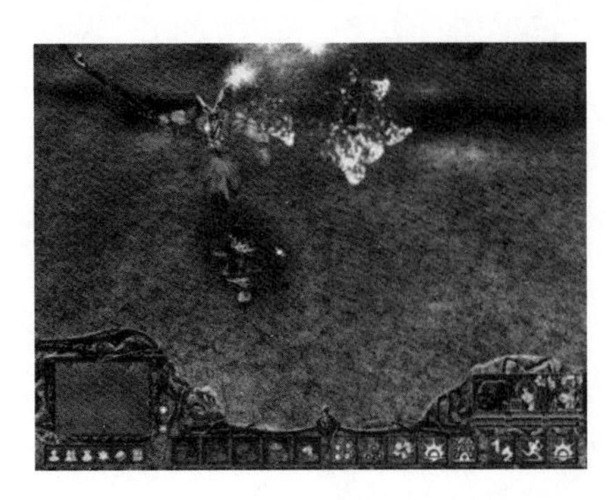

图 6-4

6.1.1　矩阵相加

矩阵的相加运算较为简单，前提是相加的两个矩阵对应的行数与列数都必须相等，而相加后矩阵的行数与列数也是相同的，例如 $A_{m\times n}+B_{m\times n}=C_{m\times n}$。下面来看一个矩阵相加的例子，如图 6-5 所示。

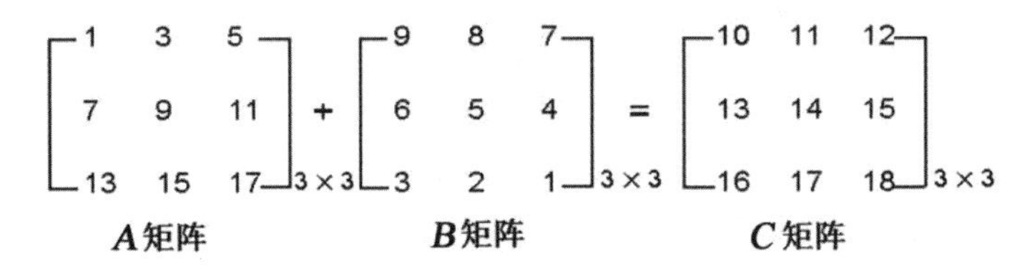

图 6-5

【范例程序：CH06_01.cpp】

设计一个 C++程序，声明 3 个二维数组（参照图 6-5 中的矩阵）来实现两个矩阵相加的过程，并显示两个矩阵相加后的结果。

```
01  /*
02  [示范]：两个矩阵相加的运算
03  */
04  #include <iostream>
05  using namespace std;
06
07  const int  ROWS = 3;
08  const int  COLS = 3;
09  void MatrixAdd(int*,int*,int*,int,int);   //函数原型
10  int main()
11  {
12      int A[ROWS][COLS] = {{1,3,5},
13                          {7,9,11},
14                          {13,15,17}};
15      int B[ROWS][COLS] = {{9,8,7},
16                          {6,5,4},
17                          {3,2,1}};
18      int C[ROWS][COLS] = {0};
19      cout<<"[矩阵 A 的各个元素]"<<endl; //打印出矩阵 A 的内容
20       for(int i=0;i<ROWS;i++)
```

```
21      {
22          for(int j=0;j<COLS;j++)
23              cout<<A[i][j]<<"\t";
24          cout<<endl;
25      }
26      cout<<"[矩阵 B 的各个元素]"<<endl; //打印出矩阵 B 的内容
27      for(int i=0;i<ROWS;i++)
28      {
29          for(int j=0;j<COLS;j++)
30              cout<<B[i][j]<<"\t";
31          cout<<endl;
32      }
33      MatrixAdd(&A[0][0],&B[0][0],&C[0][0],ROWS,COLS);
34      cout<<"[显示矩阵 A 和矩阵 B 相加的结果]"<<endl;     //打印出 A+B 的内容
35      for(int i=0;i<ROWS;i++)
36      {
37          for(int j=0;j<COLS;j++)
38              cout<<C[i][j]<<"\t";
39          cout<<endl;
40      }
41      return 0;
42  }
43  void MatrixAdd(int* arrA,int* arrB,int* arrC,int dimX,int dimY)
44  {
45      if(dimX<=0||dimY<=0)
46      {
47          cout<<"矩阵维数必须大于 0"<<endl;
48          return;
49      }
50      for(int row=1;row<=dimX;row++)
51          for(int col=1;col<=dimY;col++)
52              arrC[(row-1)*dimY+(col-1)]=arrA[(row-1)*dimY+(col-1)]
53                                      +arrB[(row-1)*dimY+(col-1)];
54  }
```

【执行结果】参考图 6-6。

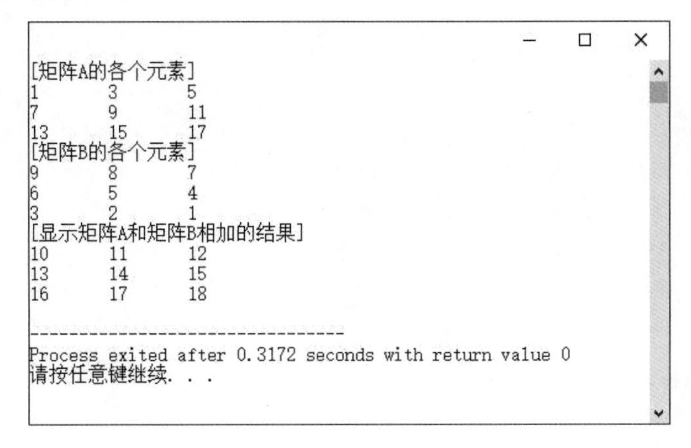

图 6-6

6.1.2 矩阵相乘

两个矩阵 ***A*** 与 ***B*** 的相乘受到某些条件的限制。首先，必须符合 ***A*** 为一个 $m \times n$ 的矩阵，***B*** 为一个 $n \times p$ 的矩阵，***A***×***B*** 的结果为一个 $m \times p$ 的矩阵 ***C***，如图 6-7 所示。

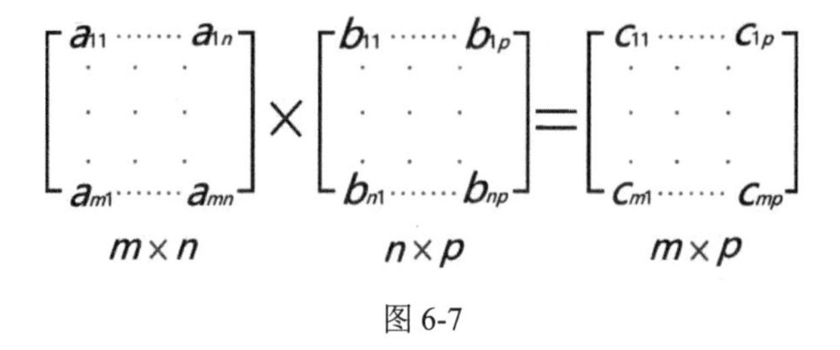

图 6-7

矩阵相乘的计算公式如下：

$$C_{11} = a_{11} \times b_{11} + a_{12} \times b_{21} + \cdots + a_{1n} \times b_{n1}$$

$$\vdots$$

$$C_{1p} = a_{11} \times b_{1p} + a_{12} \times b_{2p} + \cdots + a_{1n} \times b_{np}$$

$$\vdots$$

$$C_{mp} = a_{m1} \times b_{1p} + a_{m2} \times b_{2p} + \cdots + a_{mn} \times b_{np}$$

【范例程序：CH06_02.cpp】

设计一个 C++程序来实现两个矩阵相乘，这两个矩阵可由用户自行输入维数及矩阵的元素，程序最后显示矩阵相乘后的结果。

```
01  /*
02  [示范]：运算两个矩阵相乘的结果
03  */
04  #include <iostream>
05  using namespace std;
06
07  void MatrixMultiply(int*,int*,int*,int,int,int);
08  int main()
09  {
10      int M,N,P;
11      int i,j;
12      //矩阵 A 部分
13      cout<<"请输入矩阵 A 的维数(M,N): "<<endl;
14      cout<<"M= ";
15      cin>>M;
16      cout<<"N= ";
17      cin>>N;
18      int *A = new int[M*N];
19      cout<<"[请输入矩阵 A 的各个元素]"<<endl;
20      for(i=0;i<M;i++)
21          for(j=0;j<N;j++)
```

```
22            {
23                cout<<"a"<<i<<j<<"=";
24                cin>>A[i*N+j];
25            }
26        //矩阵 B 部分
27        cout<<"请输入矩阵 B 的维数(N,P): "<<endl;
28        cout<<"N= ";
29        cin>>N;
30        cout<<"P= ";
31        cin>>P;
32        int *B = new int [N*P];
33        cout<<"[请输入矩阵 B 的各个元素]"<<endl;
34        for(i=0;i<N;i++)
35            for(j=0;j<P;j++)
36            {
37                cout<<"b"<<i<<j<<"=";
38                cin>>B[i*P+j];
39            }
40        int *C = new int [M*P];
41        MatrixMultiply(A,B,C,M,N,P); //调用函数
42        cout<<"[A×B 的结果是]"<<endl;
43        for(i=0;i<M;i++)
44        {
45            for(j=0;j<P;j++)
46                cout<<C[i*P+j]<<"\t";
47            cout<<endl;
48        }
49    }
50    //进行矩阵相乘
51    void MatrixMultiply(int* arrA,int* arrB,int* arrC,int M,int N,int P)
52    {
53        if(M<=0||N<=0||P<=0)
54        {
55            cout<<"[错误:维数 M,N,P 必须大于 0]"<<endl;
56            return;
57        }
58        for(int i=0;i<M;i++)
59            for(int j=0;j<P;j++)
60            {
61                int Temp;
62                Temp = 0;
63                for(int k=0;k<N;k++)
64                    Temp = Temp + arrA[i*N+k]*arrB[k*P+j];
65                arrC[i*P+j] = Temp;
66            }
67    }
```

【执行结果】参考图 6-8。

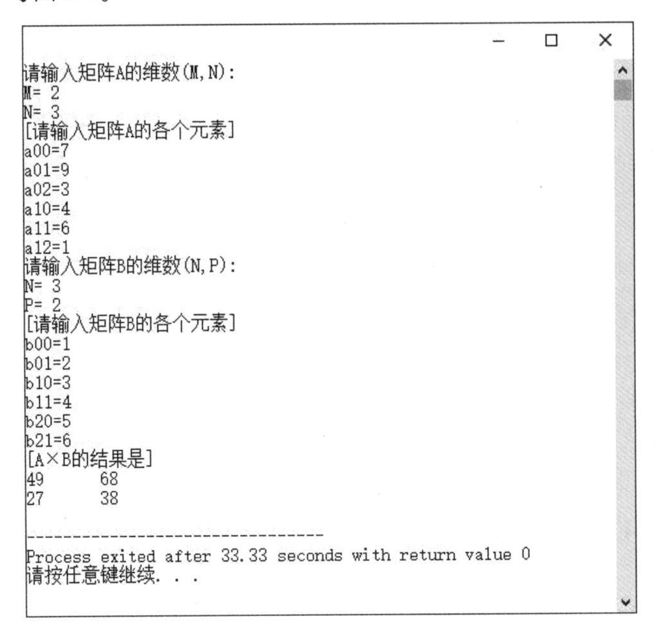

图 6-8

6.1.3 转置矩阵

转置矩阵（A^t）就是把原矩阵的行坐标元素与列坐标元素相互调换。假设 A^t 为 A 的转置矩阵，则有 $A^t[j, i]=A[i, j]$，如图 6-9 所示。

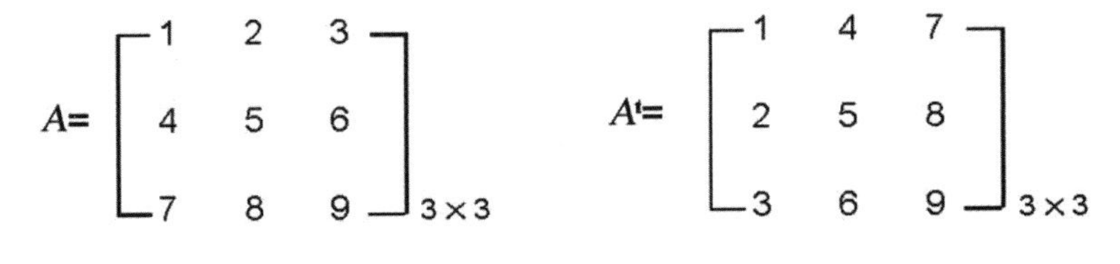

图 6-9

【范例程序：CH06_03.cpp】

下面的 C++范例程序让用户自行输入矩阵的维数及其元素，再来实现该矩阵的转置。

```
01  /*
02  [示范] 求出 M×N 矩阵的转置矩阵
03  */
04  #include <iostream>
05  using namespace std;
06
07  int main()
08  {
09      int M,N,row,col;
10      cout<<"[输入 M×N 矩阵的维数]"<<endl;
```

```
11      cout<<"请输入 M: ";
12      cin>>M;
13      cout<<"请输入 N: ";
14      cin>>N;
15
16      int *arrA = new int[M*N];//声明动态数组
17      int *arrB = new int[M*N];
18      cout<<"[请输入矩阵的各个元素]"<<endl;
19      for(row=1;row<=M;row++)
20      {
21          for(col=1;col<=N;col++)
22          {
23              cout<<"a"<<row<<col<<"=";
24              cin>>arrA[(row-1)*N+(col-1)];
25          }
26      }
27      cout<<"[输入的矩阵为]"<<endl;
28      for(row=1;row<=M;row++)
29      {
30          for(col=1;col<=N;col++)
31          {
32              cout<<arrA[(row-1)*N+(col-1)]<<"\t";
33          }
34          cout<<endl;
35      }
36      // 进行矩阵转置的操作
37      for(row=1;row<=N;row++)
38          for(col=1;col<=M;col++)
39              arrB[(col-1)*N+(row-1)]=arrA[(row-1)+(col-1)*N];
40
41      cout<<"[转置矩阵为]"<<endl;
42      for(row=1;row<=N;row++)
43      {
44          for(col=1;col<=M;col++)
45          {
46              cout<<arrB[(col-1)*N+(row-1)]<<"\t";
47          }
48          cout<<endl;
49      }
50  }
```

【执行结果】参考图 6-10。

```
[输入M×N矩阵的维数]
请输入M: 3
请输入N: 4
[请输入矩阵的各个元素]
a11=1
a12=2
a13=3
a14=4
a21=5
a22=6
a23=7
a24=8
a31=9
a32=10
a33=11
a34=12
[输入的矩阵为]
1       2       3       4
5       6       7       8
9       10      11      12
[转置矩阵为]
1       5       9
2       6       10
3       7       11
4       8       12

--------------------------------
Process exited after 16.74 seconds with return value 0
请按任意键继续. . .
```

图 6-10

6.1.4　稀疏矩阵

稀疏矩阵是指一个矩阵中的大部分元素都为 0。图 6-11 所示的矩阵就是一种典型的稀疏矩阵。

对于稀疏矩阵而言，因为矩阵中的许多元素都是 0，所以实际存储的数据项很少，如果在计算机中使用传统的二维数组方式来存储稀疏矩阵，就十分浪费计算机的内存空间。

提高内存空间利用率的方法是使用三项式（3-tuple）的数据结构，可以把每一个非零项以（*i*, *j*, item-value）三项式来表示，其中，*i* 为此矩阵非零项所在的行数，*j* 为此矩阵非零项所在的列数，item-value 则为此矩阵非零项的值。假如一个稀疏矩阵有 *n* 个非零项，那么可以使用一个 ***A***(0:*n*, 1:3)的二维数组来存储这些非零项，我们称这个过程为压缩矩阵。其中，***A***(0, 1)存储这个稀疏矩阵的行数，***A***(0, 2)存储这个稀疏矩阵的列数，而 ***A***(0, 3)则存储这个稀疏矩阵非零项的总数。以图 6-11 所示的 6×6 稀疏矩阵为例，可以用如图 6-12 所示的方式来表示。

$$\begin{bmatrix} 25 & 0 & 0 & 32 & 0 & -25 \\ 0 & 33 & 77 & 0 & 0 & 0 \\ 0 & 0 & 0 & 55 & 0 & 0 \\ 0 & 0 & 0 & 0 & 0 & 0 \\ 101 & 0 & 0 & 0 & 0 & 0 \\ 0 & 0 & 38 & 0 & 0 & 0 \end{bmatrix}_{6\times 6}$$

图 6-11

	1	2	3
0	6	6	8
1	1	1	25
2	1	4	32
3	1	6	-25
4	2	2	33
5	2	3	77
6	3	4	55
7	5	1	101
8	6	3	38

图 6-12

这种利用三项式数据结构来压缩稀疏矩阵的方式可以减少对内存空间的浪费。

A(0, 1) => 表示此矩阵的行数。

A(0, 2) => 表示此矩阵的列数。

A(0, 3) => 表示此矩阵非零项的总数。

【范例程序：CH06_04.cpp】

下面的C++范例程序使用三项式数据结构来压缩 8×9 的稀疏矩阵，以减少对内存空间的浪费，在该范例程序中调用 rand()随机数函数来生成矩阵的各个元素值。

```
01   /*
02   [示范] 压缩稀疏矩阵并输出结果
03   */
04   #include <iostream>
05   #include <ctime>
06   #include <cstdlib>
07   using namespace std;
08   const int _ROWS = 8;        //定义行数
09   const int _COLS = 9;        //定义列数
10   const int _NOTZERO = 8;     //定义稀疏矩阵中不为 0 的个数
11
12   int main ()
13   {
14       int i,j,tmpRW,tmpCL,tmpNZ;
15       int temp=1;
16       int Sparse[_ROWS][_COLS];  //声明稀疏矩阵
17       int Compress[_NOTZERO][3]; //声明压缩矩阵
18       srand(time(NULL));
19       for (i=0;i<_ROWS;i++)       //将稀疏矩阵中所有元素设为 0
20           for (j=0;j<_COLS;j++)
21               Sparse[i][j]=0;
22       tmpNZ=_NOTZERO;
23       for (i=1;i<tmpNZ+1;i++)
24       {
25           tmpRW = rand()%_ROWS;
26           tmpCL = rand()%_COLS;
27           if(Sparse[tmpRW][tmpCL]!=0)    //避免同一个元素设置两次数值而造成压缩矩阵中有 0
28           tmpNZ++;
29           Sparse[tmpRW][tmpCL]=i;        //随机产生稀疏矩阵中非零项的元素值
30       }
31       cout<<"[稀疏矩阵的各个元素]"<<endl; //打印输出稀疏矩阵的各个元素
32       for (i=0;i<_ROWS;i++)
33       {
34           for (j=0;j<_COLS;j++)
35               cout<<"["<<Sparse[i][j]<<"] ";
36           cout<<endl;
37       }
38       //开始压缩稀疏矩阵
39       Compress[0][0] = _ROWS;
40       Compress[0][1] = _COLS;
41       Compress[0][2] = _NOTZERO;
```

```
42      for (i=0;i<_ROWS;i++)
43          for (j=0;j<_COLS;j++)
44              if (Sparse[i][j] != 0)
45              {
46                  Compress[temp][0]=i;
47                  Compress[temp][1]=j;
48                  Compress[temp][2]=Sparse[i][j];
49                  temp++;
50              }
51      cout<<"[稀疏矩阵压缩后的表示方式]"<<endl; //打印输出压缩矩阵的各个元素
52      for (i=0;i<_NOTZERO+1;i++)
53      {
54          for (j=0;j<3;j++)
55              cout<<"["<<Compress[i][j]<<"] ";
56          cout<<endl;
57      }
58  }
```

【执行结果】参见图 6-13。

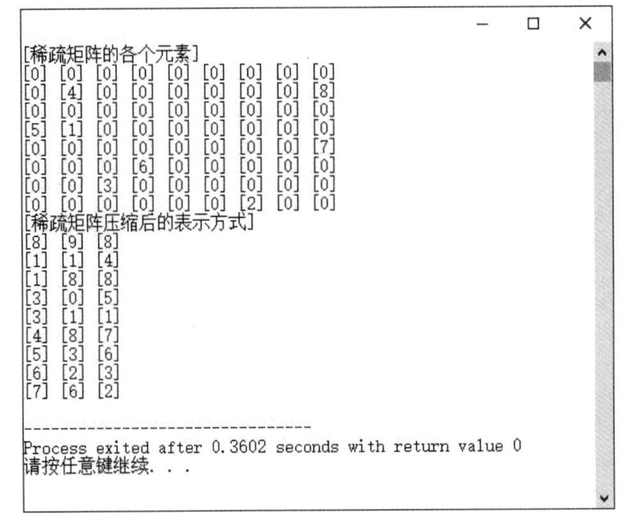

图 6-13

在了解了压缩稀疏矩阵的存储方法后，还要了解稀疏矩阵的相关运算，例如转置矩阵的问题就挺有趣。按照转置矩阵的基本定义，对于任何稀疏矩阵而言，它的转置矩阵仍然是一个稀疏矩阵。

如果直接将此稀疏矩阵进行转置，因为只需要使用两个 for 循环，所以时间复杂度可以视为 $O(\text{columns}\times\text{rows})$。如果说使用一个用三项式存储的压缩矩阵，首先要确定原稀疏矩阵中每一列的元素个数。这样就可以事先确定转置矩阵中每一行的起始位置，接着再将原稀疏矩阵中的元素一个一个地放到转置矩阵中的正确位置。这样的做法可以将时间复杂度调整到 $O(\text{columns}+\text{rows})$。

6.2 数组与多项式

多项式是数学中相当重要的表达方式，如果使用计算机处理多项式的各种相关运算，通常使用数组或链表来存储多项式。本节中，我们讨论多项式以数组结构表示的相关应用。

多项式数组表示法

假如一个多项式 $P(x) = a_nx^n + a_{n-1}x^{n-1} + \cdots + a_1x + a_0$，这个多项式 $P(x)$就被称为 n 次多项式。一个多项式如果使用数组结构存储在计算机中，则有以下两种表示法：

（1）使用一个 n+2 长度的一维数组来存放，数组的第一个位置存储多项式的最大指数 n，数组之后的各个位置从指数 n 开始，依次递减按序存储对应项的系数：

$P=(n,a_n,a_n\text{-}1,\cdots,a_1,a_0)$

存储在 $\boldsymbol{A}(1{:}n+2)$中，例如 $P(x) = 2x^5 + 3x^4 + 5x^2 + 4x + 1$，可转换为 $\boldsymbol{A}$ 数组来表示，如下所示：

$\boldsymbol{A}=\{5,2,3,0,5,4,1\}$

使用这种表示法的优点是在计算机中运用时，对于多项式各种运算（如加法与乘法）的设计比较方便。不过，如果多项式的系数多数为 0，例如 $x^{100}+1$，那么就太浪费内存空间了。

（2）只存储多项式中的非零项。如果有 m 项非零项，就使用 $2m$+1 长的数组来存储每一个非零项的指数及系数，但数组的第一个元素存储的是这个多项式非零项的个数。

例如 $P(x)=2x^5+3x^4+5x^2+4x+1$，可表示成 $\boldsymbol{A}(1{:}2m+1)$数组，如下所示：

$\boldsymbol{A}=\{5,2,5,3,4,5,2,4,1,1,0\}$

这种方法的优点是在多项式零项较多时可以减少对内存空间的浪费，但缺点是在为多项式设计各种运算时会复杂许多。

【范例程序：CH06_05.cpp】

以本节介绍的第一种多项式表示法设计一个 C++程序，实现两个多项式 $A(x)=3x^4+7x^3+6x+2$ 和 $B(x)=x^4+5x^3+2x^2+9$ 的加法运算。

```
01    /*
02    [示范] 将两个最高次方相等的多项式相加后输出结果
03    */
04    #include <iostream>
05    using namespace std;
06
07    const int ITEMS = 6;
08    void PrintPoly(int Poly[],int items);
09    void PolySum(int Poly1[ITEMS],int Poly2[ITEMS]);
10    int main()
11    {
12        int PolyA[ITEMS]={4,3,7,0,6,2}; //声明多项式 A
13        int PolyB[ITEMS]={4,1,5,2,0,9}; //声明多项式 B
```

```
14      cout<<"多项式 A=>";
15      PrintPoly(PolyA,ITEMS);          //打印出多项式 A
16      cout<<"多项式 B=>";
17      PrintPoly(PolyB,ITEMS);          //打印出多项式 B
18      cout<<"A+B =>";
19      PolySum(PolyA,PolyB);              //多项式 A+多项式 B
20  }
21  void PrintPoly(int Poly[],int items)
22  {
23      int MaxExp;
24      MaxExp=Poly[0];
25      for(int i=1;i<=Poly[0]+1;i++)
26      {
27          MaxExp--;
28          if(Poly[i]!=0) //如果该项为 0 就跳过
29          {
30              if((MaxExp+1)!=0)
31                  cout<<" "<<Poly[i]<<"X^"<<MaxExp+1<<" ";
32              else
33                  cout<<" "<<Poly[i];
34              if(MaxExp>=0)
35                  cout<<"+";
36          }
37      }
38      cout<<endl;
39  }
40  void PolySum(int Poly1[ITEMS],int Poly2[ITEMS])
41  {
42      int result[ITEMS];
43      result[0] = Poly1[0];
44      for(int i=1;i<=Poly1[0]+1;i++)
45          result[i]=Poly1[i]+Poly2[i]; //等幂次的系数相加
46       PrintPoly(result,ITEMS);
47  }
```

【执行结果】参见图 6-14。

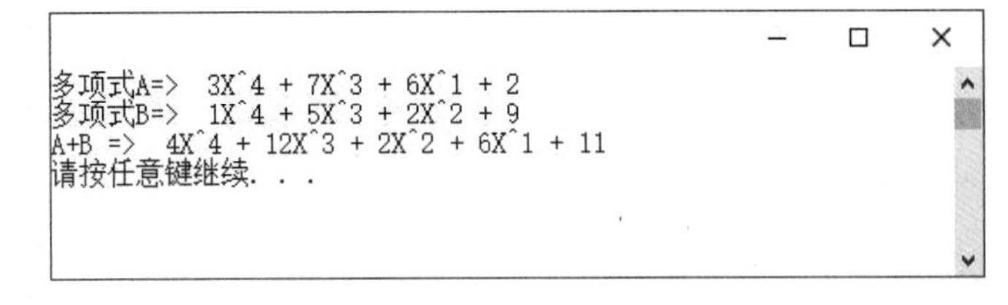

图 6-14

6.3　建立单向链表

在 C++中，若以动态分配产生链表节点的方式，则可以先定义一个类数据类型，接着在类中定义一个指针变量，其数据类型与此类相同，作用是指向下一个链表节点，另外类中至少要有一个数据字段。例如，声明一个学生成绩链表节点的结构，其中包含姓名（name）和成绩（score）两个数据字段，以及一个指针（next）。接着就可以动态创建链表的每个节点。假设现在要添加一个节点至链表的末尾，且存取指针 ptr 指向链表的第一个节点，在程序上必须设计以下 4 个步骤：

步骤01 动态分配内存空间给新节点使用。

步骤02 将原链表尾部的指针指向新元素所在的内存位置（即内存地址）。

步骤03 将 ptr 指针指向新节点的内存位置，表示这是新的链表尾部。

步骤04 由于新节点当前为链表的最后一个元素，因此将它的指针指向 NULL。

例如要将 s1 的 next 变量指向 s2 的内存地址，而且将 s2 的 next 变量指向 NULL：

```
s1.next = &s2;
s2.next = NULL;
```

由于链表的基本特性就是 next 变量将会指向下一个节点的内存地址，因此 s1 节点与 s2 节点间的关系就如图 6-15 所示。

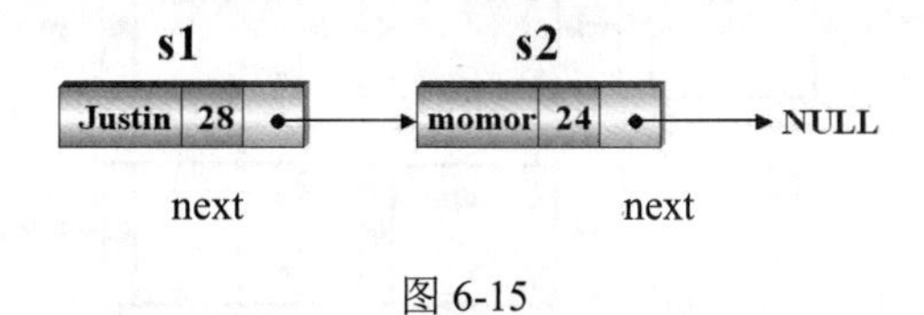

图 6-15

遍历（Traverse）单向链表的过程，就是使用指针运算来访问链表中的每个节点。如果要遍历已建立了 3 个节点的单向链表，可使用结构指针 ptr 来作为链表的读取游标，一开始指向链表的头。节点（简称链表头），每次读完链表的一个节点，就将 ptr 往下一个节点移动（即指向下一个节点），直到 ptr 指向 NULL 为止。如图 6-16 所示。

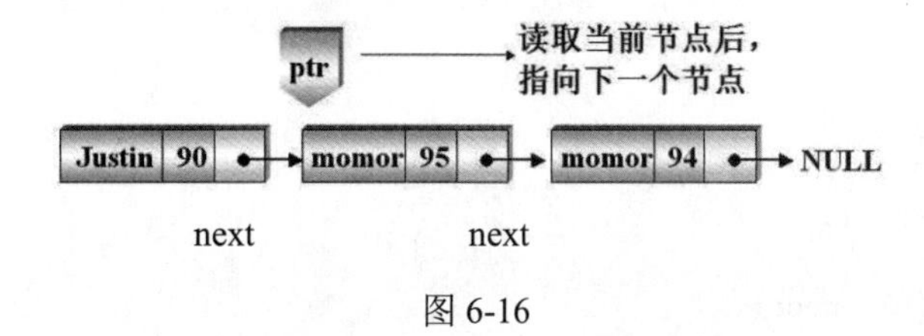

图 6-16

下面使用 C++语言的链表来处理学生的成绩问题。学生成绩的字段如表 6-1 所示。

表6-1　学生成绩的字段

学　号	姓　名	成　绩
01	黄小华	85
02	方小源	95
03	林大晖	68
04	孙阿毛	72
05	王小明	79

因为链表中的节点不只记录单个数值，例如每一个节点除了有指向下一个节点的指针变量外，还包括记录学生的学号（num）、姓名（name）和成绩（score）。因此，首先必须声明节点的数据类型，让每一个节点包含一个指针变量，以指向下一个节点，使所有数据能被链接在一起形成一个

链表结构。链表结构的声明如下：

```
class  list                    //链表结构声明
{                              //类内容以{…};括起来
   public:
   int num;                    //学号
   char name[10];              //姓名
   int score;                  //成绩
   class list *next; //指针，指向下一个节点
};
```

【范例程序：CH06_06.cpp】

下面的C++范例程序先建立5名学生成绩的单向链表（见图6-17），然后遍历链表的每一个节点来打印输出学生的成绩。

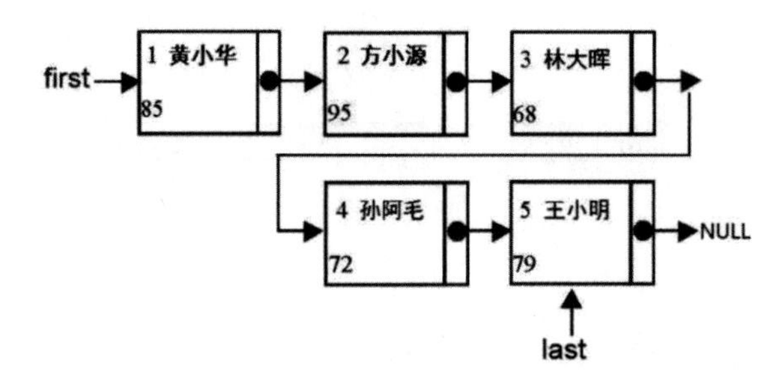

图6-17

```
01   #include <iostream>
02   using namespace std;
03   class list
04   {
05      public:
06      int num,score;
07      char name[10];
08      class list *next;
09   };
10   typedef class list node;
11   typedef node *link;
12   int main()
13   {
14      link newnode,ptr,delptr; //声明3个链表结构的指针
15      cout<<"请输入5名学生的数据："<<endl;
16      delptr=new node;  //delptr暂时为链表头指针
17      if (!delptr)
18      {
19         cout<<"[Error! 内存分配失败！]"<<endl;
20         exit(1);
21      }
22      cout<<"请输入学号：";
23      cin>>delptr->num;
24      cout<<"请输入姓名：";
25      cin>>delptr->name;
26      cout<<"请输入成绩：";
27      cin>>delptr->score;
```

```
28      ptr=delptr;   //保留链表头，以 ptr 为当前节点指针
29      for (int i=1;i<5;i++)
30      {
31         newnode=new node;   //建立新节点
32         if(!newnode)
33         {
34            cout<<"[Error! 内存分配失败! ]"<<endl;
35            exit(1);
36         }
37         cout<<"请输入学号: ";
38         cin>>newnode->num;2
39         cout<<"请输入姓名: ";
40         cin>>newnode->name;
41         cout<<"请输入成绩: ";
42         cin>>newnode->score;
43         newnode->next=NULL;
44         ptr->next=newnode;  //把新节点加在链表后面
45         ptr=ptr->next;      //让 ptr 保持在链表的最后面
46      }
47      cout<<"\n  学  生  成  绩"<<endl;
48      cout<<" 学号\t 姓名\t 成绩\n====================="<<endl;
49      ptr=delptr;              //让 ptr 回到链表头
50      while(ptr!=NULL)
51      {
52         cout<<ptr->num<<"\t"<<ptr->name<<"\t"<<ptr->score<<endl;
53         delptr=ptr;
54         ptr=ptr->next;     //ptr 按序往后遍历链表
55         delete delptr;     //将内存空间释放并交回系统
56      }
57   }
```

【执行结果】参见图 6-18。

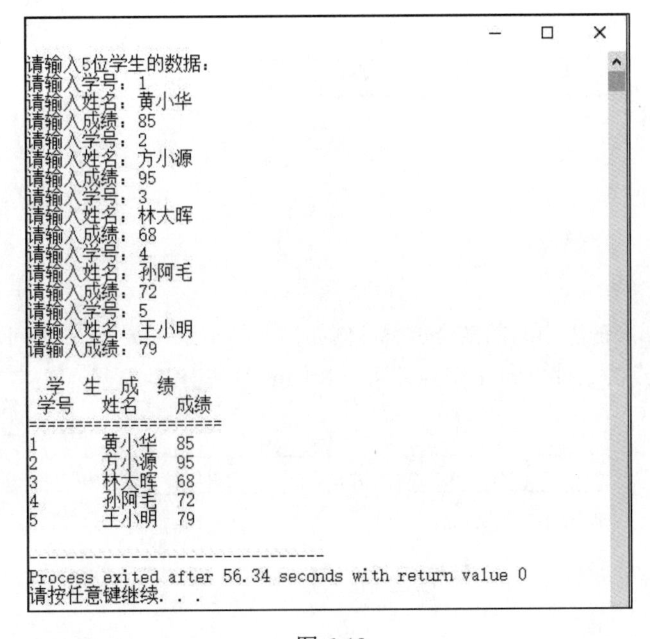

图 6-18

6.3.1　单向链表中新节点的插入

在单向链表中插入新节点，如同在一列火车中加入新的车厢，有 3 种情况：加到第一个节点（第一节车厢）之前，加到最后一个节点（最后一节车厢）之后以及加到此链表中间任一位置（中间任何一节车厢）。接下来，利用图解方式进行说明：

（1）新节点插入第一个节点之前，即成为此链表的首节点：只需把新节点的指针指向链表原来的第一个节点，再把链表头指针指向新节点即可，如图 6-19 所示。

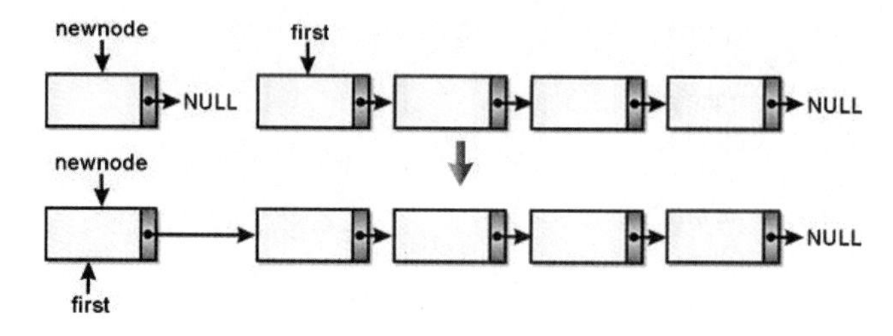

图 6-19

用 C++语言描述的算法如下：

```
newnode->next=first;
first=newnode;
```

（2）新节点插入最后一个节点之后，即成为此链表的尾节点：只需把链表的最后一个节点的指针指向新节点，新节点的指针再指向 NULL 即可，如图 6-20 所示。

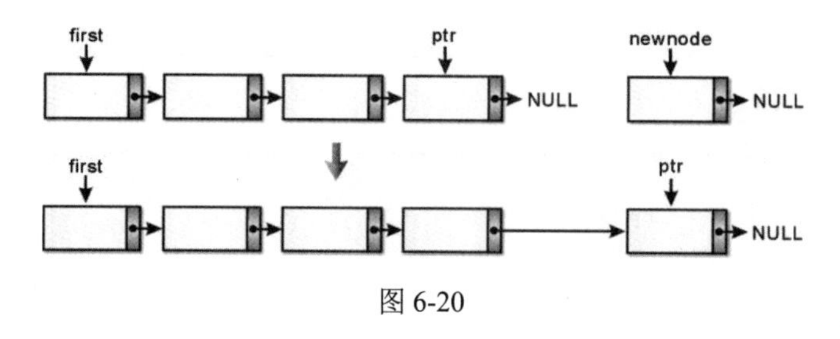

图 6-20

用 C++语言描述的算法如下：

```
ptr->next=newnode;
newnode->next=NULL;
```

（3）将新节点插入链表中间的某个位置：例如插入的节点在 X 与 Y 之间，只要将 X 节点的指针指向新节点，新节点的指针指向 Y 节点即可，如图 6-21 和图 6-22 所示。

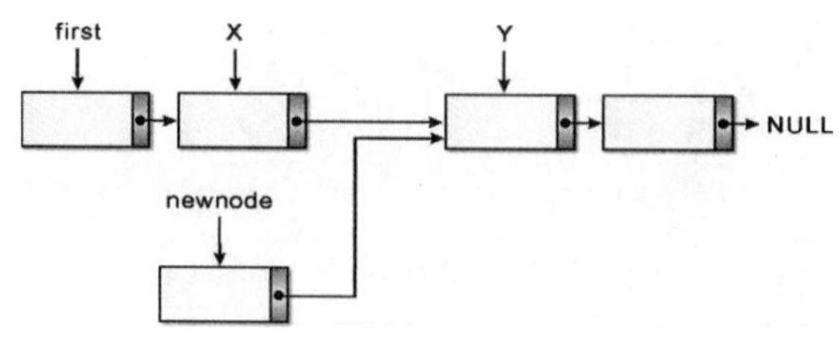

图 6-21

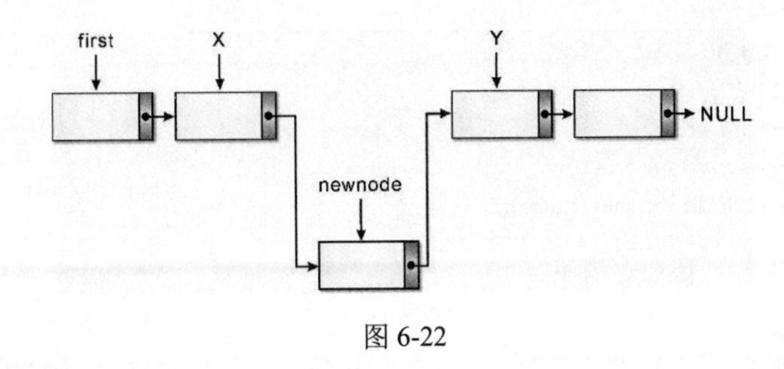

图 6-22

用 C++语言描述的算法如下：

```
newnode->next=x->next;
x->next=newnode;
```

【范例程序：CH06_07.cpp】

下面的 C++范例程序中，在 12 名学生成绩的链表中插入一个新的学生成绩的节点。

```
01  #include <iostream>
02  #include <cstdlib>
03  #include <ctime>
04  #include <cstring>
05  #include <iomanip>  //操纵符的头文件
06  using namespace std;
07  class list
08  {
09     public:
10     int num,score;
11         char name[10];
12         class list *next;
13  };
14  typedef class list node;
15  typedef node *link;
16
17  link findnode(link head,int num)
18  {
19     link ptr;
20     ptr=head;
21     while(ptr!=NULL)
22     {
23        if(ptr->num==num)
24           return ptr;
25        ptr=ptr->next;
26     }
27     return ptr;
28  }
29
30  link insertnode(link head,link ptr,int num,int score,char name[10])
31  {
32     link InsertNode;
33     InsertNode=new node;
```

```
34      if(!InsertNode)
35          return NULL;
36      InsertNode->num=num;
37      InsertNode->score=score;
38      strcpy(InsertNode->name,name);
39      InsertNode->next=NULL;
40      if(ptr==NULL) //插入第一个节点
41      {
42          InsertNode->next=head;
43          return InsertNode;
44      }
45      else
46      {
47          if(ptr->next==NULL)  //插入最后一个节点
48          {
49              ptr->next=InsertNode;
50          }
51          else //插入中间节点
52          {
53              InsertNode->next=ptr->next;
54              ptr->next=InsertNode;
55          }
56      }
57      return head;
58  }
59
60
61  int main()
62  {
63      link head,ptr,newnode;
64      int new_num, new_score;
65      char new_name[10];
66      int i,j,position=0,find,data[12][2];
67      char namedata[12][10]={{"Allen"},{"Scott"},{"Marry"}, {"John"},
68                          {"Mark"},{"Ricky"},{"Lisa"},{"Jasica"},
69                         {"Hanson"},{"Amy"},{"Bob"},{"Jack"}};
70      srand((unsigned)time(NULL));
71      cout<<"学号  成绩  学号  成绩  学号  成绩  学号  成绩"<<endl;
72      cout<<"=============================================="<<endl;
73      for(i=0;i<12;i++)
74      {
75          data[i][0]=i+1;
76          data[i][1]=rand()%50+51;
77      }
78      for(i=0;i<3;i++)
79      {
80          for (j=0;j<4;j++)
81                  cout<<"["<<data[j*3+i][0]<<"]  ["<<data[j*3+i][1]<<"]   ";
82          cout<<endl;
83      }
```

```
84      head=new node;  //建立链表头
85      if(!head)
86      {
87         cout<<"Error! 内存分配失败! "<<endl;
88         exit(1);
89      }
90      head->num=data[0][0];
91      for (j=0;j<10;j++)
92         head->name[j]=namedata[0][j];
93      head->score=data[0][1];
94      head->next=NULL;
95      ptr=head;
96      for(i=1;i<12;i++) //建立链表
97      {
98         newnode=(link)malloc(sizeof(node));
99         newnode->num=data[i][0];
100        for (j=0;j<10;j++)
101           newnode->name[j]=namedata[i][j];
102        newnode->score=data[i][1];
103        newnode->next=NULL;
104        ptr->next=newnode;
105        ptr=ptr->next;
106     }
107     while(1)
108     {
109        cout<<"请输入要插入其后的学生学号，输入-1 结束: ";
110        cin>>position;
111        if(position==-1) //循环中断条件
112           break;
113        else
114        {
115           ptr=findnode(head,position);
116           cout<<"请输入新插入的学生学号: ";
117           cin>>new_num;
118           cout<<"请输入新插入的学生成绩: ";
119           cin>>new_score;
120           cout<<"请输入新插入的学生姓名: ";
121           cin>>new_name;
122           head=insertnode(head,ptr,new_num,new_score,new_name);
123        }
124     }
125     ptr=head;
126     cout<<"\n\t 学号\t    姓名\t 成绩\n";
127     cout<<"\t==============================\n";
128     while(ptr!=NULL)
129     {
130        cout<<"\t["<<ptr->num<<"]\t[        "<<ptr->name<<"]"<<setw(6)        <<"\t["
    <<ptr->score<<"]\n";
131        ptr=ptr->next;
132     }
```

```
133     delete head;
134     return 0;
135 }
```

【执行结果】参考图 6-23。

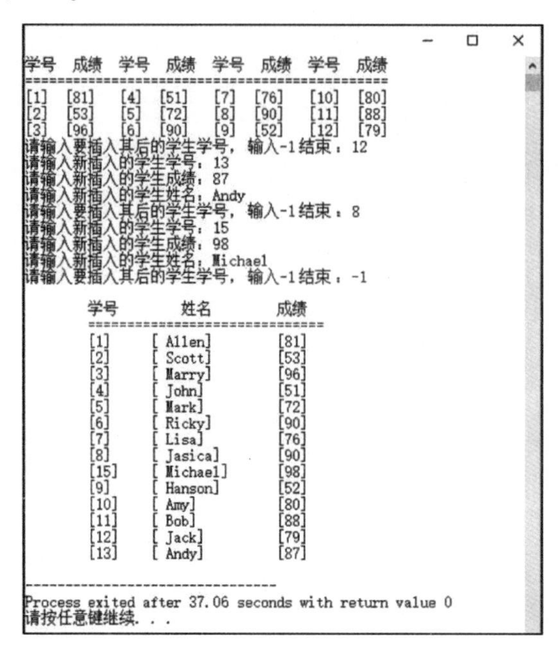

图 6-23

6.3.2　单向链表中节点的删除

在单向链表类型的数据结构中，若要在链表中删除一个节点，则根据所删除节点的位置会有以下 3 种不同的情况。

（1）删除链表的第一个节点：只要把链表头指针指向第二个节点即可，如图 6-24 所示。

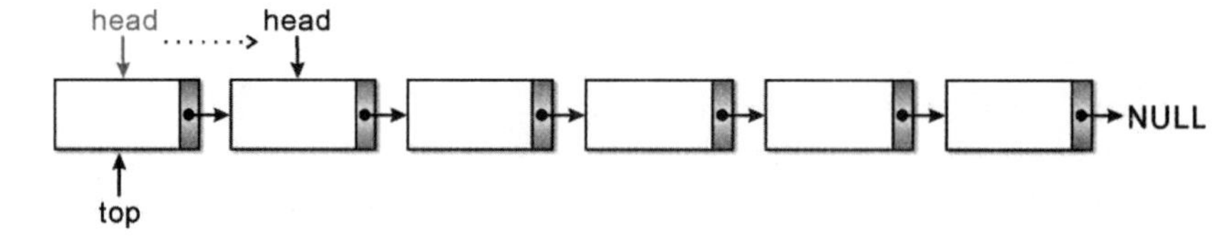

图 6-24

用 C++语言描述的算法如下：

```
top = head;
head = head->next;
free(top);
```

（2）删除链表的最后一个节点：只要指向最后一个节点 ptr 的指针直接指向 NULL 即可，如图 6-25 所示。

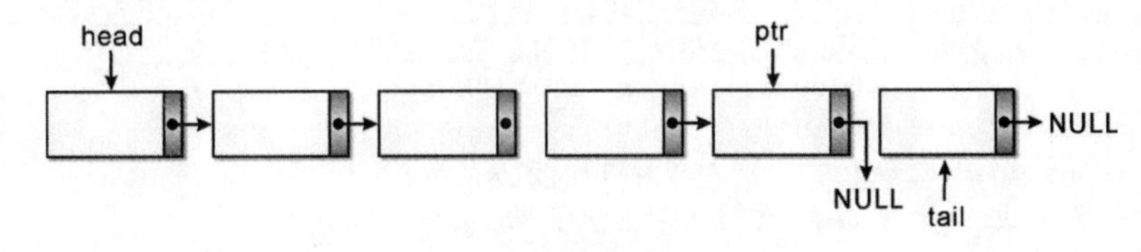

图 6-25

用 C++语言描述的算法如下：

```
ptr = tail;
ptr.next = NULL;
free(tail);
```

（3）删除链表中间的某个节点：只要将要被删除的节点的前一个节点的指针，指向将要被删除的节点的下一个节点即可，如图 6-26 所示。

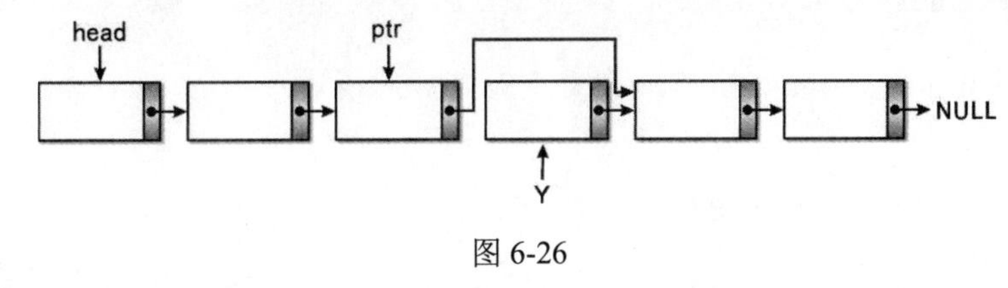

图 6-26

用 C++语言描述的算法如下：

```
Y = ptr->next;
ptr->next = Y->next;
free(Y);
```

【范例程序：CH06_08.cpp】

设计一个 C++程序，实现建立存储一组学生成绩的单向链表，链表中的节点包含学号、姓名与成绩 3 种数据。输入想要删除的成绩后就开始遍历该链表，找到并删除该名学生的节点。要结束时，请输入“-1”，此时会打印出此链表未删除的所有学生的数据。

```
01  #include <iostream>
02  #include <iomanip>
03  #include <ctime>
04  #include <cstdlib>  //使用随机数的头文件
05  using namespace std;
06  class list
07  {
08     public:
09         int num,score;
10         char name[10];
11         class list *next;
12  };
13  list del_ptr(list *head,list *ptr);
14  int main()
15  {
16     list *ptr;
17     int findword=0,find,data[12][2];
18     char namedata[12][10]={{"Allen"},{"Moko"},
```

```
19                          {"Lean"},{"Melissa"},{"Angel"},{"Sabrina"},
20                          {"Joyce"},{"Jasica"},{"Hanson"},{"Amy"},
21                          {"Bob"},{"Jack"}};
22      srand((unsigned)time(NULL));//以时间为随机数的种子
23      cout<<"学号 成绩  学号 成绩  学号 成绩  学号  成绩"<<endl;
24      cout<<"=============================================="<<endl;
25      for(int i=0;i<12;i++)
26      {
27         data[i][0]=i+1;
28         data[i][1]=rand()%50+51;
29      }
30      for(int i=0;i<3;i++)
31      {
32         for (int j=0;j<4;j++)
33            cout<<"["<<data[j*3+i][0]<<"]  ["<<data[j*3+i][1]<<"]  ";
34         cout<<endl;
35      }
36      list *head=new list;//建立链表头指针
37       if(!head)
38      {
39         cout<<"[Error! 内存分配失败！]"<<endl;
40         exit(1);
41      }
42      head->num=data[0][0];
43      for (int j=0;j<10;j++)
44         head->name[j]=namedata[0][j];
45      head->score=data[0][1];
46      head->next=NULL;
47      ptr=head;
48      for(int i=1;i<12;i++)
49      {
50         list *newnode=new list;//建立链表
51           newnode->num=data[i][0];
52         for (int j=0;j<10;j++)
53            newnode->name[j]=namedata[i][j];
54         newnode->score=data[i][1];
55         newnode->next=NULL;
56         ptr->next=newnode;
57         ptr=ptr->next;
58      }
59      while(1)
60      {
61         cout<<"请输入要删除的成绩，结束输入-1：";
62         cin>>findword;
63         if(findword==-1)//循环中断条件
64            break;
65         else
66         {
67            ptr=head;
68            find=0;
69            while (ptr!=NULL)
70            {
```

```
71              if(ptr->score==findword)
72              {
73                  *ptr=del_ptr(head,ptr);     //删除数据
74                  find++;
75              }
76              ptr=ptr->next;
77          }
78          if(find==0)
79              cout<<"######没有找到######"<<endl;
80      }
81    }
82    ptr=head;
83    cout<<"\n\t 学号\t    姓名\t 成绩"<<endl; //输出剩余链表中的数据
84    cout<<"\t=============================="<<endl;
85    while(ptr!=NULL)
86    {
87        cout<<"\t["<<ptr->num<<"]\t["<<setw(10)<<ptr->name
88            <<"]\t["<<ptr->score<<"]"<<endl;
89        ptr=ptr->next;
90    }
91  }
92  list del_ptr(list *head,list *ptr)// 子程序：删除链表中的节点
93  {
94    list *top;
95    top=head;
96    if(ptr==head)// 要被删除的节点在链表头
97    {
98        head=head->next;
99        cout<<"已删除第 "<<ptr->num<<" 号学生！姓名： "<<ptr->name<<endl;
100   }
101   else
102   {
103       while(top->next!=ptr)//找到删除节点的前一个位置
104           top=top->next;
105       if(ptr->next==NULL)  // 要被删除的节点在链表尾
106       {
107           top->next=NULL;
108           cout<<"已删除第 "<<ptr->num<<" 号学生！姓名： "<<ptr->name<<endl;
109       }
110       else  // 要被删除的节点在链表中非头非尾的位置
111       {
112           top->next=ptr->next;
113           cout<<"已删除第 "<<ptr->num<<" 号学生！姓名： "<<ptr->name<<endl;
114       }
115   }
116   delete []ptr;  //释放内存空间
117   return *head;  //返回链表
118 }
```

【执行结果】参考图 6-27。

```
学号 成绩   学号 成绩   学号 成绩   学号   成绩
==============================================
[1]  [60]  [4]  [93]  [7]  [70]  [10]  [91]
[2]  [59]  [5]  [89]  [8]  [59]  [11]  [64]
[3]  [78]  [6]  [98]  [9]  [64]  [12]  [62]
请输入要删除的成绩，结束输入-1：88
######没有找到######
请输入要删除的成绩，结束输入-1：98
已删除第 6 号学生！姓名： Sabrina
请输入要删除的成绩，结束输入-1：-1

        学号        姓名        成绩
        ==============================
        [1]     [     Allen]    [60]
        [2]     [      Moko]    [59]
        [3]     [      Lean]    [78]
        [4]     [   Melissa]    [93]
        [5]     [     Angel]    [89]
        [7]     [     Joyce]    [70]
        [8]     [    Jasica]    [59]
        [9]     [    Hanson]    [64]
        [10]    [       Amy]    [91]
        [11]    [       Bob]    [64]
        [12]    [      Jack]    [62]

--------------------------------
Process exited after 14.33 seconds with return value 0
请按任意键继续. . .
```

图 6-27

6.3.3　单向链表的反转

了解了单向链表节点的插入和删除之后，我们会发现在这种具有方向性的链表结构中增、删节点是一件相当容易的事。而要从头到尾输出整个单向链表也不难，但是如果要反转过来输出单向链表就需要一些技巧了。单向链表中的节点特性是知道下一个节点的位置，却无从得知它的上一个节点的位置。如果要将单向链表反转，则必须使用 3 个指针变量，如图 6-28 所示。

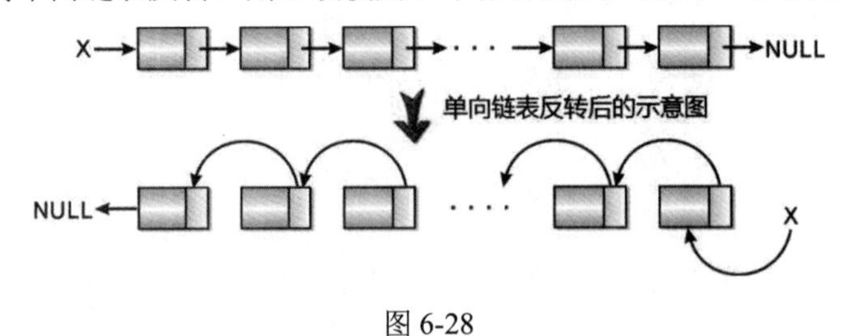

图 6-28

以 C++语言实现的单向链表反转算法如下：

```
struct list                          //链表结构的声明
{
    int num;                         //学生学号
    int score;                       //学生成绩
    char name[10];                   //学生姓名
    struct list *next;               //指向下一个节点
};
typedef struct list node;            //定义 node 新的数据类型
```

```
typedef node *link;                    //定义 link 新的数据类型指针
link invert(link x)                    //x 为链表的开始指针
{
    link p,q,r;
p=x;                                   //将 p 指向链表的开头
    q=NULL;                            //q 是 p 的前一个节点
    while(p!=NULL)
    {
    r=q;                               //将 r 接到 q 之后
        q=p;                           //将 q 接到 p 之后
        p=p->next;                     //将 p 移到下一个节点
        q->next=r;                     //将 q 接到之前的节点
    }
    return q;
}
```

在算法 invert(X)中，使用了 p、q、r 3 个指针变量，它的运算过程如下：

（1）执行 while 循环前，如图 6-29 所示。

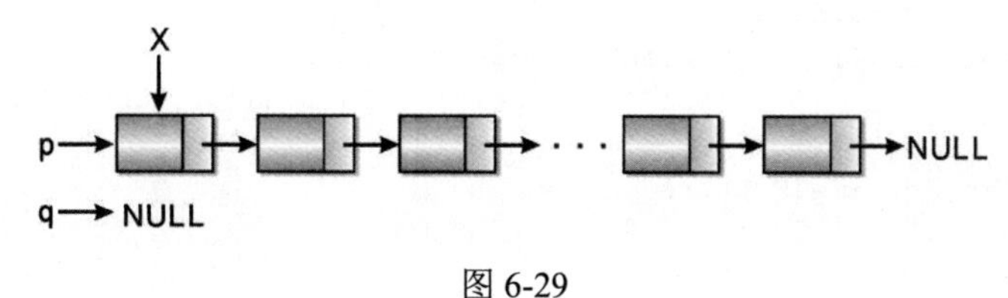

图 6-29

（2）第一次执行 while 循环，如图 6-30 所示。

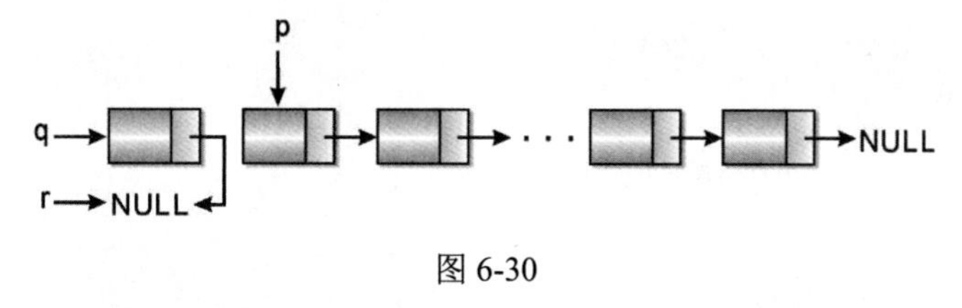

图 6-30

（3）第二次执行 while 循环，如图 6-31 所示。

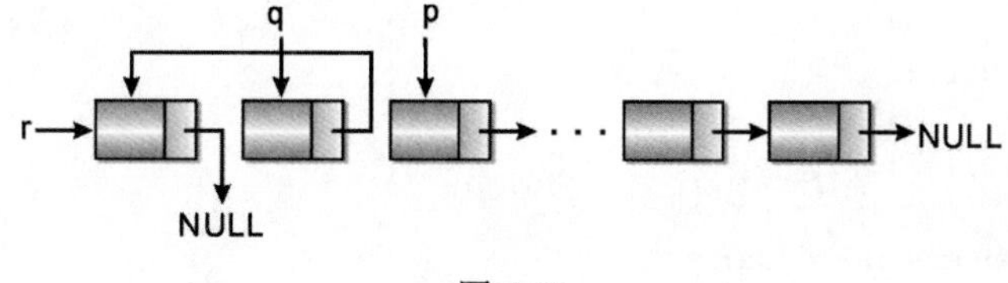

图 6-31

当执行到 p = NULL 时，整个单向链表就反转过来了。

【范例程序：CH06_09.cpp】

设计一个 C++程序，延续范例程序 CH06_07.cpp，将含有学生成绩的链表节点按照学号反转打印出来。

```
01  /*
02  [示范] 将学生成绩按学号反转打印出来
03  */
04  #include <iostream>
05  #include <iomanip>
06  #include <ctime>
07  #include <cstdlib>
08  using namespace std;
09  class list
10  {
11     public:
12        int num,score;
13        char name[10];
14        class list *next;
15  };
16  typedef class list node;
17  typedef node *link;
18  int main()
19  {
20     link ptr,last,before;
21     int i,j,findword=0,data[12][2];
22     char namedata[12][10]={{"Allen"},{"Mako"},{"Lean"},
23                         {"Melissa"},{"Angel"},{"Sabrina"},{"Joyce"},
24                         {"Jasica"},{"Hanson"},{"Amy"},{"Bob"},{"Jack"}};
25     srand((unsigned)time(NULL));
26     for (i=0;i<12;i++)
27     {
28        data[i][0]=i+1;
29        data[i][1]=rand()%50+51;
30     }
31     link head=new node;//建立链表头
32     if(!head)
33     {
34        cout<<"[Error! 内存分配失败! ]"<<endl;
35        exit(1);
36     }
37     head->num=data[0][0];
38     for (j=0;j<10;j++)
39        head->name[j]=namedata[0][j];
40     head->score=data[0][1];
41     head->next=NULL;
42     ptr=head;
43     for(i=1;i<12;i++) //建立链表
44     {
45        link newnode=new node;
46        newnode->num=data[i][0];
47        for (j=0;j<10;j++)
48           newnode->name[j]=namedata[i][j];
49        newnode->score=data[i][1];
50        newnode->next=NULL;
51        ptr->next=newnode;
52        ptr=ptr->next;
53     }
54     ptr=head;
55     i=0;
```

```
56      cout<<"原始链表中的数据: "<<endl;
57      while (ptr!=NULL)
58      {   //打印链表数据
59          cout<<"["<<setw(2)<<ptr->num<<setw(8)<<ptr->name<<setw(3) <<ptr->score<<"] ->
    ";
60          i++;
61          if(i>=3) //3 个元素为一行
62          {
63              cout<<endl;
64              i=0;
65          }
66          ptr=ptr->next;
67      }
68      ptr=head;
69      before=NULL;
70      cout<<"\n 反转后的链表数据: "<<endl;
71      while(ptr!=NULL) //链表反转，使用 3 个指针来完成
72      {
73          last=before;
74          before=ptr;
75          ptr=ptr->next;
76          before->next=last;
77      }
78      ptr=before;
79      while(ptr!=NULL)
80      {
81          cout<<"["<<setw(2)<<ptr->num<<setw(8)
82          <<ptr->name<<setw(3)<<ptr->score<<"] -> ";
83          i++;
84          if(i>=3)
85          {
86              cout<<endl;
87              i=0;
88          }
89          ptr=ptr->next;
90      }
91  }
```

【执行结果】参考图 6-32。

```
原始链表中的数据:
[ 1   Allen 75] -> [ 2    Mako 85] -> [ 3    Lean 82] ->
[ 4 Melissa 75] -> [ 5   Angel 56] -> [ 6 Sabrina 64] ->
[ 7   Joyce 76] -> [ 8  Jasica 67] -> [ 9  Hanson 74] ->
[10     Amy 72] -> [11     Bob 95] -> [12    Jack 68] ->

反转后的链表数据:
[12    Jack 68] -> [11     Bob 95] -> [10     Amy 72] ->
[ 9  Hanson 74] -> [ 8  Jasica 67] -> [ 7   Joyce 76] ->
[ 6 Sabrina 64] -> [ 5   Angel 56] -> [ 4 Melissa 75] ->
[ 3    Lean 82] -> [ 2    Mako 85] -> [ 1   Allen 75] ->

--------------------------------
Process exited after 0.3371 seconds with return value 0
请按任意键继续. . .
```

图 6-32

6.3.4　单向链表的串接

对于两个或两个以上链表的串接（Concatenation，也称为级联或拼接），具体的实现方法很简单，只需要将链表的首尾相连即可，如图 6-33 所示。

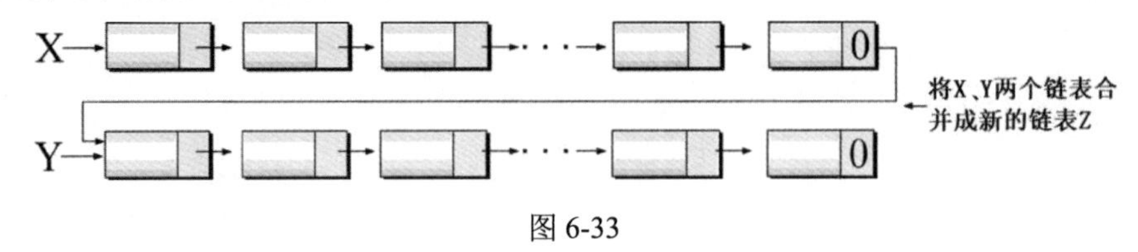

图 6-33

【范例程序：CH06_10.cpp】

下面的C++范例程序将把范例程序 CH06_09.cpp 中建立的学生成绩链表与新的学生成绩链表串接起来。

```
01  /*
02  [示范] 单向链表的串接功能
03  */
04  #include <iostream>
05  #include <iomanip>
06  #include <ctime>
07  #include <cstdlib>
08  using namespace std;
09  class list
10  {
11     public:
12     int num,score;
13     char name[10];
14     class list *next;
15  };
16  typedef struct list node;
17  typedef node *link;
18  link concatlist(link,link);
19  
20  int main()
21  {
22     link head,ptr,newnode,last,before;
23     link head1,head2;
24     int i,j,findword=0,data[12][2];
25     //第一组链表的姓名
26     char namedata1[12][10]={{"Allen"},{"Scott"},{"Marry"},
27     {"Jon"},{"Mark"},{"Ricky"},{"Lisa"},{"Jasica"},
28     {"Hanson"},{"Amy"},{"Bob"},{"Jack"}};
29     //第二组链表的姓名
30     char namedata2[12][10]={{"May"},{"John"},{"Michael"},
31     {"Andy"},{"Tom"},{"Jane"},{"Yoko"},{"Axel"},
32     {"Alex"},{"Judy"},{"Kelly"},{"Lucy"}};
33     srand((unsigned)time(NULL));
34     for (i=0;i<12;i++)
```

```
35          {
36              data[i][0]=i+1;
37              data[i][1]=rand()%50+51;
38          }
39          head1=new node; //建立第一组链表头指针
40          if(!head1)
41          {
42              cout<<"[Error! 内存分配失败！]"<<endl;
43              exit(1);
44          }
45          head1->num=data[0][0];
46          for (j=0;j<10;j++)
47              head1->name[j]=namedata1[0][j];
48          head1->score=data[0][1];
49          head1->next=NULL;
50          ptr=head1;
51          for(i=1;i<12;i++)//建立第一组链表
52          {
53              newnode=new node;
54              newnode->num=data[i][0];
55              for (j=0;j<10;j++)
56                  newnode->name[j]=namedata1[i][j];
57              newnode->score=data[i][1];
58              newnode->next=NULL;
59              ptr->next=newnode;
60              ptr=ptr->next;
61          }
62
63          srand((unsigned)time(NULL));
64          for (i=0;i<12;i++)
65          {
66              data[i][0]=i+13;
67              data[i][1]=rand()%40+41;
68          }
69          head2=new node; //建立第二组链表头指针
70          if(!head2)
71          {
72              cout<<"[Error! 内存分配失败！]\n";
73              exit(1);
74          }
75          head2->num=data[0][0];
76          for (j=0;j<10;j++)
77              head2->name[j]=namedata2[0][j];
78          head2->score=data[0][1];
79          head2->next=NULL;
80          ptr=head2;
81          for(i=1;i<12;i++)//建立第二组链表
82          {
83              newnode=new node;
84              newnode->num=data[i][0];
```

```
85          for (j=0;j<10;j++)
86              newnode->name[j]=namedata2[i][j];
87          newnode->score=data[i][1];
88          newnode->next=NULL;
89          ptr->next=newnode;
90          ptr=ptr->next;
91      }
92      i=0;
93      ptr=concatlist(head1,head2);//将链表串接起来
94      cout<<"两个链表串接的结果: "<<endl;
95      while (ptr!=NULL)
96      {   //输出链表数据
97         cout<<"["<<setw(2)<<ptr->num<<setw(8)<<  ptr->name<<setw(3)<<ptr->score<<"] ->
   ";
98          i++;
99          if(i>=3)//3 个元素为一行
100         {
101             cout<<endl;
102             i=0;
103         }
104         ptr=ptr->next;
105     }
106     delete newnode;
107     delete head2;
108     return 0;
109 }
110 link concatlist(link ptr1,link ptr2)
111 {
112      link ptr;
113      ptr=ptr1;
114      while(ptr->next!=NULL)
115         ptr=ptr->next;
116      ptr->next=ptr2;
117      return ptr1;
118 }
```

【执行结果】参考图 6-34。

```
两个链表串接的结果:
[ 1   Allen 88] -> [ 2   Scott 51] -> [ 3   Marry 69] ->
[ 4     Jon 90] -> [ 5    Mark 83] -> [ 6   Ricky 65] ->
[ 7    Lisa 68] -> [ 8  Jasica 99] -> [ 9  Hanson 93] ->
[10     Amy 51] -> [11     Bob 96] -> [12    Jack 68] ->
[13     May 48] -> [14    John 61] -> [15 Michael 79] ->
[16    Andy 60] -> [17     Tom 53] -> [18    Jane 55] ->
[19    Yoko 58] -> [20    Axel 69] -> [21    Alex 53] ->
[22    Judy 61] -> [23   Kelly 46] -> [24    Lucy 58] ->

--------------------------------
Process exited after 0.3541 seconds with return value 0
请按任意键继续. . .
```

图 6-34

6.4　链表与多项式

使用链表的最大好处就是减少内存空间的浪费，并且能增加使用上的弹性。例如数学中常用的多项式表示法，虽然可以使用数组方式来处理，但当数据内容变动时则会对数组结构的影响相当大，导致算法处理繁杂。另外，由于数组是静态数据结构，事先必须获取连续的且足够大的内存，容易造成存储空间上的浪费。接下来将介绍链表在使用上与数组的不同之处。

多项式链表表示法

如果使用单向链表来表示多项式，就是程序设计较为困难，其实在内存的管理和使用效率上受益不小。多项式的链表表示法主要是存储非零项，且均采用 COEF　EXP　LINK 3 个字段的数据结构，其中 COEF 表示非零系数，EXP 表示指数的幂次，而 LINK 则表示指向下一个节点的指针。多项式的链表表示法存储了非零项，并且每一项均符合如图 6-35 所示的数据结构。

COEF：表示该变量的非零系数

EXP　：表示该变量的指数的幂次

LINK：表示指向下一个节点的指针

图 6-35

例如 $A(X) = 3X^2 + 6X-2$ 的表示方法如图 6-36 所示。

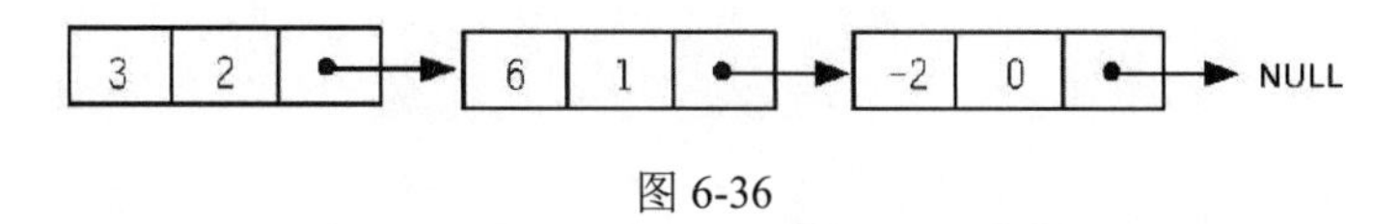

图 6-36

多项式链表以单向链接方式表示的作用主要用于多项式之间的四则运算，如多项式的加法或减法运算。例如，两个多项式 $A(X)$和 $B(X)$，求它们相加的结果 $C(X)$，如图 6-37 所示。

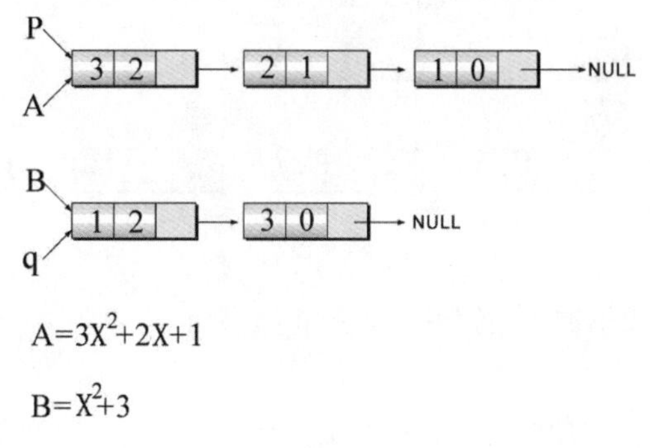

图 6-37

两个多项式相加，基本上采用从左往右逐一比较各个项，比较幂次大小，若发现指数幂次大者，

则将此节点加到 $C(X)$，指数幂次相同者相加，若结果为非零，则将此节点加到 $C(X)$，直到两个多项式的每一项都比较完毕为止。下面以图 6-38~图 6-40 来进行说明。

步骤 01　Exp(p)=Exp(q)，计算结果参考图 6-38 中的 C 链表。

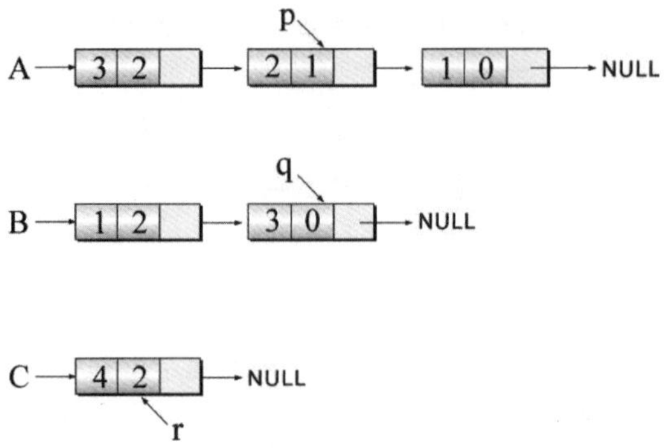

图 6-38

步骤 02　Exp(p)>Exp(q)，计算结果参考图 6-39 中的 C 链表。

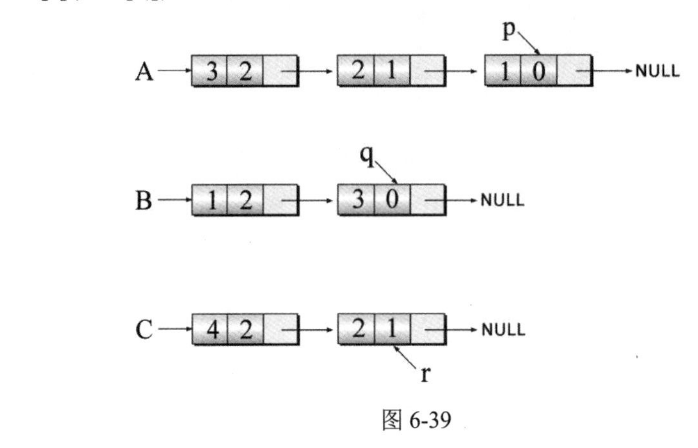

图 6-39

步骤 03　Exp(p)=Exp(q)，计算结果参考图 6-40 中的 C 链表。

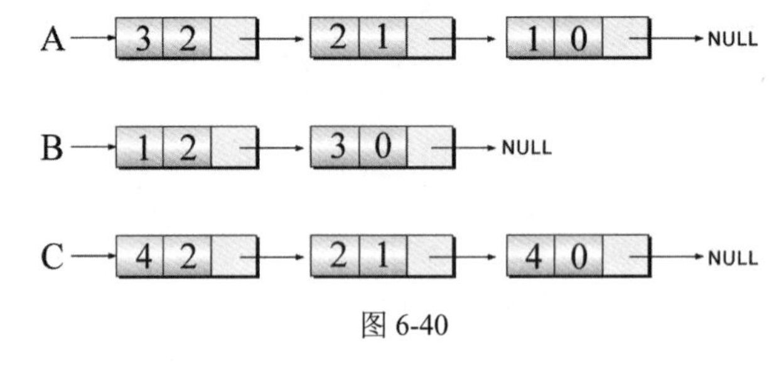

图 6-40

下面的 A、B 两个多项式相加的图解说明如图 6-41 所示。

$A=3X^3+4X+2$

$B=6X^3+8X^2+6X+9$

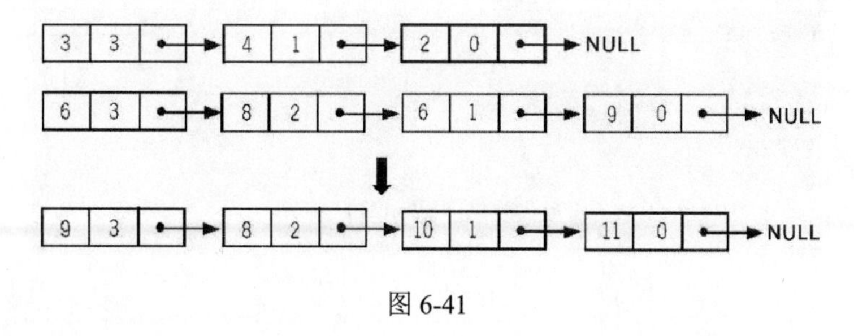

图 6-41

【范例程序：CH06_11.cpp】

下面的C++范例程序计算两个已知多项式的和，并输出最后的结果。

$A=3X^3+4X+2$
$B=6X^3+8X^2+6X+9$

```
01  /*
02  [示范] 多项式相加
03  */
04  #include <iostream>
05  using namespace std;
06  class list //声明链表结构
07  {
08     public :
09         int coef,exp;
10         class list *next;
11  };
12  typedef class list node;
13  typedef node *link;
14  link creat_link(int data[4]);
15  void print_link(link head);
16  link sum_link(link a,link b);
17  int main()
18  {
19     link a,b,c;
20     int data1[4]={3,0,4,2}; //多项式 A 的系数
21     int data2[4]={6,8,6,9}; //多项式 B 的系数
22     cout<<"原始多项式: "<<endl<<"A=";
23     a=creat_link(data1);    //建立多项式 A
24     b=creat_link(data2);    //建立多项式 B
25     print_link(a);          //打印多项式 A
26     cout<<"B=";
27     print_link(b);          //打印多项式 B
28     cout<<"多项式相加的结果: \nC=";
29     c=sum_link(a,b);        //C 为多项式 A、B 相加的结果
30     print_link(c);          //打印多项式 C
31  }
32  link creat_link(int data[4])//建立多项式子程序
33  {
34     link head,newnode,ptr;
```

```
35      for(int i=0;i<4;i++)
36      {
37          newnode = new node;
38          if(!newnode)
39          {
40              cout<<"[Error! 内存分配失败! ]"<<endl;
41              exit(1);
42          }
43          if(i==0)
44          {
45              newnode->coef=data[i];
46              newnode->exp=3-i;
47              newnode->next=NULL;
48              head=newnode;
49              ptr=head;
50          }
51          else if(data[i]!=0)
52          {
53              newnode->coef=data[i];
54              newnode->exp=3-i;
55              newnode->next=NULL;
56              ptr->next=newnode;
57              ptr=newnode;
58          }
59      }
60      return head;
61  }
62  void print_link(link head) //打印多项式子程序
63  {
64      while(head!=NULL)
65      {
66          if(head->exp==1 && head->coef!=0)    //X^1 时不显示指数
67              cout<<head->coef<<"X + ";
68          else if(head->exp!=0 && head->coef!=0)
69              cout<<head->coef<<"X^"<<head->exp<<" + ";
70          else if(head->coef!=0)                 //X^0 时不显示变量
71              cout<<head->coef;
72          head=head->next;
73      }
74      cout<<endl;
75  }
76  link sum_link(link a,link b) //多项式相加子程序
77  {
78      int sum[4],i=0;
79      link ptr;
80      ptr=b;
81      while(a!=NULL) //判断多项式 1
82      {
83          b=ptr;      //重复比较 A 和 B 的指数
84          while(b!=NULL)
```

```
85          {
86              if(a->exp==b->exp)    //指数相等，系数相加
87              {
88                  sum[i]=a->coef+b->coef;
89                  a=a->next;
90                  b=b->next;
91                  i++;
92              }
93              else if(b->exp > a->exp)    //B 指数较大，指定系数给 C
94              {
95                  sum[i]=b->coef;
96                  b=b->next;
97                  i++;
98              }
99              else if(a->exp > b->exp)    //A 指数较大，指定系数给 C
100             {
101                 sum[i]=a->coef;
102                 a=a->next;
103                 i++;
104             }
105         }
106     }
107     return creat_link(sum);    //建立相加结果的链表 C
108 }
```

【执行结果】参考图 6-42。

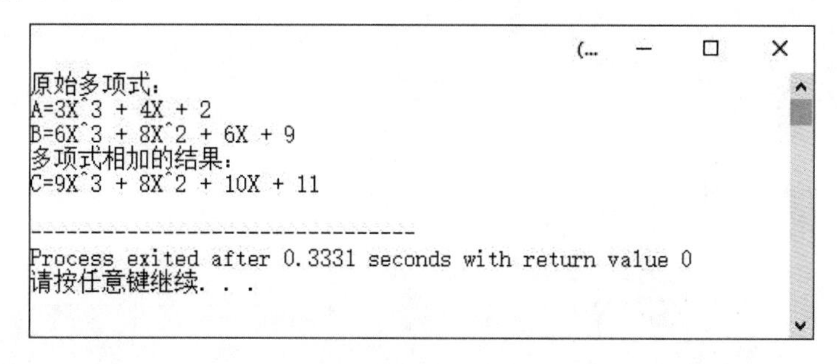

图 6-42

6.5　课 后 习 题

1. 请说明稀疏矩阵的定义，并举例说明。

2. 在有 n 项数据的链表中查找一项数据，若以平均花费的时间考虑，则其时间复杂度是多少？

3. 什么是转置矩阵？试简单举例说明。

4. 在单向链表类型的数据结构中，根据所删除节点的位置会有哪几种不同的情形？

5. 如何使用数组来表示与存储多项式 $P(x, y) = 9x^5 + 4x^4y^3 + 14x^2y^2 + 13xy^2 + 15$？

第 7 章

信息安全基础算法

7

网络已成为我们日常生活中不可或缺的一部分，可用来互通信息，不过部分信息可公开，部分信息则属于机密。网络设计的目的是提供信息、数据和文件的自由交换，但网络交易确实存在很多风险，因为因特网的成功远远超过了设计者的预期，它除了带给人们许多便利外，也带来了许多安全上的隐患。

对于信息安全而言，很难有一个十分严谨而明确的定义或标准。例如，就个人用户而言，只是代表在因特网上浏览时个人数据或信息不被窃取或破坏；但对于企业或组织而言，可能就代表着进行电子交易时的安全考虑与不法黑客的入侵等，如图 7-1 所示。简单来说，信息安全（Information Security）必须具备如图 7-2 所示的 4 个特性。

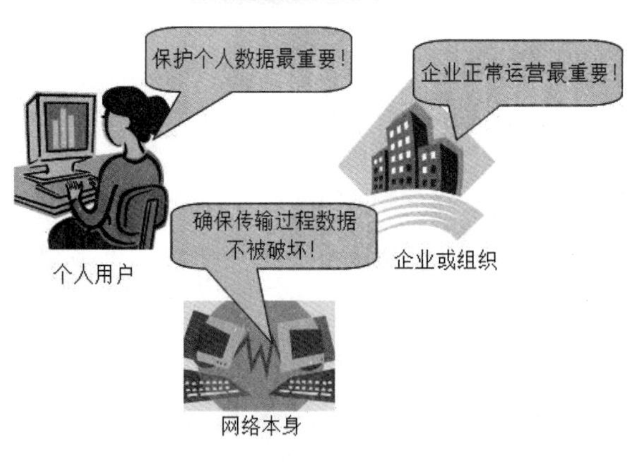

图 7-1

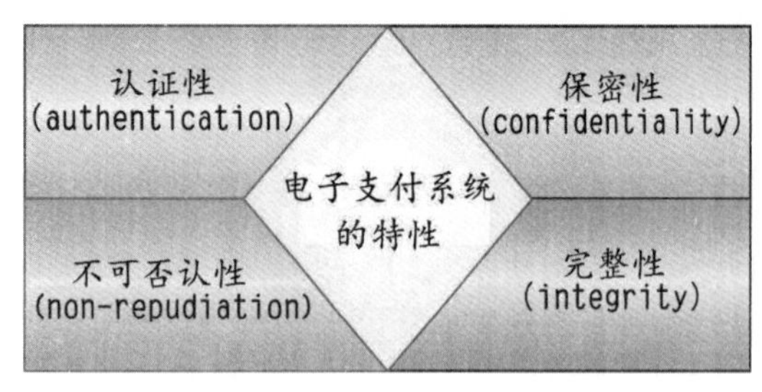

图 7-2

- 保密性（confidentiality）：表示交易相关信息或数据必须保密，当信息或数据传输时，除了被授权的人外，还要确保信息或数据在网络上不会遭遇拦截、偷窥而泄露信息或数据的内容，损害其保密性。
- 完整性（integrity）：表示当信息或数据送达时，必须保证该信息或数据没有被篡改，如果遭篡改，那么这条信息或数据就会无效。例如，由甲端传至乙端的信息或数据，乙端在收到时立刻就会知道这条信息或数据是否完整无误。

- 认证性（authentication）：表示当传送方送出信息或数据时，支付系统必须能确认传送者的身份是否为冒名。例如，传送方无法冒名传送信息或数据时，持卡人、商家、发卡行、收单行和支付网关都必须申请数字证书进行身份识别。
- 不可否认性（non-repudiation）：表示保证用户无法否认他所实施过的信息或数据传送行为的一种机制，必须不易被复制和修改，就是无法否认其传送、接收信息或数据的行为。例如，收到付款不能说没收到，同样，下单购物了不能否认其购买过。

国际标准制定机构英国标准协会（British Standards Institution，BSI）曾经于 1995 年提出了 BS 7799 信息安全管理系统，最近的一次修订已于 2005 年完成，并经国际标准化组织（International Standards Organization，ISO）正式通过，成为 ISO 27001 信息安全管理系统要求标准，为目前国际公认最完整的信息安全管理标准，可以帮助企业与机构在高度网络化的开放服务环境中鉴别、管理和减少信息所面临的各种风险。

7.1　数据加密

未经加密处理的商业数据或文字资料在网络上进行传输时，任何“有心人士”都能够随手取得，并且一览无遗。因此，在网络上，对于有价值的数据在传送前必须将原始的数据内容以事先定义好的算法、表达式或以编码方法转换为不具有任何意义或者不能直接辨读的代码，这个处理过程就是加密（Encrypt）。数据在加密前称为明文（Plaintext），经过加密后则称为密文（Ciphertext）。

经过加密的数据在送抵目的端之后必须经过解密（Decrypt）的过程才能将数据还原成原来的内容，在这个过程中用于加密和解密的密码称为密钥（Key）。

数据加密和解密的过程如图 7-3 所示。

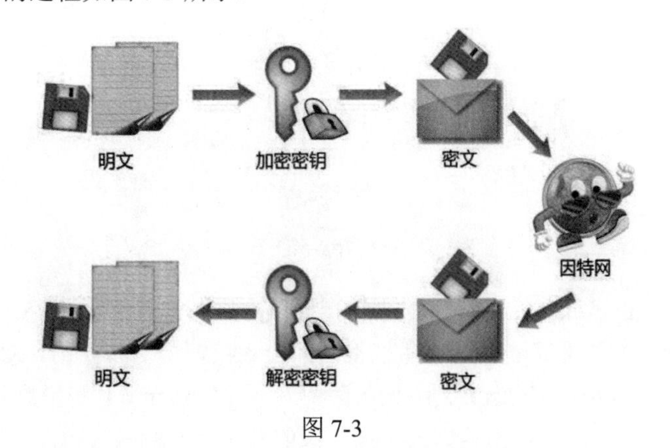

图 7-3

7.1.1　对称密钥加密系统

对称密钥加密（Symmetrical Key Encryption）又称为单密钥加密（Single Key Encryption）。这种加密方法的工作方式是发送端与接收端拥有共同的加密和解密的钥匙，这个共同的钥匙被称为密钥。这种加解密系统的工作方式是：发送端使用密钥将明文加密成密文，使文件看上去像一堆“乱码”，再将密文进行传送；接收端在收到这个经过加密的密文后，使用同一把密钥将密文还原成明文。因此，使用对称加密法不但可以为文件加密，而且能达到验证发送者身份的作用。如果用户B能用这一组密码解开文件，就能确定这份文件是由用户A加密后传送过来的。对称密钥加密系统进行加密和解密的过程如图7-4所示。

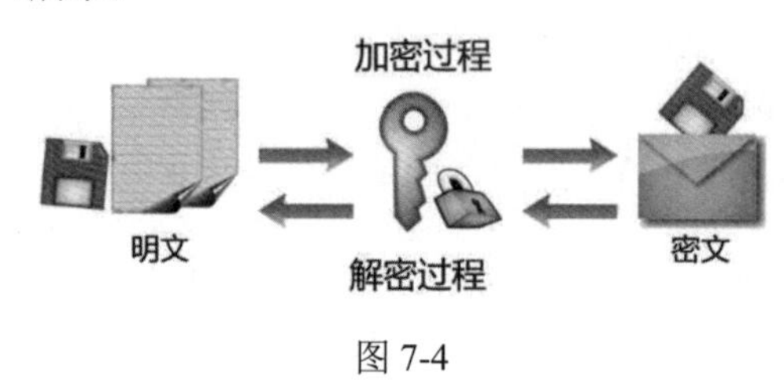

图 7-4

这种加密系统的工作方式较为简单，因此在加密和解密上的处理速度都非常快。常见的对称密钥加密系统算法有 DES（Data Encryption Standard，数据加密标准）、Triple DES（Triple Data Encryption Algorithm，三重数据加密算法）、IDEA（International Data Encryption Algorithm，国际数据加密算法）等。

7.1.2　非对称密钥加密系统与 RSA 算法

非对称密钥加密是目前应用较为普遍，在金融界应用上最安全的一种加密方法，也被称为双密钥加密（Double Key Encryption）或公钥（Public Key）加密。这种加密系统主要的工作方式是使用两把不同的密钥——公钥与私钥（Private Key）进行加解密。公钥可在网络上自由公开用于加密过程，但必须使用私钥才能解密，私钥必须由私人妥善保管。例如，用户 A 要传送一份新的文件给用户 B，用户 A 会使用用户 B 的公钥来加密，并将密文发送给用户 B；当用户 B 收到密文后，会使用自己的私钥来解密，过程如图 7-5 所示。

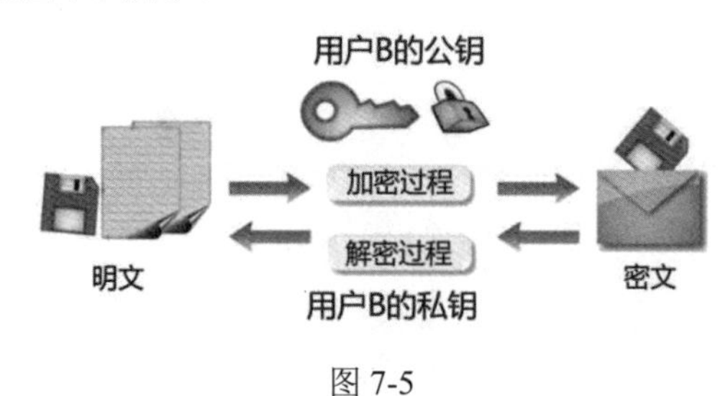

图 7-5

RSA（Rivest-Shamir-Adleman）加密算法是一种非对称加密算法，在RSA算法之前，加密算法基本都是对称的。非对称加密算法使用了两把不同的密钥，即公钥和私钥。RSA加密算法是在1977年由罗纳德・李维斯特（Ron Rivest）、阿迪・萨莫尔（Adi Shamir）和伦纳德・阿德曼（Leonard Adleman）一起提出的，RSA就是由他们三个人姓氏的开头字母所组成的。

RSA 加解密速度比对称密钥加解密速度要慢，其方法是随机选出超大的两个质数 p 和 q，使用这两个质数作为加密与解密的一对密钥，密钥的长度一般为 40 比特到 1024 比特之间。当然，为了提高加密的强度，现在有的系统使用的 RSA 密钥的长度高达 4096 比特，有的甚至更高。在加密的应用中，这对密钥中的公钥用来加密，私钥用来解密，而且只有私钥可以用来解密。在进行数字签名的应用中，则是用私钥进行签名。要破解以 RSA 加密的数据，在一定时间内几乎是不可能的，因为这是一种十分安全的加解密算法，特别是在电子商务交易市场中被广泛使用。例如，著名的信用卡公司 VISA 和 MasterCard 在 1996 年共同制定并发表了安全电子交易协议（Secure Electronic Transaction，SET），陆续获得 IBM、Microsoft、HP 及 Compaq 等软硬件公司的支持，SET 安全机制采用非对称密钥加密系统的编码方式，即采用著名的 RSA 加密算法。

7.1.3 认证

在数据传输过程中，为了避免用户 A 发送数据后否认，或者有人冒用用户 A 的名义传送数据而用户 A 本人却不知道，可以对数据进行认证。后来衍生出第三种加密方式，结合了对称加密和非对称加密。首先以用户 B 的公钥加密，接着使用用户 A 的私钥做第二次加密，当用户 B 收到密文后，先以 A 的公钥进行解密，此举可确认信息是由 A 发送的，再使用 B 的私钥进行解密，如果能解密成功，就可确保信息传递的保密性，这就是所谓的“认证”，整个过程如图 7-6 所示。认证的机制看似完美，但是使用非对称密钥进行加解密运算时计算量非常大，对于大数据量的传输工作而言是个沉重的负担。

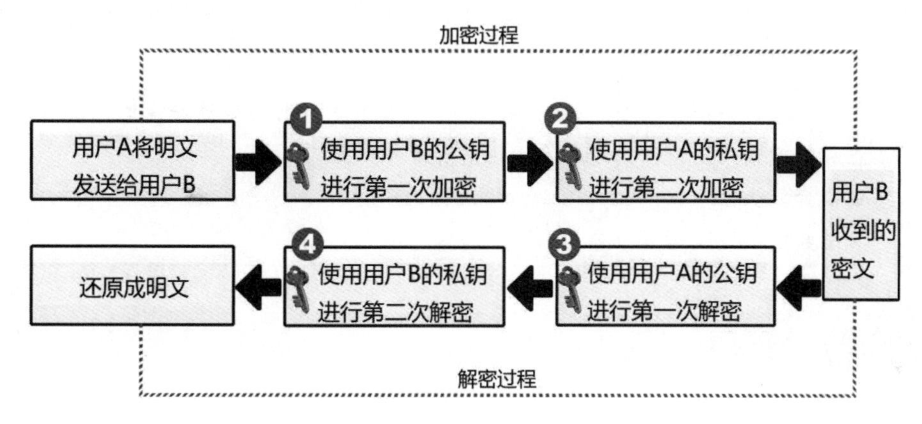

图 7-6

7.1.4 数字签名

在日常生活中，签名或盖章往往是个人或机构对某些承诺或文件承担法律责任的一种署名。在网络世界中，数字签名（Digital Signature）是属于个人或机构的一种“数字身份证”，可以用来对数据发送者的身份进行鉴别。

数字签名的工作方式是以公钥和哈希函数互相搭配使用的，用户 A 先将明文的 M 以哈希函数计算出哈希值 H，再用自己的私钥对哈希值 H 进行加密，加密后的内容即为数字签名。最后将明文与数字签名一起发送给用户 B。由于这个数字签名是以 A 的私钥加密的，且该私钥只有 A 才有，因此该数字签名可以代表 A 的身份。由于数字签名机制具有发送者不可否认的特性，因此能够用来确认文件发送者的身份，使其他人无法伪造发送者的身份。数字签名的过程如图 7-7 所示。

提示　哈希函数（Hash Function）是一种保护数据完整性的方法，对要保护的数据进行运算，得到一个“哈希值”，接着将要保护的数据与它的哈希值一同传送。

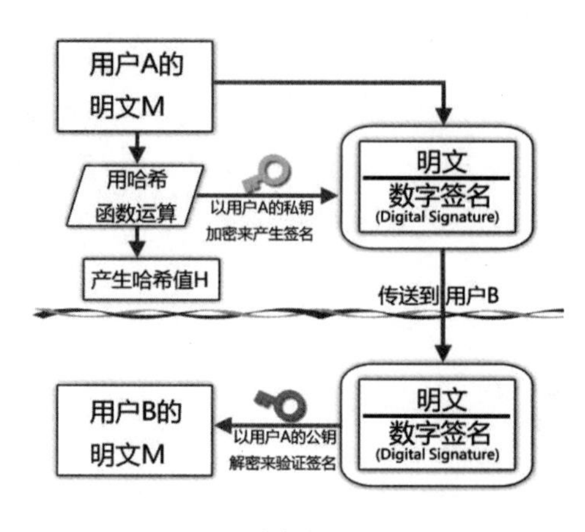

图 7-7

想要使用数字签名，必须先向认证中心（Certification Authority，CA）申请数字证书（Digital Certificate），它可以用来认证公钥为某人所有以及信息发送者的不可否认性。认证中心所签发的数字签名就包含在数字证书上。通常，每一家认证中心的申请过程都不完全相同，只要用户按照网页上的指引步骤操作即可顺利完成申请。

提示　认证中心为一个具有公信力的第三者，主要负责证书的申请和注册、证书的签发和废止等管理服务。中国国内知名的证书管理中心如下：

中国金融认证中心：http://www.cfca.com.cn/。

北京数字认证股份有限公司：http://www.bjca.org.cn/。

7.2　哈希算法

哈希算法是使用哈希函数来计算一个键值所对应的地址，建立哈希表后利用哈希函数来查找各个键值存放在表格中的地址，查找的速度与数据多少无关，在没有碰撞和溢出的情况下，一次即可查找成功，这种方法还具有保密性高的优点，因为事先不知道哈希函数就无法查找。

选择哈希函数时，要特别注意不宜过于复杂，设计原则上至少必须符合计算速度快和碰撞频率尽量小两个特点。常见的哈希算法有除留余数法、平方取中法、折叠法和数字分析法。

7.2.1　除留余数法

最简单的哈希函数是将数据除以某一个常数后，取余数作为索引。例如，在一个有 13 个位置的数组中，只使用到 7 个地址，数值分别是 12，65，70，99，33，67，48。我们可以把数组内的值除以 13，并以其余数作为数组的索引（下标）。可以用以下式子来表示：

$h(\text{key}) = \text{key} \bmod B$

在这个例子中，我们所使用的 B 为 13，一般而言，建议大家在选择 B 时最好是用质数。建立出来的哈希表如表 7-1 所示。

表 7-1　建立的哈希表

索　引	数　据	索　引	数　据
0	65	7	33
1		8	99
2	67	9	48
3		10	
4		11	
5	70	12	12
6			

下面我们以除留余数法作为哈希函数，将数值 323，458，25，340，28，969，77 分别存储在 11 个空间。

令哈希函数为 $h(\text{key}) = \text{key} \bmod B$，其中 $B=11$（是一个质数），这个函数的计算结果范围为 0~10（包括 0 和 10），所以 $h(323)=4$，$h(458)=7$，$h(25)=3$，$h(340)=10$，$h(28)=6$，$h(969)=1$，$h(77)=0$，建立的哈希表如表 7-2 所示。

表 7-2　建立的哈希表

索　引	数　据	索　引	数　据
0	77	6	28
1	969	7	458
2		8	
3	25	9	
4	323	10	340
5			

7.2.2　平方取中法

平方取中法和除留余数法相当类似，就是先计算数据的平方，之后取中间的某段数字作为索引。下面我们采用平方取中法将数据存放在 100 个地址空间中，其操作步骤如下：

步骤 01 先将 12, 65, 70, 99, 33, 67, 51 取平方后结果如下：

```
144,4225,4900,9801,1089,4489,2601
```

步骤 02 再取百位数和十位数作为键值，分别如下：

```
14,22,90,80,08,48,60
```

步骤 03 上述这 7 个数字的数列对应于原先的 7 个数（12,65,70,99,33,67,51）存放在 100 个地址空间的索引键值，即：

$f(14) = 12$

$f(22) = 65$

$f(90) = 70$

$f(80) = 99$

$f(8) = 33$

$f(48) = 67$

$f(60) = 51$

若实际空间介于 0～9（10 个空间），取百位数和十位数的值介于 0～99（共有 100 个空间），所以我们必须将平方取中法第一次所求得的键值再压缩 1/10，这样才可以将 100 个可能产生的值对应到 10 个空间，即将每一个键值除以 10 取整数（以 DIV 运算符作为取整数的除法），可以得到下列对应关系：

f(14 DIV 10)=12		f(1)=12
f(22 DIV 10)=65	→	f(2)=65
f(90 DIV 10)=70		f(9)=70
f(80 DIV 10)=99		f(8)=99
f(8 DIV 10) =33		f(0)=33
f(48 DIV 10)=67		f(4)=67
f(60 DIV 10)=51		f(6)=51

7.2.3　折叠法

折叠法是将数据转换成一串数字后，先将这串数字拆成几个部分，然后把它们加起来就可以计算出这个键值的桶地址（Bucket Address）。例如，有一个数据转换成数字后为 2365479125443，若以每 4 个数字为一个部分，则可拆分为 2365，4791，2544，3，将这 4 组数字相加后即为索引值。

```
  2365
  4791
  2544
+    3
  9703 →桶地址
```

在折叠法中有以下两种做法：

- 一种是像上例那样直接将每一部分相加所得的值作为桶地址，这种做法称为“移动折叠法”。
- 另一种是将上述数字中的奇数位段或偶数位段反转后再相加，以取得其桶地址，这种改进后的做法称为“边界折叠法（Folding At The Boundaries）”。这种做法是为了降低碰撞（降低碰撞是哈希法的原则之一）。下面以上面的数字为例进行说明。

  情况一：将偶数位段反转。2365479125443 被拆成 2365，4791，2544，3，它们分别处于第 1、第 2、第 3、第 4 位段。第 1 和第 3 位段是奇数位段，第 2 和第 4 位段是偶数位段。

```
  2365（第 1 位段是奇数位段，故不反转）
  1974（第 2 位段是偶数位段，故要反转）
  2544（第 3 位段是奇数位段，故不反转）
+    3（第 4 位段是偶数位段，故要反转）
  6886 →桶地址
```

情况二：将奇数位段反转。

```
  5632（第 1 位段是奇数位段，故要反转）
  4791（第 2 位段是偶数位段，故不反转）
  4452（第 3 位段是奇数位段，故要反转）
+    3（第 4 位段是偶数位段，故不反转）
 14878 →桶地址
```

7.2.4　数字分析法

数字分析法适用于数据不会更改且为数字类型的静态表。在决定哈希函数时，先逐一检查数据的相对位置和分布情况，将重复性高的部分删除。例如，在图 7-8 中，左图的电话号码表是相当有规则性的，除了区码全部是 080 外（注意：此区号仅用于举例，表中的电话号码也不是真实的），中间 3 个数字的变化不大。假设地址空间的大小 m=999，我们必须从这些数字中提取适当的数字，即数字不要太集中，分布范围较为平均（或称随机度高），最后决定提取最后 4 个数字的末尾 3 个，故最后得到的哈希表如图 7-8 右图所示。

电话
080-772-2234
080-772-4525
080-774-2604
080-772-4651
080-774-2285
080-772-2101
080-774-2699
080-772-2694

索引	电话
234	080-772-2234
525	080-772-4525
604	080-774-2604
651	080-772-4651
285	080-774-2285
101	080-772-2101
699	080-774-2699
694	080-772-2694

图 7-8

由图 7-8 可以发现，哈希函数并没有一定的规则可寻，可能会使用其中的某一种方法，也可能会同时使用好几种方法，所以哈希函数常常被用来处理数据的加密和压缩。但是，哈希法常会遇到碰撞和溢出的情况。接下来，我们将介绍如果遇到这两种情况时该如何解决。

7.3　碰撞与溢出处理

在哈希法中，当键对应的值（或标识符）要放入哈希表的某个桶中时，若该桶已经满了，则会发生溢出（Overflow）。哈希法的理想情况是所有数据经过哈希函数运算后都得到不同的值，不过现实情况是，即使要存入哈希表的记录中的所有关键字段的值都不相同，经过哈希函数的计算还是可能得到相同的地址，于是就发生了碰撞（Collision）问题。因此，如何在碰撞后处理溢出的问题就显得相当重要。下面介绍常见的溢出处理方法。

7.3.1　线性探测法

线性探测法是当发生碰撞情况时，如果该索引对应的存储空间已有数据，那么就以线性的方式往后寻找空的存储空间，一旦找到空的存储空间，就把数据放进去。线性探测法通常把哈希的对应位置的存储空间视为环状结构，如此一来，如果后面的存储空间已被填满而前面还有空间时，就可以将数据放到前面，如图 7-9 所示。

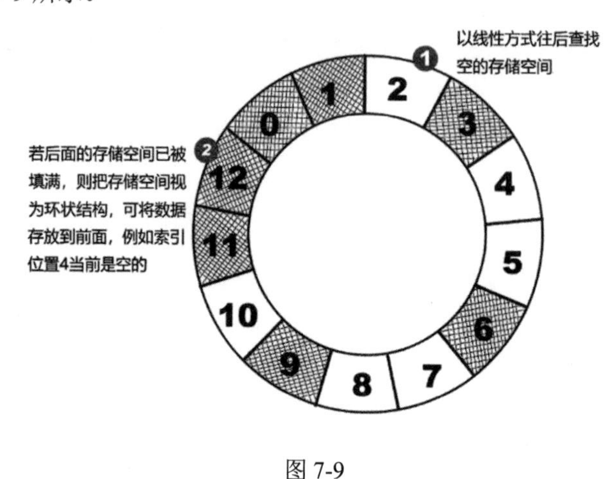

图 7-9

【范例程序：CH07_01.cpp】

下面的C++范例程序通过调用除留余数法的哈希函数获取索引值，再以线性探测法来存储数据。

```
01   #include <iostream>
02   #include <iomanip>
03   #include <ctime>
04   #include<cstdlib>
05   using namespace std;
06   const int INDEXBOX = 10;  //哈希表的最大元素
07   const int MAXNUM = 7;     //最大数据个数
08   int print_data(int *,int);
09   int creat_table(int ,int *);
10
11   int main(void)
12   {
13      int i,index[INDEXBOX],data[MAXNUM];
14      srand(time(NULL));            //按时间值初始化随机数
15      cout<<"原始数组值为：\n";
16      for(i=0;i<MAXNUM;i++)         //起始数据值
17         data[i]=rand()%20+1;
18      for(i=0;i<INDEXBOX;i++)       //清除哈希表
19         index[i]=-1;
20      print_data(data,MAXNUM);      //打印起始数据
```

```
21      cout<<"哈希表的内容为: "<<endl;
22      for(i=0;i<MAXNUM;i++)       //建立哈希表
23      {
24          creat_table(data[i],index);
25          cout<<data[i]<<" =>";   //打印单一元素的哈希表位置
26          print_data(index,INDEXBOX);
27      }
28      cout<<"完成的哈希表: "<<endl;
29      print_data(index,INDEXBOX);     //打印最后完成的结果
30      return 0;
31  }
32  int print_data(int *data,int max)       //打印数组子程序
33  {
34      cout<<"\t";
35      for(int i=0;i<max;i++)
36          cout<<"["<<setw(2)<<data[i]<<"] ";
37      cout<<endl;
38  }
39  int creat_table(int num,int *index)  //子程序: 建立哈希表
40  {
41      int tmp;
42      tmp=num%INDEXBOX;           //哈希函数=数据%INDEXBOX
43      while(1)
44      {
45          if(index[tmp]==-1)      //如果数据对应的位置是空的
46          {
47              index[tmp]=num;     //则直接存入数据
48              break;
49          }
50          else
51              tmp=(tmp+1)%INDEXBOX;   //否则往后找位置存放
52      }
53  }
```

【执行结果】参考图 7-10。

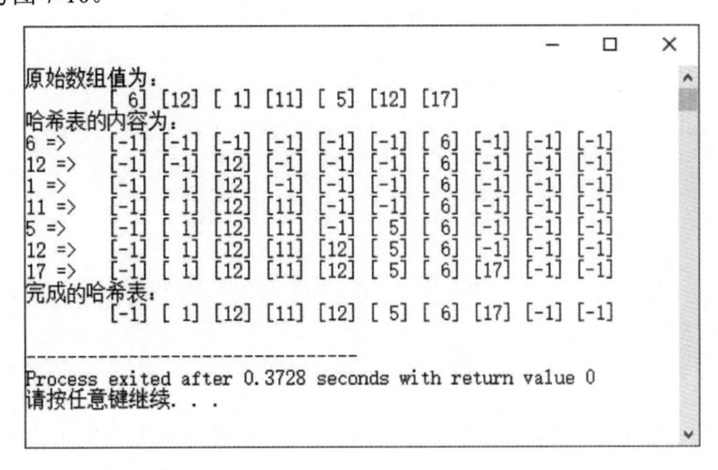

图 7-10

7.3.2　平方探测法

线性探测法有一个缺点，就是类似的键值经常会聚集在一起，因此可以考虑以平方探测法来加以改进。在平方探测法中，当溢出发生时，下一次查找的地址是$(f(x)+i^2) \bmod B$与$(f(x)-i^2) \bmod B$，即让数据值加或减i的平方，例如数据值为key，哈希函数为f：

第一次查找：$f(\text{key})$
第二次查找：$(f(\text{key})+1^2)\%B$
第三次查找：$(f(\text{key})-1^2)\%B$
第四次查找：$(f(\text{key})+2^2)\%B$
第五次查找：$(f(\text{key})-2^2)\%B$
……
第n次查找：$(f(\text{key})\pm((B-1)/2)^2)\%B$，其中$B$必须为$4j+3$型的质数，且$1 \leqslant i \leqslant (B-1)/2$。

7.3.3　再哈希法

再哈希法就是一开始先设置一系列哈希函数，如果使用第一种哈希函数出现溢出，就改用第二种；如果第二种也出现溢出，就改用第三种，一直到没有发生溢出为止。例如，h_1为key%11，h_2为key*key，h_3为key*key%11，以此类推。

下面使用再哈希法处理下列数据碰撞的问题：

```
681, 467, 633, 511, 100, 164, 472, 438, 445, 366, 118
```

其中，哈希函数为（此处m=13）：

- $f_1 = h(\text{key}) = \text{key} \bmod m$
- $f_2 = h(\text{key}) = (\text{key}+2) \bmod m$
- $f_3 = h(\text{key}) = (\text{key}+4) \bmod m$

说明如下：

（1）使用第一种哈希函数$h(\text{key})= \text{key} \bmod 13$，所得的哈希地址如下：

```
681 -> 5
467 -> 12
633 -> 9
511 -> 4
100 -> 9
164 -> 8
472 -> 4
438 -> 9
445 -> 3
366 -> 2
118 -> 1
```

（2）其中，数据100，472，438都发生碰撞，再使用第二种哈希函数$h(\text{key}+2) = (\text{key}+2) \bmod 13$，进行数据的地址安排：

```
100 -> h(100+2)=102 mod 13=11
472 -> h(472+2)=474 mod 13=6
438 -> h(438+2)=440 mod 13=11
```

（3）438 仍发生碰撞问题，故接着使用第三种哈希函数 $h(\text{key}+4)= (438+4) \bmod 13$，重新进行 438 地址的安排：

```
438 -> h(438+4)=442 mod 13=0
```

经过三次再哈希法后，数据的地址安排如表 7-3 所示。

表 7-3　数据的地址安排

位　置	数　据	位　置	数　据
0	438	7	NULL
1	118	8	164
2	366	9	633
3	445	10	N
4	511	11	100
5	681	12	467
6	472	7	NULL

7.3.4　链表法

将哈希表的所有空间建立 *n* 个链表，最初的默认值只有 *n* 个链表头。如果发生溢出，就把相同地址的键值链接在链表头的后面形成一个键表，直到所有的可用空间全部用完为止，如图 7-11 所示。

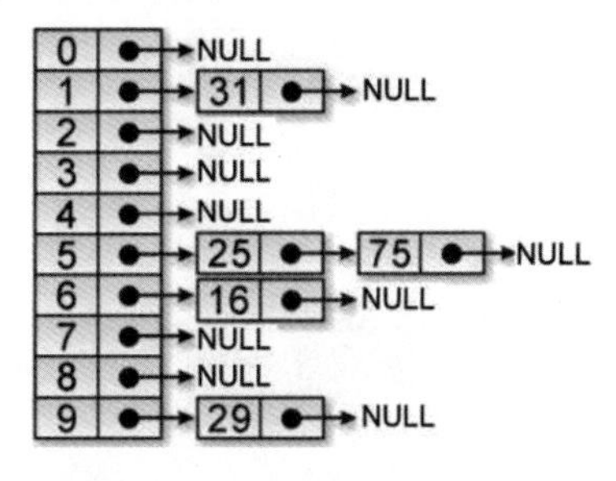

图 7-11

【范例程序：CH07_02.cpp】

设计一个 C++程序并使用链表来进行再哈希处理。

```
01    #include <iostream>
02    #include <cstdlib>
03    #include <ctime>
04    #include <iomanip>
05    #define INDEXBOX 7          //哈希表元素的个数
06    #define MAXNUM 13           //数据个数
07    using namespace std;
08    void creat_table(int);      //声明建立哈希表的子程序
09    void print_data(int);       //声明打印哈希表的子程序
```

```
10   class list              //声明链表结构
11   {
12      public:
13       int val;
14       class list *next;
15   };
16   typedef class list node;
17   typedef node *link;
18   node indextable[INDEXBOX];  //声明动态数组
19   int main(void)
20   {
21       int i,data[MAXNUM];
22       srand((unsigned)time(NULL));
23       for(i=0;i<INDEXBOX;i++) //清除哈希表
24       {
25            indextable[i].val=-1;
26            indextable[i].next=NULL;
27       }
28       cout<<"原始数据：\n\t";
29       for(i=0;i<MAXNUM;i++)
30       {
31            data[i]=rand()%30+1; //用随机函数来生成原始数据
32            cout<<"["<<setw(2)<<data[i]<<"] "; //并打印出来
33            if(i%8==7)
34                 cout<<"\n\t";
35       }
36       cout<<"\n 哈希表：\n";
37       for(i=0;i<MAXNUM;i++)
38            creat_table(data[i]); //建立哈希表
39       for(i=0;i<INDEXBOX;i++)
40            print_data(i);       //打印哈希表
41       cout<<endl;
42       return 0;
43   }
44   void creat_table(int val)     //建立哈希表子程序
45   {
46       link newnode;
47       link current;
48       int hash;
49       hash=val%7;              //哈希函数：除以 7 取余数
50       newnode=(link)malloc(sizeof(node));
51       current=(link)malloc(sizeof(node));
52       newnode->val=val;
53       newnode->next=NULL;
54       *current=indextable[hash];
55      if(current->next==NULL)
56         indextable[hash].next=newnode;
57      else
58         while(current->next!=NULL) current=current->next;
59      current->next=newnode; //将节点加到链表中
```

```
60  }
61  void print_data(int val)   //打印哈希表子程序
62  {
63      link head;
64      int i=0;
65      head=indextable[val].next;  //起始指针
66      cout<<"    "<<setw(2)<<val<<": \t";//索引地址
67      while(head!=NULL)
68      {
69          cout<<"["<<setw(2)<<head->val<<"]-";
70          i++;
71          if(i%8==7)  //控制长度
72              cout<<"\n\t";
73          head=head->next;
74      }
75      cout<<"\b \n";//清除最后一个"-"符号
76  }
```

【执行结果】参见图 7-12。

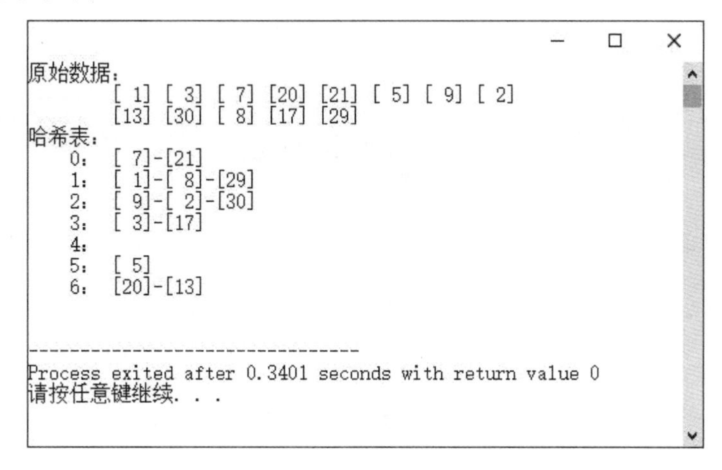

图 7-12

【范例程序：CH07_03.cpp】

在范例 CH07_02.cpp 中，我们已经把原始数据值存放在哈希表中，如果现在要查找一个数据，只需将该数据经过哈希函数的处理后直接到对应的索引值列表中查找即可，如果没有找到，就表示数据不存在。如此可大幅减少读取数据和比较数据的次数，甚至可能经过一次读取和比较就可以找到数据。下面修改范例程序 CH07_02.cpp，加入查找的功能并打印出对比的次数。

```
01  #include <iostream>
02  #include <iomanip>
03  #include <ctime>
04  #include<cstdlib>
05  using namespace std;
06  const int INDEXBOX=7;       //哈希表元素的个数
07  const int MAXNUM=13;     //数据个数
08  void creat_table(int);  //声明建立哈希表的子程序
```

```
09  void print_data(int);   //声明打印哈希表的子程序
10  int findnum(int);       //声明哈希查找的子程序
11  class list              //声明链表类
12  {
13     public:
14     int val;
15     list *next;
16  };
17  typedef class list node;
18  typedef node *link;
19  node indextable[INDEXBOX];     //声明动态数组
20  int main(void)
21  {
22      int i,num,data[MAXNUM];
23      srand(time(NULL));
24      for(i=0;i<INDEXBOX;i++)     //清除哈希表
25      {
26          indextable[i].val=i;
27          indextable[i].next=NULL;
28      }
29      cout<<"原始数据：\n\t";
30      for(i=0;i<MAXNUM;i++)
31      {
32          data[i]=rand()%30+1;    //用随机函数生成原始数据
33          cout<<"["<<setw(2)<<data[i]<<"] ";//并打印出来
34
35          if (i%8==7)
36              cout<<"\n\t";
37      }
38      cout<<endl;
39      for(i=0;i<MAXNUM;i++)
40          creat_table(data[i]);//建立哈希表
41      while(1)
42      {
43          cout<<"请输入要查找的数据(1~30)，结束请输入-1：";
44          cin>>num;
45          if(num==-1)
46              break;
47          i=findnum(num);
48          if(i==0)
49              cout<<"#####没有找到 "<<num<<" #####"<<endl;
50          else
51              cout<<"找到 "<<num<<"，共找了 "<<i<<" 次!"<<endl;
52      }
53      cout<<"\n哈希表："<<endl;
54      for(i=0;i<INDEXBOX;i++)
55          print_data(i);//打印哈希表
56      cout<<endl;
57      return 0;
58  }
```

```
59  void creat_table(int val)//建立哈希表子程序
60  {
61      link newnode;
62      int hash;
63      hash=val%7; //哈希函数：除以 7 取余数
64      newnode=(link)malloc(sizeof(node));
65      if(!newnode)
66      {
67          cout<<"ERROR!! 内存分配失败!!"<<endl;
68          exit(1);
69      }
70      newnode->val=val;
71      newnode->next=NULL;
72      newnode->next=indextable[hash].next;//加入节点
73      indextable[hash].next=newnode;
74  }
75  void print_data(int val)//打印哈希表子程序
76  {
77      link head;
78      int i=0;
79      head=indextable[val].next;//起始指针
80      cout<<setw(2)<<val<<": \t";//索引地址
81      while(head!=NULL)
82      {
83          cout<<"["<<setw(2)<<head->val<<"]-";
84          i++;
85          if(i%8==7)//控制长度
86              cout<<"\n\t";
87          head=head->next;
88      }
89      cout<<"\b "<<endl;//清除最后一个"-"符号
90  }
91  int findnum(int num)  //哈希查找子程序
92  {
93      link ptr;
94      int i=0,hash;
95      hash=num%7;
96      ptr=indextable[hash].next;
97      while(ptr!=NULL)
98      {
99          i++;
100         if(ptr->val==num)
101             return i;
102         else
103             ptr=ptr->next;
104     }
105     return 0;
106 }
```

【执行结果】参见图 7-13。

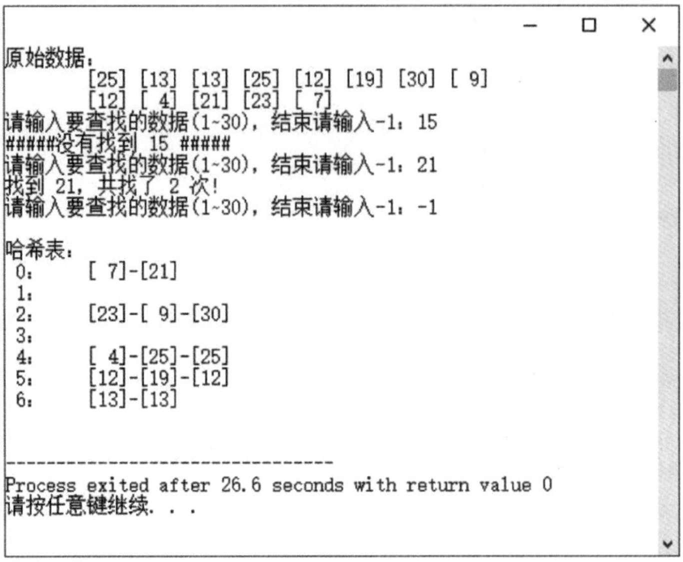

```
原始数据:
        [25] [13] [13] [25] [12] [19] [30] [ 9]
        [12] [ 4] [21] [23] [ 7]
请输入要查找的数据(1~30), 结束请输入-1: 15
#####没有找到 15 #####
请输入要查找的数据(1~30), 结束请输入-1: 21
找到 21, 共找了 2 次!
请输入要查找的数据(1~30), 结束请输入-1: -1

哈希表:
 0:     [ 7]-[21]
 1:
 2:     [23]-[ 9]-[30]
 3:
 4:     [ 4]-[25]-[25]
 5:     [12]-[19]-[12]
 6:     [13]-[13]


--------------------------------
Process exited after 26.6 seconds with return value 0
请按任意键继续. . .
```

图 7-13

7.4 课后习题

1. 信息安全必须具备哪 4 种特性？试简要说明。

2. 简述加密与解密。

3. 说明对称密钥加密与非对称密钥加密的差异。

4. 简要介绍 RSA 算法。

5. 简要说明数字签名。

6. 用哈希法将数值 101，186，16，315，202，572，463 存放在 0，1，…，6 这 7 个位置。若要存入 1000 开始的 11 个位置，则应该如何存放？

7. 什么是哈希函数？试以除留余数法和折叠法并以 7 位电话号码作为数据进行说明。

8. 采用哪一种哈希函数可以把整数集合{74, 53, 66, 12, 90, 31, 18, 77, 85, 29}存入数组空间为 10 的哈希表不发生碰撞？

第 8 章

堆栈与队列相关算法

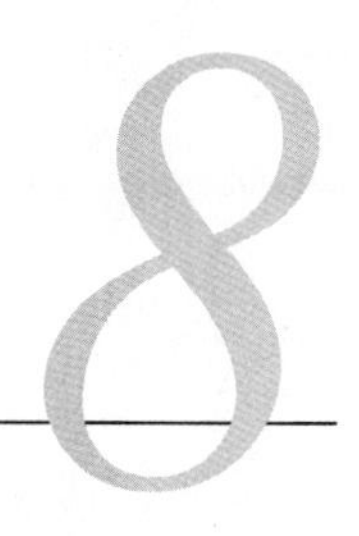

堆栈结构在计算机领域中的应用相当广泛，常用于计算机程序的运行，例如递归调用，子程序的调用。堆栈在日常生活中的应用也随处可见，例如大楼的电梯（见图 8-1）、货架上的商品等，其原理都类似于堆栈这样的数据结构。

图 8-1

队列在计算机领域中的应用也是相当广泛，例如计算机的模拟（Simulation）、CPU 的作业调度（Job Scheduling）、外围设备联机并发处理系统的应用以及图遍历的广度优先搜索法（BFS）。

堆栈与队列都是抽象数据类型。本章将为读者介绍相关的算法，首先介绍堆栈在 Python 程序设计中的两种设计方式：数组结构与链表结构。

8.1 以数组来实现堆栈

以数组结构来实现堆栈的好处是设计的算法都相当简单，但是，如果堆栈本身的大小是变动的，而数组的大小只能事先规划和声明好，那么数组规划太大了又浪费空间，规划太小了则又不够用。

用 C++语言以数组来实现堆栈操作的相关算法如下：

```
int isEmpty()  //判断堆栈是否为空堆栈
{
    if(top==-1) return 1;
        else return 0;
}
```

```
int push(int data) // 将指定的数据压入堆栈的顶端
{
    if(top>=MAXSTACK)
    {
        cout<<"堆栈已满,无法再压入"<<endl;
        return 0;
    }
    else
    {
        stack[++top]=data; //将数据压入堆栈
        return 1;
    }
}

int pop()
{
    if(isEmpty()) // 判断堆栈是否为空，如果是则返回-1
        return -1;
    else
        return stack[top--]; //将数据从堆栈顶端弹出后，再将堆栈指针往下移
}
```

【范例程序：CH08_01.cpp】

下面的C++范例程序使用数组结构来实现堆栈，用循环来控制元素压入堆栈或弹出堆栈，并仿真堆栈的各种操作，此堆栈最多可容纳100个元素，其中必须包括压入与弹出函数，并在最后输出堆栈内的所有元素。

```
01  #include <iostream>
02  #include <iomanip>
03  #define MAXSTACK 100  //定义堆栈的最大容量
04  using namespace std;
05  int stack[MAXSTACK];  //声明用于堆栈操作的数组
06  int top=-1;              //堆栈的顶端
07  //判断是否为空堆栈
08  int isEmpty()
09  {
10      if(top==-1) return 1;
11      else return 0;
12  }
13  //将指定的数据压入堆栈
14  int push(int data)
15  {
16      if(top>=MAXSTACK)
17      {
18         cout<<"堆栈已满，无法再压入"<<endl;
19         return 0;
20      }
21      else
22      {
23         stack[++top]=data;       //将数据压入堆栈
```

```
24          return 1;
25
26        }
27    }
28    //从堆栈弹出数据
29    int pop()
30    {
31        if(isEmpty())       //判断堆栈是否为空，如果是则返回-1
32          return -1;
33        else
34          return stack[top--];//将数据从堆栈顶端弹出后，再将堆栈指针往下移
35    }
36    //主程序
37    int main(void)
38    {
39        int value;
40        int i;
41        cout<<"请按序输入 10 个数据:"<<endl;
42        for(i=0;i<10;i++)
43        {
44          cin>>value;
45          push(value);
46        }
47        cout<<"===================="<<endl;
48        while(!isEmpty())       //将数据陆续从顶端弹出
49          cout<<"堆栈弹出的顺序为:"<<setw(2)<<pop()<<endl;
50        cout<<"===================="<<endl;
51        return 0;
52    }
```

【执行结果】参见图 8-2。

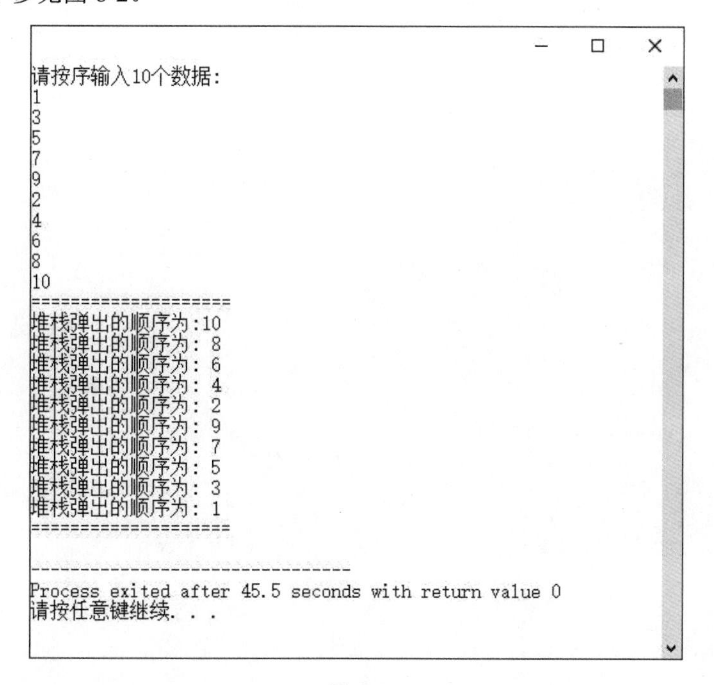

图 8-2

扑克牌发牌算法

下面来看一个堆栈应用的 C++范例程序，以数组仿真扑克牌洗牌和发牌的过程（见图 8-3）。调用随机数生成扑克牌后压入堆栈，放满52张牌后开始发牌，使用堆栈的弹出功能来给4个人发牌。

图 8-3

【范例程序：CH08_02.cpp】

```
01  #include <iostream>
02  #include <iomanip>
03  #include <ctime>
04  #include <cstdlib>
05  
06  using namespace std;
07  void Swap(int*,int*);
08  void push(int statck[],int MAX,int val);
09  int pop(int stack[]);
10  int top=-1;
11  int main(void)
12  {
13      int card[52],stack[52]={0};
14      int i,j,k=0, ascVal;
15      char suit[4][10]={"草花","方块","红桃","黑桃"};
16      int style;
17      srand((unsigned)time(NULL));
18      for (i=0;i<52;i++)
19          card[i]=i+1;
20      cout<<"[洗牌中……请稍后!]"<<endl;
21      while(k<30)
22      {
23          for(i=0;i<51;i++)
24              for(j=i+1;j<52;j++)
25                  if(rand()%52==2)
26                      Swap(&card[i],&card[j]);  //洗牌
27          k++;
28      }
29      i=0;
30      while(i!=52)
31      {
32          push(stack,52,card[i]);  //将 52 张牌压入堆栈
33          i++;
```

```
34      }
35      cout<<"[逆时针发牌]"<<endl;
36      cout<<"[显示各家拿到的牌]"<<endl;
37      cout<<"\t\t 东家\t 北家\t 西家\t 南家"<<endl;
38      cout<<"=========================================================" <<endl;
39      while (top >=0)
40      {
41          style = stack[top]/13;  //计算扑克牌的花色
42          switch(style)  //扑克牌花色对应的图标
43          {
44              case 0:   //草花
45                      ascVal=0;
46                      break;
47              case 1:   //方块
48                      ascVal=1;
49                      break;
50              case 2:   //红桃
51                      ascVal=2;
52                      break;
53              case 3:   //黑桃
54                      ascVal=3;
55                      break;
56          }
57          cout<<"["<<suit[ascVal]<<setw(3)<<stack[top]%13+1<<"]\t";
58          if(top%4==0)
59              cout<<endl;
60          top--;
61      }
62      return 0;
63  }
64  void push(int stack[],int MAX,int val)
65  {
66      if(top>=MAX-1)
67          cout<<"[堆栈已经满了]"<<endl;
68      else
69      {
70          top++;
71          stack[top]=val;
72      }
73  }
74  int pop(int stack[])
75  {
76      if(top<0)
77          cout<<"[堆栈已经空了]"<<endl;
78      else
79          top--;
80      return stack[top];
81  }
82  void Swap(int* a,int* b)
83  {
```

```
84      int temp;
85      temp=*a;
86      *a=*b;
87      *b=temp;
88  }
```

【执行结果】参见图 8-4。

```
[洗牌中……请稍后!]
[逆时针发牌]
[显示各家拿到的牌]
东家            北家            西家            南家
========================================================
[方块  9]       [草花  4]       [草花 13]       [草花  7]
[红桃  3]       [方块  4]       [草花 11]       [黑桃  7]
[方块  8]       [红桃 13]       [黑桃  8]       [方块 13]
[黑桃  5]       [黑桃  9]       [草花  2]       [方块  6]
[红桃  7]       [方块  3]       [黑桃 13]       [红桃 10]
[红桃  4]       [方块 11]       [草花 12]       [红桃 12]
[方块 10]       [方块  1]       [红桃  8]       [黑桃 12]
[黑桃  1]       [黑桃 11]       [红桃  6]       [草花 10]
[草花  6]       [草花  9]       [草花  8]       [方块 12]
[草花  3]       [黑桃  6]       [红桃  9]       [草花  5]
[黑桃  2]       [黑桃  4]       [红桃  1]       [红桃 11]
[红桃  5]       [黑桃 10]       [黑桃  3]       [红桃  2]
[方块  5]       [方块  1]       [方块  7]       [方块  2]

--------------------------------
Process exited after 0.339 seconds with return value 0
请按任意键继续. . .
```

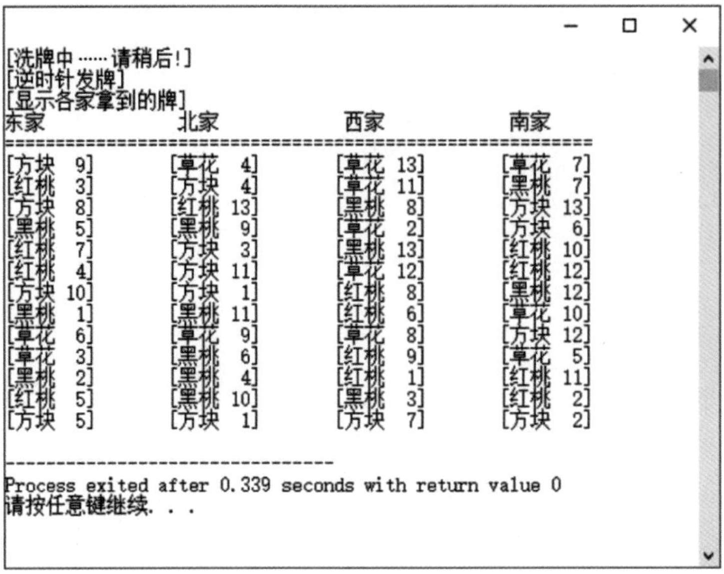

图 8-4

8.2　以链表来实现堆栈

虽然以数组结构来实现堆栈的好处是设计的算法相当简单，但是堆栈本身的大小是变动的，而数组的大小则无法事先根据堆栈的大小来规划和声明。这时往往必须考虑以最大可能的堆栈空间来申请数组空间，因此会造成内存空间的浪费。使用链表来实现堆栈的优点是随时可以动态改变链表的长度，但缺点是算法设计较为复杂。

【范例程序：CH08_03.cpp】

下面的C++范例程序用链表来实现堆栈的操作。

```
01  #include <iostream>
02  #include <cstdlib>
03  #include <iomanip>
04
05  using namespace std;
06  class Node   //堆栈链表节点的声明
07  {
08     public:
09        int data;             //堆栈数据的声明
```

```
10          class Node *next;  //堆栈中用来指向下一个节点的指针
11      };
12      typedef class Node Stack_Node;      //定义堆栈中节点的新数据类型
13      typedef Stack_Node *Linked_Stack;  //定义链表堆栈的新数据类型
14      Linked_Stack top=NULL;              //指向堆栈顶端的指针
15
16      //判断是否为空堆栈
17      int isEmpty()
18      {
19          if(top==NULL) return 1;
20          else return 0;
21      }
22      //将指定的数据压入堆栈
23      void push(int data)
24      {
25          Linked_Stack new_add_node;  //新加入节点的指针
26          //给新节点分配内存
27          new_add_node=new Stack_Node;
28          new_add_node->data=data;    //将传入的值作为新节点的内容
29          new_add_node->next=top;     //将新节点指向堆栈的顶端
30          top=new_add_node;           //新节点成为堆栈的顶端
31      }
32      //从堆栈弹出数据
33      int pop()
34      {
35          Linked_Stack ptr;    //指向堆栈顶端的指针
36          int temp;
37          if(isEmpty())        //判断堆栈是否为空，如果是则返回-1
38          {
39              cout<<"===目前为空堆栈==="<<endl;
40              return -1;
41          }
42          else
43          {
44              ptr=top;            //指向堆栈的顶端
45              top=top->next;      //将堆栈顶端的指针指向下一个节点
46              temp=ptr->data;   //从堆栈弹出的数据
47              free(ptr);          //将节点占用的内存释放
48              return temp;      //将从堆栈弹出的数据返回给主程序
49          }
50      }
51      //主程序
52      int main(void)
53      {
54          int value;
55          int i;
56          cout<<"请按序输入 10 个数据："<<endl;
57          for(i=0;i<10;i++)
58          {
59              cin>>value;
60              push(value);
61          }
```

```
62      cout<<"===================="<<endl;
63      while(!isEmpty())    //将数据陆续从顶端弹出
64          cout<<"堆栈弹出数据的顺序为："<<setw(2)<<pop()<<endl;
65      cout<<"===================="<<endl;
66      return 0;
67  }
```

执行结果参考图8-5。

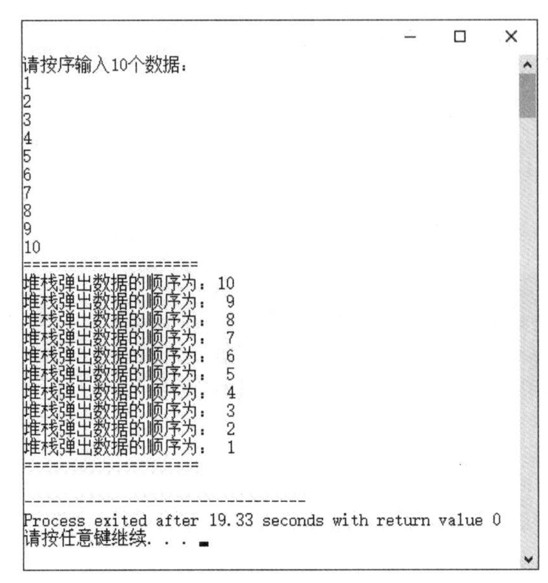

图 8-5

8.3　汉诺塔问题的求解算法

法国数学家Luças在1883年介绍了一个十分经典的汉诺塔（Tower of Hanoi）智力游戏，该游戏是使用递归法与堆栈概念来解决问题的典型范例（见图8-6），内容是说在古印度神庙中有3根木桩，天神希望和尚们把某些数量大小不同的圆盘从第1号木桩全部移动到第3号木桩。

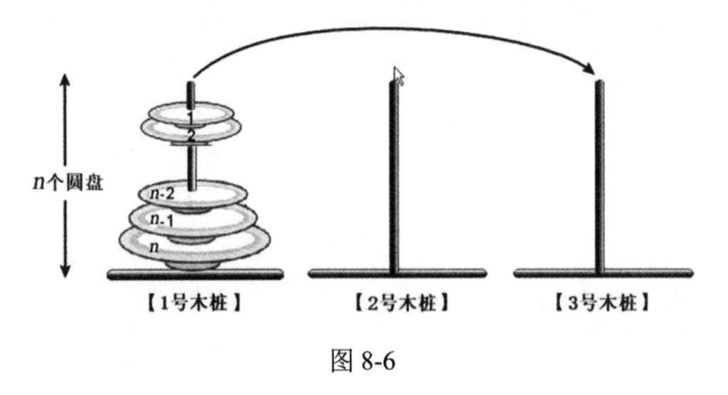

图 8-6

从更精确的角度来说，汉诺塔问题可以这样描述：假设有1号、2号、3号共3根木桩和 n 个大小均不相同的圆盘（Disc），圆盘从小到大编号为1，2，3，…，n，编号越大，直径越大。开始的时候，n 个圆盘都套在 1 号木桩上，现在希望能找到以 2 号木桩为中间桥梁，将 1 号木桩上的圆盘全部移到 3 号木桩上次数最少的方法。在移动时必须遵守以下规则：

（1）直径较小的圆盘永远只能置于直径较大的圆盘上。

（2）圆盘可任意地从任何一个木桩移到其他的木桩上。

（3）每一次只能移动一个圆盘，而且只能从最上面的圆盘开始移动。

现在我们考虑 n=1~3 的情况，以图示方式示范求解汉诺塔问题的步骤。

1．*n*=1 个圆盘

直接把圆盘从 1 号木桩移动到 3 号木桩，如图 8-7 所示。

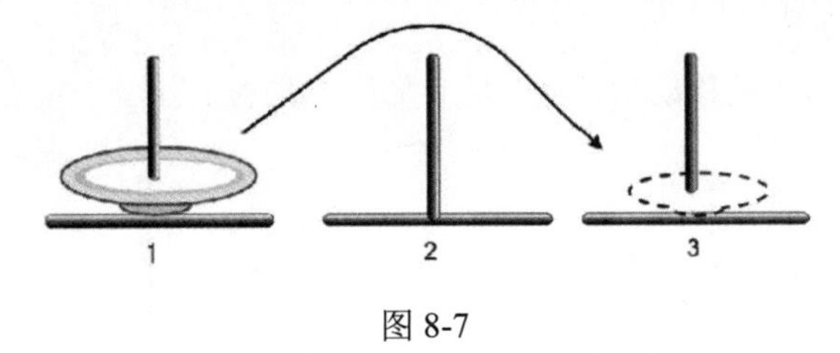

图 8-7

2．*n*=2 个圆盘（见图 8-8~图 8-11）

① 将 1 号圆盘从 1 号木桩移动到 2 号木桩，如图 8-8 所示。

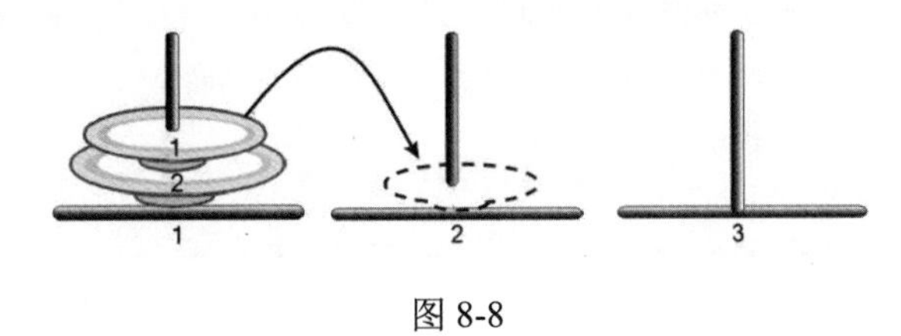

图 8-8

② 将 2 号圆盘从 1 号木桩移动到 3 号木桩，如图 8-9 所示。

③ 将 1 号圆盘从 2 号木桩移动到 3 号木桩，如图 8-10 所示。

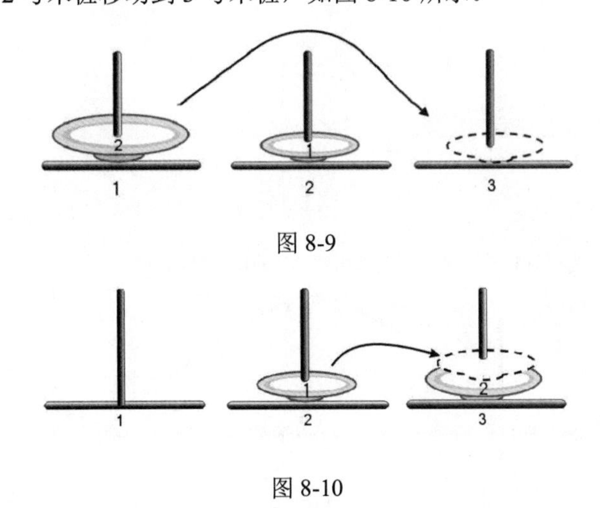

图 8-9

图 8-10

④ 完成，如图 8-11 所示。

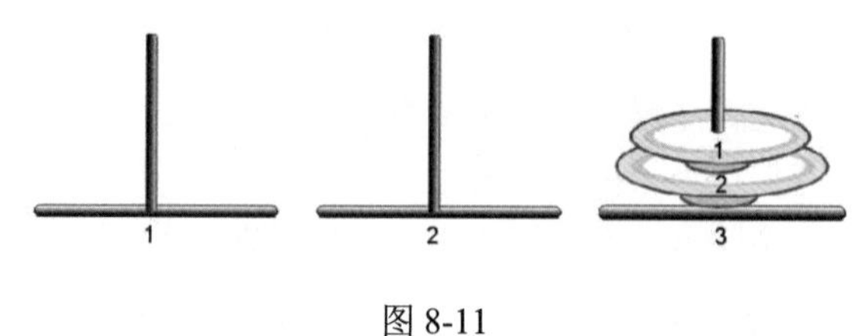

图 8-11

结论：移动了 $2^2-1=3$ 次，圆盘移动的次序为 1，2，1（此处为圆盘次序）。

步骤：1→2，1→3，2→3（此处为木桩次序）。

3．n=3 个圆盘（见图 8-12~图 8-19）

① 将 1 号圆盘从 1 号木桩移动到 3 号木桩，如图 8-12 所示。

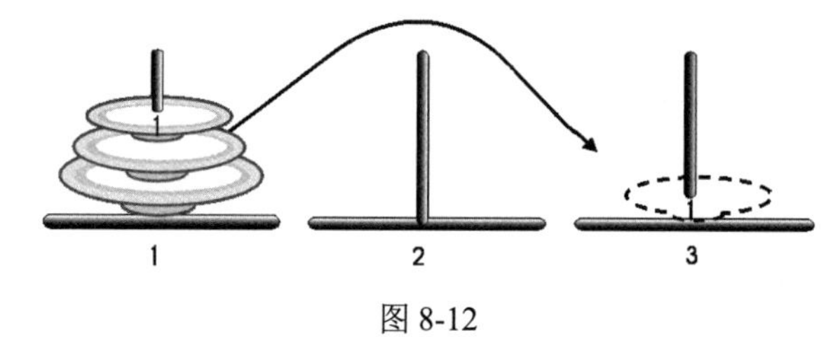

图 8-12

② 将 2 号圆盘从 1 号木桩移动到 2 号木桩，如图 8-13 所示。

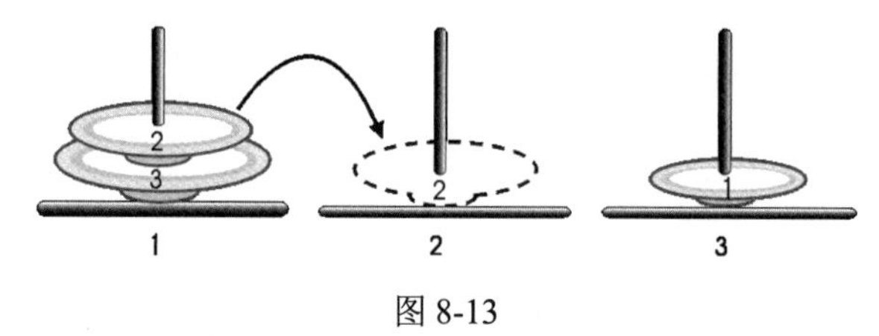

图 8-13

③ 将 1 号圆盘从 3 号木桩移动到 2 号木桩，如图 8-14 所示。

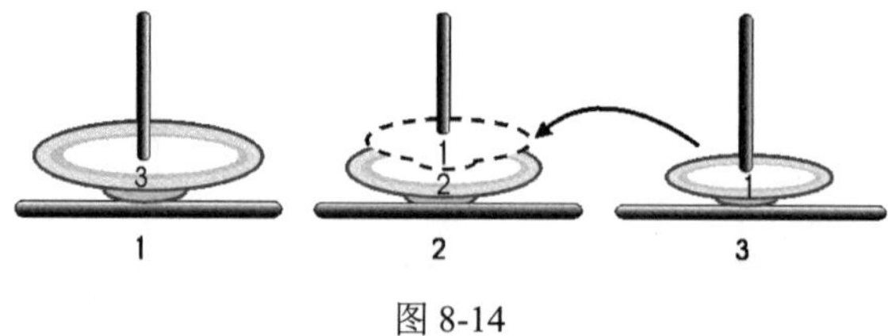

图 8-14

④ 将 3 号圆盘从 1 号木桩移动到 3 号木桩，如图 8-15 所示。

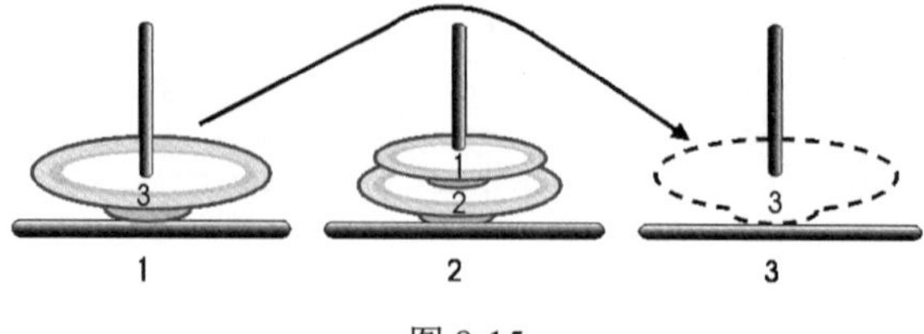

图 8-15

⑤ 将 1 号圆盘从 2 号木桩移动到 1 号木桩，如图 8-16 所示。

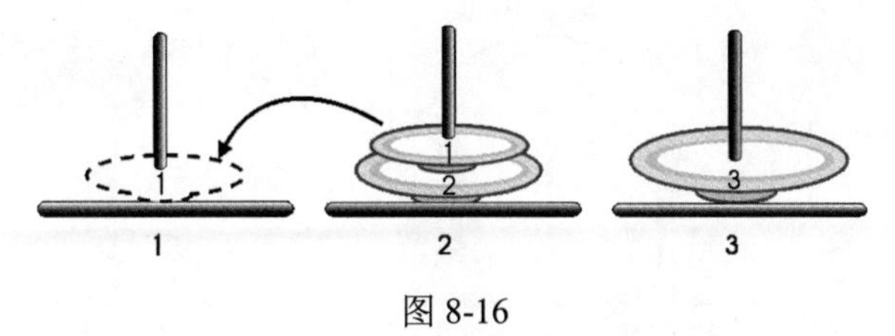

图 8-16

⑥ 将 2 号圆盘从 2 号木桩移动到 3 号木桩，如图 8-17 所示。

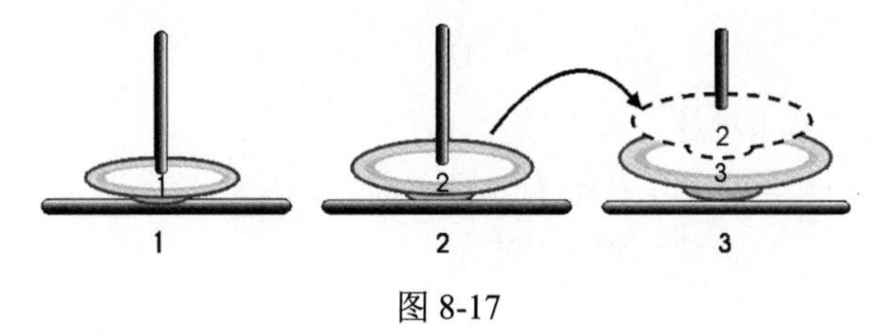

图 8-17

⑦ 将 1 号圆盘从 1 号木桩移动到 3 号木桩，如图 8-18 所示。

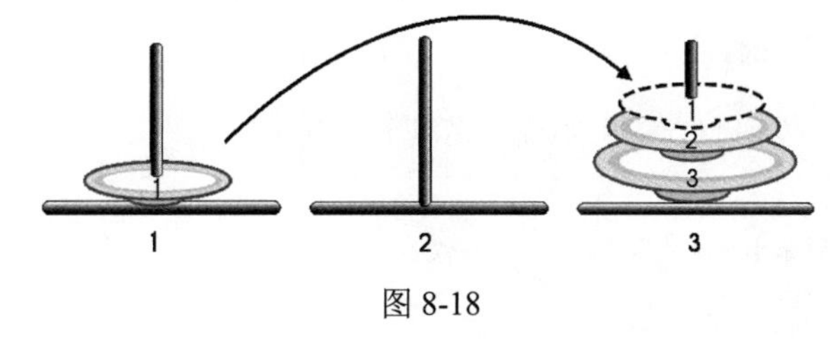

图 8-18

⑧ 完成，如图 8-19 所示。

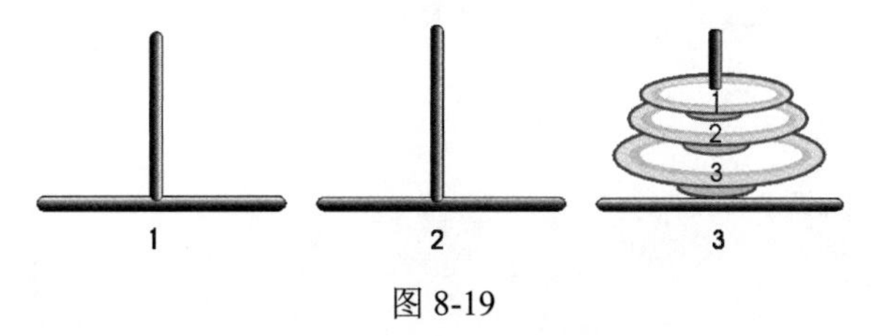

图 8-19

结论：移动了 $2^3-1=7$ 次，圆盘移动的次序为 1，2，1，3，1，2，1（圆盘次序）。

步骤：1→3，1→2，3→2，1→3，2→1，2→3，1→3（木桩次序）。

当有 4 个圆盘时，我们实际操作后（在此不用插图说明），圆盘移动的次序为 1，2，1，3，1，2，1，4，1，2，1，3，1，2，1，而移动木桩的顺序为 1→2，1→3，2→3，1→2，3→1，3→2，1→2，1→3，2→3，2→1，3→1，2→3，1→2，1→3，2→3，移动次数为 $2^4-1=15$。

当 n 的值不大时，我们可以逐步用图解方法解决问题；当 n 的值较大时，就十分伤脑筋了。事实上，我们可以得出一个结论，当有 n 个圆盘时，可将汉诺塔问题归纳成以下 3 个步骤（参考图 8-20）。

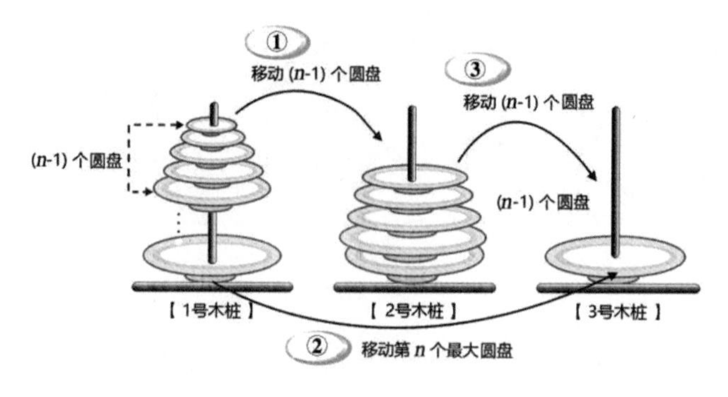

图 8-20

① 将 $n-1$ 个圆盘从 1 号木桩移动到 2 号木桩。

② 将第 n 个最大圆盘从 1 号木桩移动到 3 号木桩。

③ 将 $n-1$ 个圆盘从 2 号木桩移动到 3 号木桩。

根据上面的分析和图解，我们应该可以发现汉诺塔问题非常适合用递归方式与堆栈数据结构来求解。因为汉诺塔问题满足了递归的两大特性：①有反复执行的过程；②有退出递归的出口。

【范例程序：CH08_04.cpp】

设计一个 C++程序，以递归方式来实现汉诺塔算法的求解。

```
01  /*
02  [示范] 利用汉诺塔函数求出不同圆盘数时圆盘的移动步骤
03  */
04  #include <iostream>
05  using namespace std;
06  void hanoi(int, int, int, int);    // 函数原型
07  int main(void)
08  {
09     int j;
10     cout<<"请输入圆盘数量：";
11     cin>>j;
12     hanoi(j,1, 2, 3);
13     return 0;
14  }
15  void hanoi(int n, int p1, int p2, int p3)
16  {
17     if (n==1)
18        cout<<"圆盘从 "<<p1<<" 号木桩移到 "<<p3<<" 号木桩"<<endl;
19     else
20     {
21        hanoi(n-1, p1, p3, p2);
22        cout<<"圆盘从 "<<p1<<" 号木桩移到 "<<p3<<" 号木桩"<<endl;
23        hanoi(n-1, p2, p1, p3);
24     }
25  }
```

【执行结果】参考图 8-21。

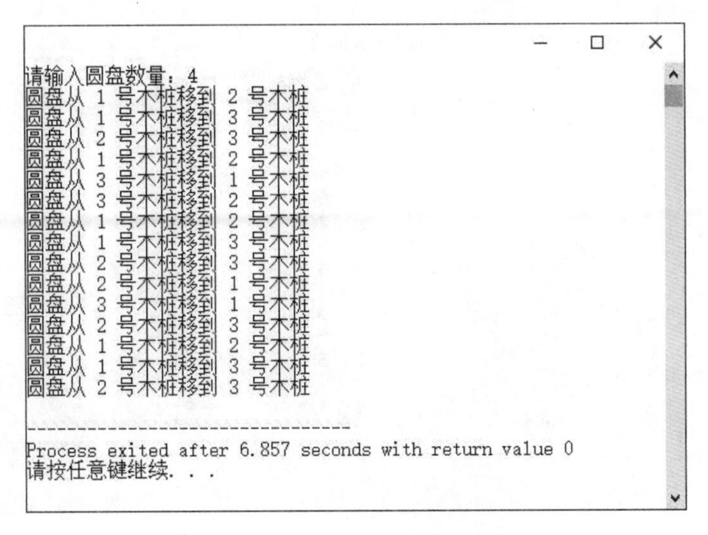

图 8-21

8.4　八皇后问题的求解算法

八皇后问题也是一种常见的堆栈应用实例。在国际象棋中的皇后可以在没有限定一步走几格的前提下，对棋盘中的其他棋子直吃、横吃和对角斜吃（左斜吃或右斜吃都可）。现在要放入多个皇后到棋盘上，后放入的新皇后，放入前必须考虑所放位置的直线方向、横线方向或对角线方向是否已被放置了旧皇后，否则就会被先放入的旧皇后吃掉。

利用这种概念，我们可以将其应用在 4×4 的棋盘上，就称为四皇后问题；应用在 8×8 的棋盘上，就称为八皇后问题；应用在 $N\times N$ 的棋盘上，就称为 N 皇后问题。要解决 N 皇后问题（在此以八皇后问题为例），首先在棋盘中放入一个新皇后，且不会被先前放置的旧皇后吃掉，然后将这个新皇后的位置压入堆栈。

如果放置新皇后的行（或列）的 8 个位置都没有办法放置新皇后（放入任何一个位置都会被先前放置的旧皇后吃掉），就必须从堆栈中弹出前一个皇后的位置，并在该行（或该列）中重新寻找一个新的位置，再将该位置压入堆栈，这种方式就是一种回溯算法的应用。

N 皇后问题的解答就是结合堆栈和回溯两种数据结构，以逐行（或逐列）寻找新皇后合适的位置（如果找不到，就回溯到前一行寻找前一个皇后的另一个新位置，以此类推）的方式来寻找 N 皇后问题的其中一组解答。

下面是四皇后问题和八皇后问题在堆栈存放的内容以及对应棋盘的其中一组解，如图 8-22 和图 8-23 所示。

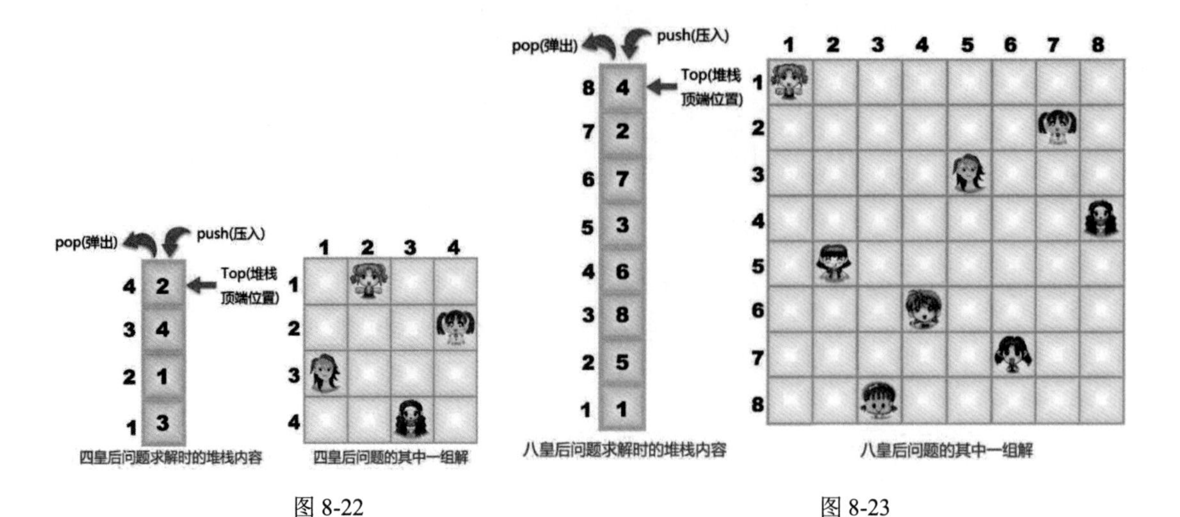

图 8-22　　　　　　　　图 8-23

【范例程序：CH08_05.cpp】

设计一个 C++程序，实现八皇后问题的求解。

```
01    #include <iostream>
02    #include <iomanip>
03    #include <cmath>
04    #define EIGHT 8      //定义堆栈的最大容量
05    #define TRUE 1
06    #define FALSE 0
07    using namespace std;
08    int queen[EIGHT];  //存放 8 个皇后的行位置
09    int number=0;      //计算总共有几组解
10    //决定皇后存放的位置
11    //输出所需要的结果
12    int attack(int ,int);
13    void print_table()
14    {
15        int x=0,y=0;
16        number+=1;
17        cout<<endl;
18        cout<<"八皇后问题的第"<<setw(2)<<number<<"组解"<<endl<<"\t";
19        for(x=0;x<EIGHT;x++)
20        {
21            for(y=0;y<EIGHT;y++)
22                if(x==queen[y])
23                    cout<<"<q>";
24                else
25                    cout<<"<->";
26            cout<<endl<<"\t";
27        }
28        system("pause");
```

```
29  }
30  void decide_position(int value)
31  {
32      int i=0;
33      while(i<EIGHT)
34      {
35          //是否受到攻击的判断式
36          if(attack(i,value)!=1)
37          {
38              queen[value]=i;
39              if(value==7)
40                  print_table();
41              else
42                  decide_position(value+1);
43          }
44          i++;
45      }
46  }
47  //测试在(row,col)上的皇后是否遭受攻击
48  //若遭受攻击则返回值为 1，否则返回 0
49  int attack(int row,int col)
50  {
51      int i=0,atk=FALSE;
52      int offset_row=0,offset_col=0;
53      while((atk!=1)&&i<col)
54      {
55          offset_col=abs(i-col);
56          offset_row=abs(queen[i]-row);
57          //判断两个皇后是否在同一行或同一对角线上
58          if((queen[i]==row)||(offset_row==offset_col))
59              atk=TRUE;
60          i++;
61      }
62      return atk;
63  }
64  //主程序
65  int main(void)
66  {
67      decide_position(0);
68      return 0;
69  }
```

【执行结果】参考图 8-24。

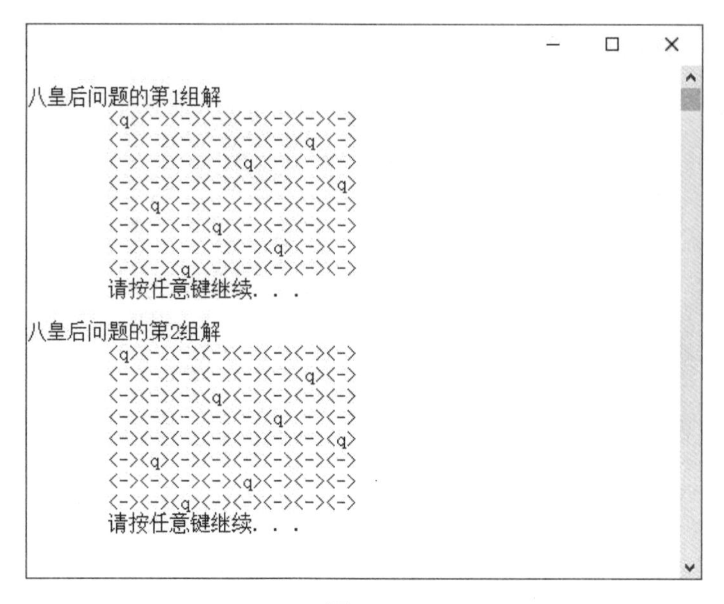

图 8-24

8.5　以数组来实现队列

用数组结构来实现队列的好处是算法相当简单，不过与堆栈不同的是需要拥有两种基本操作：加入与删除，而且要使用 front 与 rear 两个指针来分别指向队列的前端与末尾。缺点是数组大小无法根据队列的实际需要来动态申请，只能声明固定的大小。现在我们声明一个有限容量的数组，并以图解来一一说明：

```
#define MAXSIZE  4
int queue[MAXSIZE]; /* 队列大小为 4 */
int front=-1;
int rear=-1;
```

（1）开始时，我们将 front 与 rear 都设为-1，当 front = rear 时，则为空队列。

事件说明	front	Rear	Q(0)	Q(1)	Q(2)	Q(3)
空队列 Q	-1	-1				

（2）加入 dataA，front = -1，rear = 0，每加入一个元素，则将 rear 值加 1。

加入 dataA	-1	0	dataA			

（3）加入 dataB、dataC，front = -1，rear = 2。

加入 dataB、dataC	-1	2	data	dataB	dataC	

（4）取出 dataA，front = 0，rear = 2，每取出一个元素，则将 front 值加 1。

取出 dataA	0	2		dataB	dataC	

（5）加入 dataD，front = 0，rear = 3，此时 rear = MAXSIZE-1，表示队列已满。

加入 dataD	0	3		dataB	dataC	dataD

（6）取出 dataB，front = 1，rear = 3。

取出 dataB	1	3			dataC	dataD

以上队列操作的过程可以用 C++语言以数组来实现，相关算法编写如下：

```
#defineMAX_SIZE 100        // 队列的最大容量
int queue[MAX_SIZE];
int front=-1;
int rear=-1;               // 空队列时，front=-1，rear=-1
// front 和 rear 都为全局变量
```

```
void  enqueue(int item) // 将新数据加入 Q 的末尾，返回新队列
 {
    if (rear==MAX_SIZE-1)
       cout << "队列已满！";
    else
     {
       rear++;
       queue(rear)=item;
     }  // 将新数据加到队列的末尾
 }
```

```
void dequeue(int item) // 删除队列前端数据，返回新队列
 {
    if (front==rear)
       cout << "队列已空！";
    else
     {
       front++;
       item=Queue[front];
     }
 }  // 删除队列前端的数据
```

```
void FRONT_VALUE(int *Queue)  // 返回队列前端的数据
 {
    if (front==rear)
       cout << " 这是空队列！";
    else
       cout << queue[front];
 }  // 返回队列前端的数据并打印
```

【范例程序：CH08_06.cpp】

下面的 C++范例程序用数组来实现队列的操作，其中队列声明为 queue[20]，且一开始 front 和 rear 均设置为　1（因为 C++语言中数组的索引值是从 0 开始的），表示空队列。要在队列中加入数

据时，可输入 I，要从队列中取出数据时可输入 G，随后将直接打印出队列前端的数据，要结束程序则输入 E。

```
01    /*
02    [示范] 实现往队列中加入数据和从队列中取出数据
03    */
04    #include <iostream>
05    using namespace std;
06    const int MAX=20;  //定义队列的大小
07    int main(void)
08    {
09        int front,rear,val,queue[MAX]={0};
10        char ch;
11        front=rear=-1;
12        while(rear<MAX-1&&ch!='E')
13        {
14            cout<<"输入 I：往队列中加入一个数据；输入 G：从队列中取出一个数据；输入 E：结束程序。\n 请输
      入：";
15            cin>>ch;
16            switch(ch)
17            {
18                case 'I':
19                    cout<<"[请输入数据]：";
20                    cin>>val;
21                    rear++;
22                    queue[rear]=val;
23                    break;
24                case 'G':
25                    if(rear>front)
26                    {
27                        front++;
28                        cout<<"[从队列中取出的数据为]：["<<queue[front]<<"]";
29                        cout<<endl;
30                        queue[front]=0;
31                    }
32                    else
33                    {
34                       cout<<"[队列已经空了]"<<endl;
35                       exit(0);
36                    }
37                    break;
38                default:
39                    cout<<endl;
40                    break;
41            }
42        }
43        if(rear==MAX-1) cout<<"[队列已经满了]"<<endl;
44        cout<<"[目前队列中的数据]:";
45        if (front>=rear)
46        {
```

```
47          cout<<"没有"<<endl;
48          cout<<"[队列已经空了]"<<endl;
49      }
50      else
51      {
52          while (rear>front)
53          {
54              front++;
55              cout<<"["<<queue[front]<<"]\t";
56          }
57          cout<<endl;
58      }
59      return 0;
60  }
```

【执行结果】参考图 8-25。

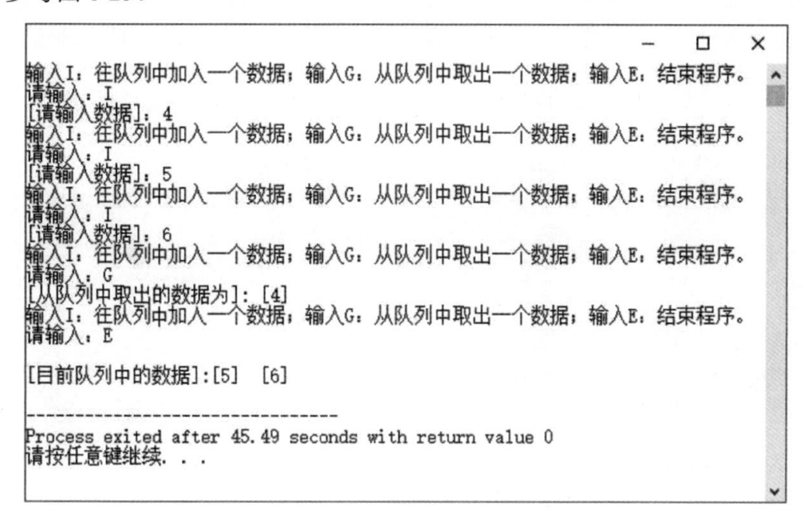

图 8-25

8.6 以链表来实现队列

队列除了能以数组的方式来实现外，还可以用链表来实现。在声明队列的结构数据类型之后，还必须声明指向队首和队尾的指针，即 front 和 rear。

【范例程序：CH08_07.cpp】

下面的 C++范例程序用链表来实现队列的操作。

```
01  /*
02  [示范] 用链表来实现队列
03  */
04  #include <iostream>
05  #include <cstdlib>
06  #include <iomanip>
```

```
07  using namespace std;
08  class Node
09  {
10     public:
11         int data;
12         class Node *next;
13  };
14  typedef class Node QueueNode;
15  typedef QueueNode *QueueByLinkedList;
16  QueueByLinkedList front=NULL;
17  QueueByLinkedList rear=NULL;
18  //方法 enqueue：把数据加入队列
19  void enqueue(int value) {
20     QueueByLinkedList node; //建立节点
21     node=new QueueNode;
22     node->data=value;
23     node->next=NULL;
24     //检查是否为空队列
25     if (rear==NULL)
26         front=node;        //如果 rear 为 NULL，则表示这是队列的第一个元素（节点）
27     else
28         rear->next=node;  //将新元素（新节点）连接至队尾
29     rear=node;             //将队尾指针指向新加入的节点
30  }
31  //方法 dequeue：从队列中取出数据
32  int dequeue()
33  {
34     int value;
35     //检查队列是否为空队列
36     if (!(front==NULL))
37     {
38         if(front==rear) rear=NULL;
39         value=front->data; //从队首取出数据
40         front=front->next; //将队首指针指向下一个
41         return value;
42     }
43     else return -1;
44  }
45  int main(void)
46  {
47     int temp;
48     cout<<"用链表来实现队列"<<endl;
49     cout<<"===================================="<<endl;
50     cout<<"在队尾加入第 1 个数据，此数据为 1"<<endl;
51     enqueue(1);
52     cout<<"在队尾加入第 2 个数据，此数据为 3"<<endl;
53     enqueue(3);
54     cout<<"在队尾加入第 3 个数据，此数据为 5"<<endl;
55     enqueue(5);
56     cout<<"在队尾加入第 4 个数据，此数据为 7"<<endl;
57     enqueue(7);
58     cout<<"在队尾加入第 5 个数据，此数据为 9"<<endl;
```

```
59      enqueue(9);
60      cout<<"===================================="<<endl;
61      while (1)
62      {
63          if (!(front==NULL))
64          {
65              temp=dequeue();
66              cout<<"从队列前端按序取出的数据为："<<setw(1)<<temp<<endl;
67          }
68          else
69              break;
70      }
71      cout<<endl;
72      return 0;
73  }
```

【执行结果】参见图 8-26。

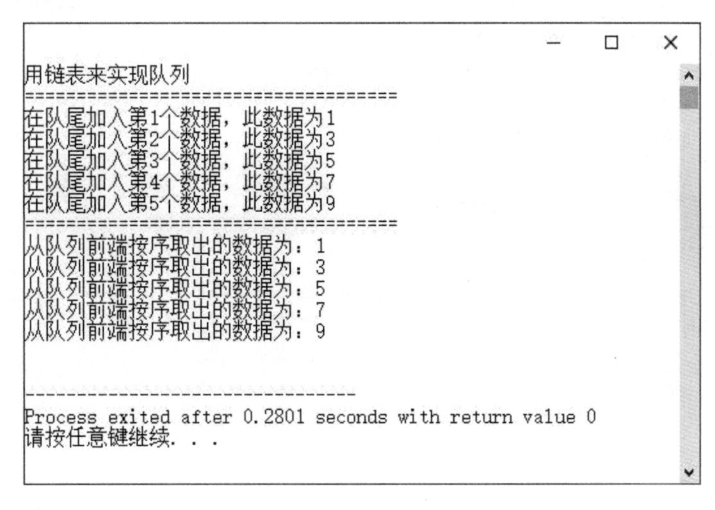

图 8-26

8.7 双 向 队 列

双向队列（Double Ended Queues，DEQue）为一个有序线性表，加入与删除操作可在队列的任意一端进行，如图 8-27 所示。

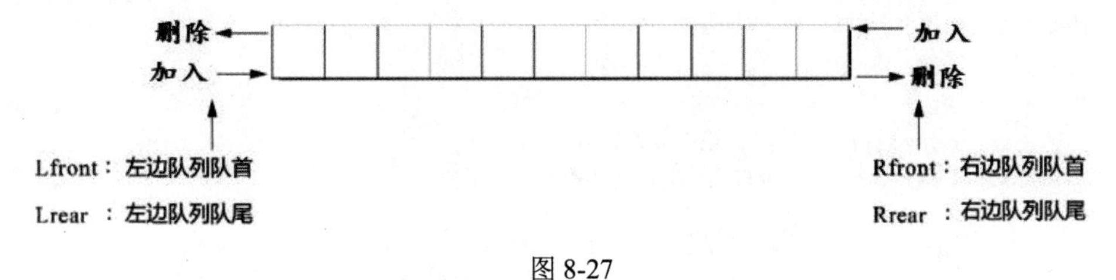

图 8-27

具体来说，双向队列就是允许队列两端中的任意一端都具备删除或加入功能，而且左右两端的队列，队首与队尾指针都是朝队列中央移动。通常，双向队列的应用可以分为两种：一种是数据只能从一端加入，但可以从两端取出；另一种是数据可以从两端加入，但只能从一端取出。下面我们将讨论第一种输入限制的双向队列，用C++语言描述的节点声明、加入与删除算法如下：

```
struct Node
{
    int data;
    struct Node *next;
};
typedef struct Node QueueNode;
typedef QueueNode *QueueByLinkedList;
QueueByLinkedList front=NULL;
QueueByLinkedList rear=NULL;
```

```
void enqueue(int value)         //方法 enqueue：将数据加入队列
{
   QueueByLinkedList node;    //建立节点
   node=(QueueByLinkedList)malloc(sizeof(QueueNode));
   node->data=value;
   node->next=NULL;
   //检查是否为空队列
   if (rear==NULL)
      front=node;                     //新建立的节点成为队列的第 1 个节点
   else
      rear->next=node;          //将节点加入队列的末尾
   rear=node;                         //将队列的末尾指针指向新加入的节点
}
```

```
int dequeue(int action)//方法 dequeue：从队列中取出数据
{
   int value;
   QueueByLinkedList tempNode,startNode;
   //从队列前端取出数据
   if (!(front==NULL) && action==1)
   {
      if(front==rear) rear=NULL;
      value=front->data;  //将数据从队首取出
      front=front->next;  //将队首的指针指向队列中下一个节点
      return value;
   }
   //从队列队尾取出数据
   else if(!(rear==NULL) && action==2)
   {
      startNode=front;   //先记下队首的指针
      value=rear->data; //取出队列队尾的数据
      //查找队列队尾节点的前一个节点
      tempNode=front;
      while (front->next!=rear && front->next!=NULL)
      {
```

```
            front=front->next;
            tempNode=front;
        }
        front=startNode;  //记录从队列队尾取出数据后的队首指针
        rear=tempNode;    //记录从队列队尾取出数据后的队列队尾指针
        //下一行程序是指当队列中仅剩下最后一个节点时，取出数据后便将 front
        //和 rear 指向 NULL
        if ((front->next==NULL) || (rear->next==NULL))
        {
            front=NULL;
            rear=NULL;
        }
        return value;
    }
    else return -1;
}
```

【范例程序：CH08_08.cpp】

利用链表结构来设计一个输入限制的双向队列 C++程序，只能从双向队列的一端加入数据，但从这个双向队列中取出数据时可以分别从队首和队尾取出。

```
01  /*
02  [示范] 双向队列的实现
03  */
04  #include <iostream>
05  #include <cstdlib>
06  #include <iomanip>
07  using namespace std;
08  class Node
09  {
10     public:
11         int data;
12         class Node *next;
13  };
14  typedef class Node QueueNode;
15  typedef QueueNode *QueueByLinkedList;
16  QueueByLinkedList front=NULL;
17  QueueByLinkedList rear=NULL;
18  //方法 enqueue：把数据加入队列
19  void enqueue(int value)
20  {
21     QueueByLinkedList node;  //建立节点
22     node=new QueueNode;
23     node->data=value;
24     node->next=NULL;
25     //检查是否为空队列
26     if (rear==NULL)
27         front=node;  //新建立的节点成为队列的第 1 个节点
28     else
29         rear->next=node;//将节点加入队尾
```

```
30      rear=node;       //将队尾指针指向新加入的节点
31  }
32  //方法 dequeue：从队列中取出数据
33  int dequeue(int action)
34  {
35      int value;
36      QueueByLinkedList tempNode,startNode;
37      //从队首中取出数据
38      if (!(front==NULL) && action==1)
39      {
40          if(front==rear) rear=NULL;
41          value=front->data;  //从队首中取出数据
42          front=front->next;  //把队首指针指向下一个节点
43          return value;
44      }
45      //从队尾中取出数据
46      else if(!(rear==NULL) && action==2)
47      {
48          startNode=front;   //先记下队首的指针
49          value=rear->data;  //取出当前队尾的数据
50          //查找队尾节点的前一个节点
51          tempNode=front;
52          while (front->next!=rear && front->next!=NULL)
53          {
54              front=front->next;
55              tempNode=front;
56          }
57          front=startNode;  //记录从队尾取出数据后的队首指针
58          rear=tempNode;    //记录从队尾取出数据后的队尾指针
59          //下一行程序是指当队列中仅剩下最后一个节点时，
60          //取出数据后便将 front 和 rear 指向 NULL
61          if ((front->next==NULL) || (rear->next==NULL))
62          {
63              front=NULL;
64              rear=NULL;
65          }
66          return value;
67     }
68     else return -1;
69  }
70  int main(void)
71  {
72      int temp;
73      cout<<"用链表来实现双向队列"<<endl;
74      cout<<"===================================="<<endl;
75      cout<<"在双向队列的队尾加入第 1 个数据，此数据为 1"<<endl;
76      enqueue(1);
77      cout<<"在双向队列的队尾加入第 2 个数据，此数据为 3"<<endl;
78      enqueue(3);
79      cout<<"在双向队列的队尾加入第 3 个数据，此数据为 5"<<endl;
```

```
80      enqueue(5);
81      cout<<"在双向队列的队尾加入第 4 个数据，此数据为 7"<<endl;
82      enqueue(7);
83      cout<<"在双向队列的队尾加入第 5 个数据，此数据为 9"<<endl;
84      enqueue(9);
85      cout<<"===================================="<<endl;
86      temp=dequeue(1);
87      cout<<"从双向队列的队首按序取出的数据为："<<setw(1)<<temp<<endl;
88      temp=dequeue(2);
89      cout<<"从双向队列的队尾按序取出的数据为："<<setw(1)<<temp<<endl;
90      temp=dequeue(1);
91      cout<<"从双向队列的队首按序取出的数据为："<<setw(1)<<temp<<endl;
92      temp=dequeue(2);
93      cout<<"从双向队列的队尾按序取出的数据为："<<setw(1)<<temp<<endl;
94      temp=dequeue(1);
95      cout<<"从双向队列的队首按序取出的数据为："<<setw(1)<<temp<<endl;
96      cout<<endl;
97      return 0;
98  }
```

【执行结果】参见图 8-28。

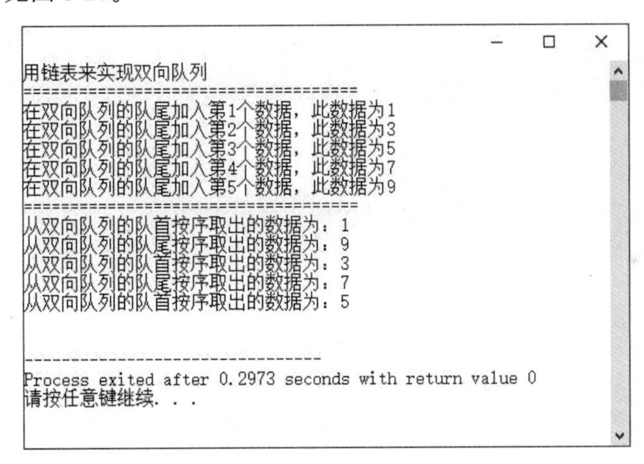

图 8-28

8.8 优先队列

优先队列（Priority Queue）是一种不必遵守队列特性先进先出的有序线性表，其中的每一个元素都赋予一个优先级（Priority），加入元素时可任意加入，但若有最高优先级则最先输出（Highest Priority Out First，HPOF）。

例如，一般医院里的急诊室，当然是最严重的病患优先诊治，与进入医院挂号的顺序无关（见图 8-29）；又如计算机中 CPU 的作业调度——优先级调度（Priority Scheduling，PS）就是一种按进程优先级调度算法（Scheduling Algorithm）进行的调度，是通过优先队列来实现的。

图 8-29

假设有 4 个进程 P1、P2、P3 和 P4，在很短的时间内先后到达等待队列，每个进程所需的运行时间如表 8-1 所示。

表 8-1 进程队列

进程名称	各进程所需的运行时间
P1	30
P2	40
P3	20
P4	10

在此设置进程 P1、P2、P3、P4 的优先次序值分别为 2，8，6，4（此处假设数值越小，优先级越低；数值越大，优先级越高）。以 PS 方法调度绘出的甘特图（Gantt Chart），如图 8-30 所示。

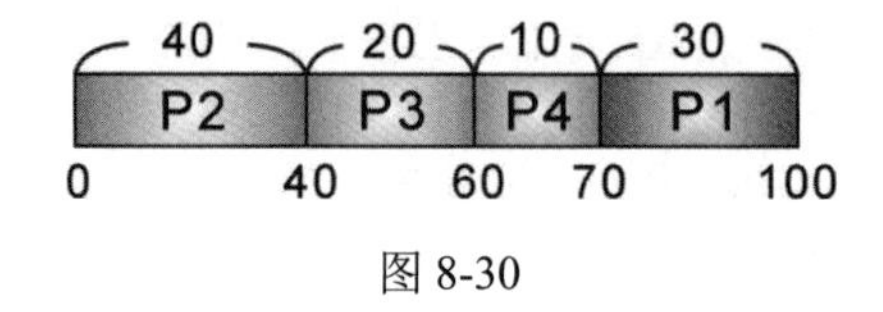

图 8-30

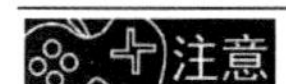

当各个元素以输入先后次序为优先级时优先队列就是一般的队列；当各个元素以输入先后次序的倒序为优先级时优先队列就演变为一个堆栈。

8.9 课 后 习 题

1. 至少列举 3 种常见的堆栈应用。
2. 回答下列问题：

（1）解释堆栈的含义。
（2）Top(push(i,s))的结果是什么？
（3）pop(push(i,s))的结果是什么？

3. 在汉诺塔问题中，移动 n 个圆盘所需的最小移动次数是多少？试说明。
4. 什么是优先队列？试说明。
5. 回答以下问题：

（1）下列哪一个不是队列的应用（　　）？

（A）操作系统的作业调度　　（B）输入/输出的工作缓冲
（C）汉诺塔的解决方法　　（D）高速公路的收费站收费

（2）下列哪些数据结构是线性表（　　）？

（A）堆栈　（B）队列　（C）双向队列　（D）数组　（E）树

6. 假设我们利用双向队列按序输入 1，2，3，4，5，6，7，是否能够得到 5174236 的输出序列？
7. 试说明队列应具备的基本特性。
8. 至少列举 3 种常见的队列应用。

第 9 章

树结构相关算法

树结构（见图 9-1）是一种日常生活中应用相当广泛的非线性结构。树结构及其算法在程序中的建立与应用大多使用链表来处理，因为链表的指针用来处理树相当方便，只需改变指标即可。此外，也可以使用数组这样的连续内存来表示二叉树。使用数组或链表各有利弊，本章将介绍常见的树结构相关算法。

由于二叉树的应用相当广泛，因此衍生了许多特殊的二叉树结构。

1. 满二叉树（Fully Binary Tree）

如果二叉树的高度为 h，树的节点数为 2^h-1，$h\geqslant 0$，则称此树为满二叉树，如图 9-2 所示。

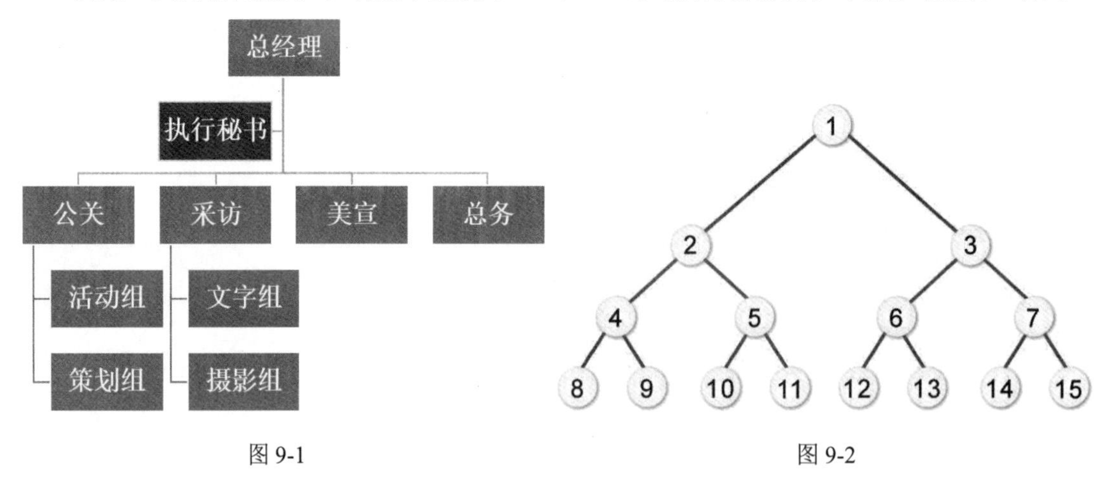

图 9-1　　图 9-2

2. 完全二叉树（Complete Binary Tree）

如果二叉树的高度为 h，所含的节点数小于 2^h-1，那么其节点的编号方式如同高度为 h 的满二叉树一样，从左到右、从上到下的顺序一一对应，则称此树为完全二叉树，如图 9-3 所示。

对于完全二叉树而言，假设有 N 个节点，那么此二叉树的层数 h 为 $\log_2(N+1)$。

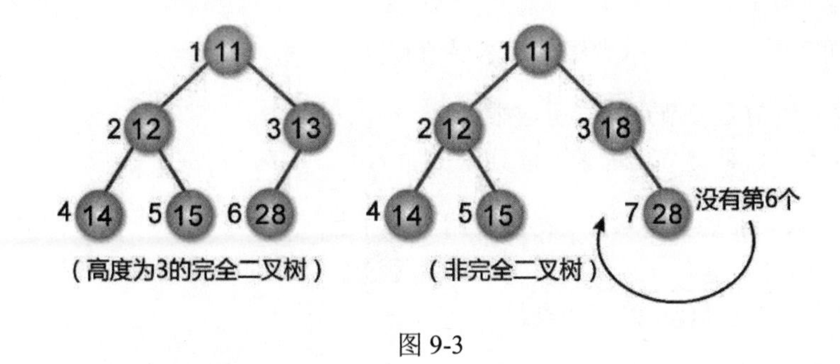

图 9-3

3. 斜二叉树（Skewed Binary Tree）

当一个二叉树完全没有右节点或左节点时，就称为“左斜二叉树”或“右斜二叉树”，如图 9-4 所示。

4. 严格二叉树（Strictly Binary Tree）

二叉树中的每一个非终端节点均有非空的左右子树，就称为“严格二叉树”，如图 9-5 所示。

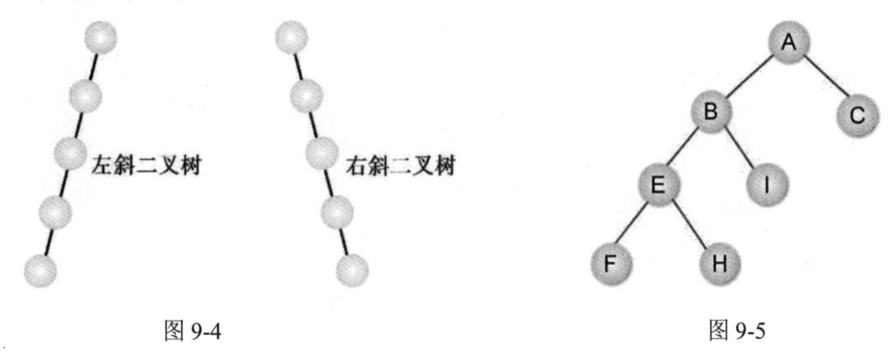

图 9-4

图 9-5

9.1　以数组来实现二叉树

使用有序的一维数组来表示二叉树，首先可将此二叉树假想成一棵满二叉树，而且第 k 层具有 2^k-1 个节点，它们按序存放在一维数组中。首先来看使用一维数组建立二叉树的表示方法（见图 9-6）以及数组索引值的设置（见表 9-1）。

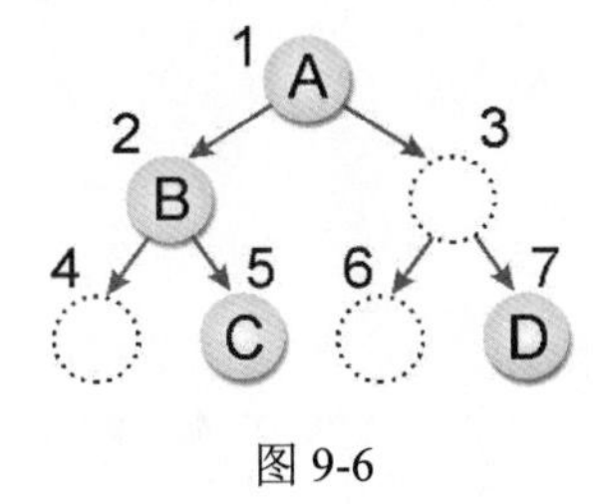

图 9-6

表9-1　索引值的设置

索引值	1	2	3	4	5	6	7
内容值	A	B			C		D

从图 9-6 中可以看出，此一维数组中的索引值有以下关系：

（1）左子树索引值是父节点的索引值乘以 2。

（2）右子树索引值是父节点的索引值乘以 2 加 1。

接着来看如何以一维数组建立二叉树的实例，实际上就是建立一棵二叉查找树。这是一种很好的排序应用模式，因为在建立二叉树的同时数据就经过了初步的比较判断，并按照二叉树的建立规则来存放数据。二叉查找树具有以下特点：

- 可以是空集合，若不是空集合，则节点上一定要有一个键值。
- 每一个树根的值必须大于左子树的值。
- 每一个树根的值必须小于右子树的值。
- 左、右子树也是二叉查找树。
- 树的每个节点的键值都不相同。

现在用一组数据（32, 25, 16, 35, 27）来建立一棵二叉查找树，具体过程如图 9-7 所示。

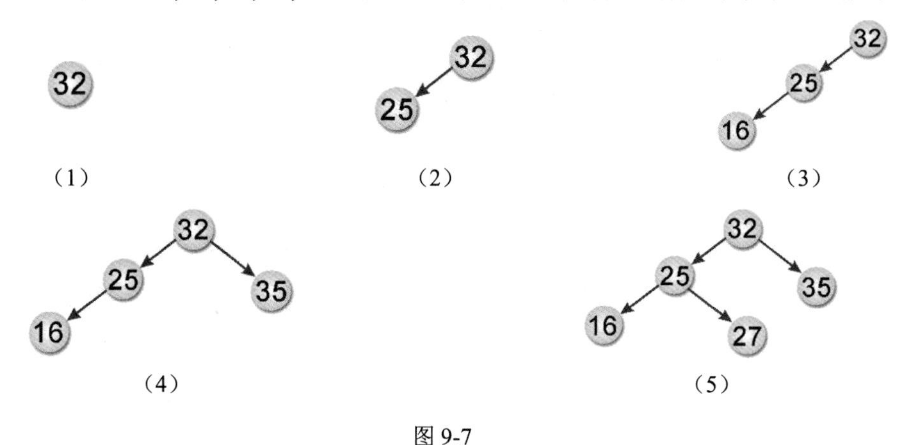

图 9-7

【范例程序：CH09_01.cpp】

下面的 C++范例程序按序输入一棵二叉树节点的数据（6, 3, 5, 4, 7, 8, 9, 2），并建立一棵二叉查找树，最后输出存储这棵二叉树的一维数组。

```
01   #include <iostream>
02   using namespace std;
03
04   class tree  //二叉树节点结构声明
05   {
06      public:
07          int data;  //二叉树节点数据
08          class tree *left,*right;  //二叉树节点的左指针和右指针
09   };
10   typedef class tree node;
11   typedef node *btree;
12   void Inorder(btree ptr);
13   int main(void)
```

```
14  {
15      int i,level;
16      int data[]={6,3,5,9,7,8,4,2};  //原始数组
17      int btree[16]={0};  //存放二叉树的数组
18      cout<<"原始数组内容："<<endl;
19      for (i=0;i<8;i++)
20          cout<<"["<<data[i]<<"] ";
21      cout<<endl;
22      for(i=0;i<8;i++)  //逐一对比原始数组中的值
23      {
24          for(level=1;btree[level]!=0;)
25          //比较树根及数组内的值
26          {
27              if(data[i]>btree[level])
28              //如果数组内的值大于树根，则往右子树比较
29                  level=level*2+1;
30              else  //如果数组内的值小于或等于树根，则往左子树比较
31                  level=level*2;
32          }   //如果子树节点的值不为 0，则再与数组内的值比较一次
33          btree[level]=data[i];  //把数组值放入二叉树
34      }
35      cout<<"二叉树的内容："<<endl;
36      for (i=1;i<16;i++)
37          cout<<"["<<btree[i]<<"] ";
38      cout<<endl;
39      return 0;
40  }
41  void Inorder(btree ptr)
42  {
43      if(ptr!=NULL)
44      {
45          Inorder(ptr->left);         //遍历左子树
46          cout<<"["<<ptr->data<<"]"; //打印树根
47          Inorder(ptr->right);       //遍历右子树
48      }
49  }
```

【执行结果】参考图 9-8。

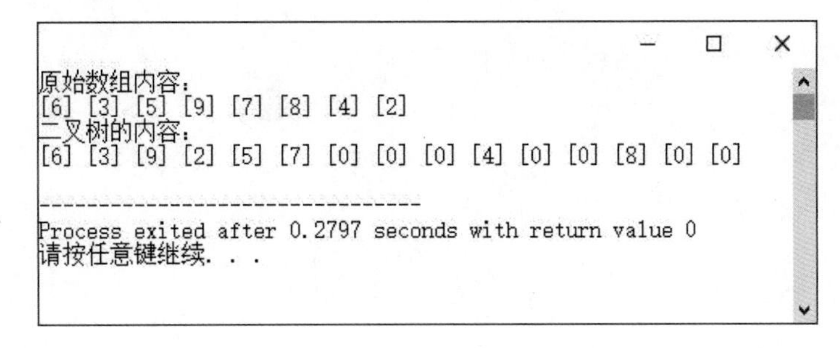

图 9-8

一维数组中存放的值和所建立的二叉树对应的关系如图 9-9 所示。

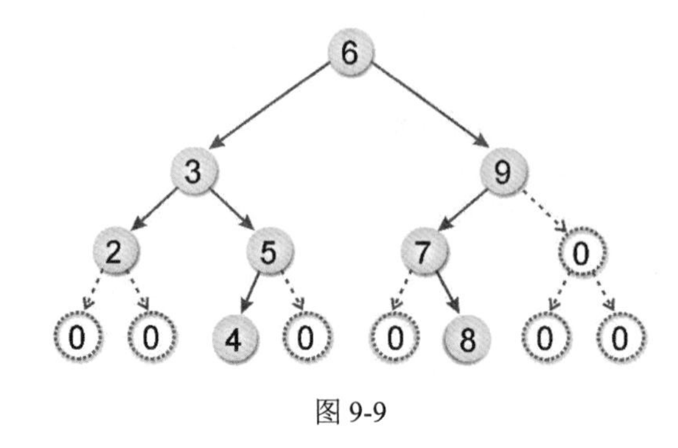

图 9-9

9.2　以链表来实现二叉树

由于二叉树最多只能有两个子节点，就是度数小于或等于 2，以链表来实现二叉树就是使用链表来存储二叉树，也就是运用动态分配内存和指针的方式来建立二叉树，其在计算机中的数据结构如表 9-2 所示。

表 9-2　用链表来实现二叉树在计算机中的数据结构

left *ptr	data	right *ptr
指向左子树	节点值	指向右子树

使用链表来表示二叉树的好处是节点的增加与删除操作相当容易，缺点是很难找到父节点，除非在每一个节点多增加一个指向父节点的指针。以上述声明而言，假如此节点所存放的数据类型为整数，如果使用 C++的类声明指令，那么可编写如下：

```
class tree
{
   public:
      int data;
      class tree *left;
      class tree *right;
}
typedef class tree node;
typedef node *btree;
```

图 9-10 所示为用链表实现二叉树的示意图。

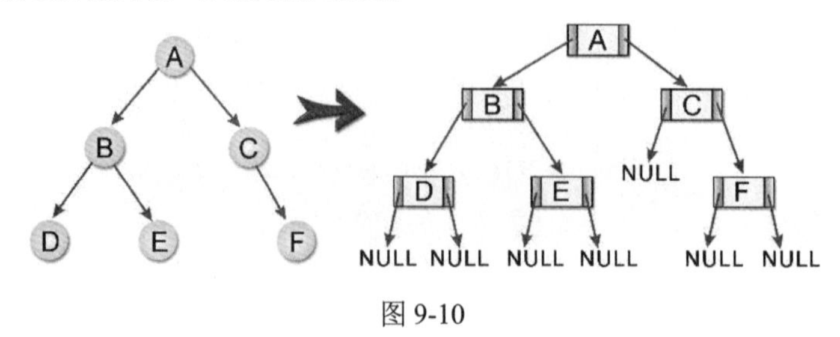

图 9-10

【范例程序：CH09_02.cpp】

设计一个 C++程序，按序输入一棵二叉树 10 个节点的数据，并利用链表来建立二叉树。

```
01  #include <iostream>
02  #include <iostream>
03  #include <iomanip>
04  #define ArraySize 10
05  using namespace std;
06  class Node  //二叉树的节点声明
07  {
08     public:
09     int value;  //节点数据
10     struct Node *left_Node;   //指向左子树的指针
11     struct Node *right_Node; //指向右子树的指针
12  };
13  typedef class Node TreeNode;   //定义新的二叉树节点数据类型
14  typedef TreeNode *BinaryTree;  //定义新的二叉树指针数据类型
15  BinaryTree rootNode;  //二叉树的根节点的指针
16
17  //将指定的值加入二叉树中适当的节点
18  void Add_Node_To_Tree(int value)
19  {
20     BinaryTree currentNode;
21     BinaryTree newnode;
22     int flag=0;  //用来记录是否插入了新的节点
23     newnode=(BinaryTree) new TreeNode;
24     //建立节点内容
25     newnode->value=value;
26     newnode->left_Node=NULL;
27     newnode->right_Node=NULL;
28     //如果为空的二叉树，则将新的节点设置为根节点
29     if(rootNode==NULL)
30        rootNode=newnode;
31     else
32     {
33        currentNode=rootNode;  //设置一个指针指向根节点
34        while(!flag)
35        if (value<currentNode->value)
36        { //在左子树
37           if(currentNode->left_Node==NULL)
38           {
39              currentNode->left_Node=newnode;
40              flag=1;
41           }
42           else
43              currentNode=currentNode->left_Node;
44        }
45        else
46        { //在右子树
47           if(currentNode->right_Node==NULL)
```

```
48              {
49                  currentNode->right_Node=newnode;
50                  flag=1;
51              }
52              else
53                  currentNode=currentNode->right_Node;
54          }
55      }
56  }
57  int main(void)
58  {
59      int tempdata;
60      int content[ArraySize];
61      int i=0;
62      rootNode=(BinaryTree) new TreeNode;
63      rootNode=NULL;
64      cout<<"请连续输入 10 个数据: "<<endl;
65      for(i=0;i<ArraySize;i++)
66      {
67          cout<<"请输入第"<<setw(1)<<(i+1)<<"个数据: ";
68          cin>>tempdata;
69          content[i]=tempdata;
70      }
71      for(i=0;i<ArraySize;i++)
72          Add_Node_To_Tree(content[i]);
73      cout<<"完成了用链表建立二叉树! ";
74      cout<<endl;
75      return 0;
76  }
```

【执行结果】参考图 9-11。

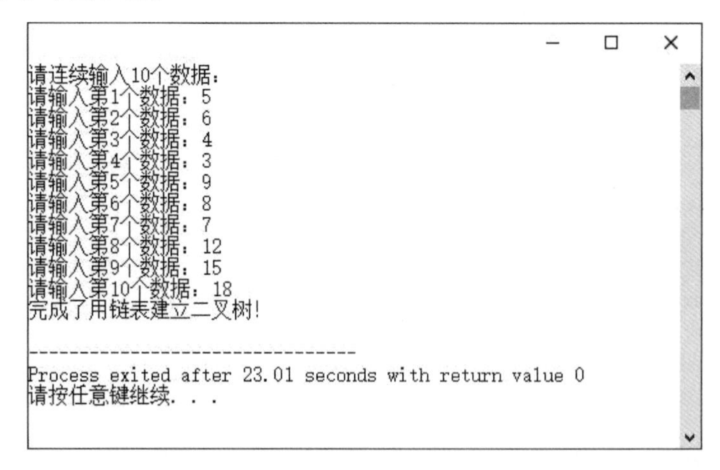

图 9-11

9.3　二叉树的遍历

所谓二叉树的遍历（Binary Tree Traversal），最简单的说法就是“访问树中所有的节点各一次”，并且在遍历后，将树中的数据转化为线性关系。以图 9-12 所示的一个简单的二叉树节点来说，每个节点都可分为左、右两个分支，所以可以有 ABC、ACB、BAC、BCA、CAB、CBA 一共 6 种遍历方法。

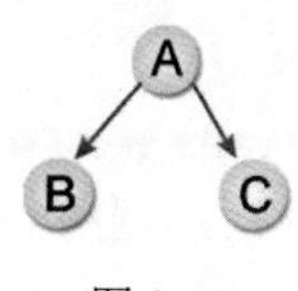

图 9-12

如果按照二叉树的特性，一律从左向右遍历，那么只剩下 3 种遍历方式，分别是 BAC、ABC、BCA。这 3 种遍历方式的命名规则如下：

① 中序遍历（BAC，Inorder）：左子树→树根→右子树。
② 前序遍历（ABC，Preorder）：树根→左子树→右子树。
③ 后序遍历（BCA，Postorder）：左子树→右子树→树根。

对于这 3 种遍历方式，大家只需要记得树根的位置，就不会把前序、中序和后序给搞混了。中序法即树根在中间，前序法是树根在前面，后序法则是树根在后面，遍历方式都是先左子树，后右子树。下面针对这 3 种方式进行更加详尽的介绍。

1. 中序遍历

中序遍历是“左中右”的遍历顺序，也就是从树的左侧逐步向下方移动，直到无法移动，再访问此节点，并向右移动一个节点。如果无法再向右移动，就返回上层的父节点，并重复左、中、右的步骤进行。

（1）遍历左子树。
（2）遍历（或访问）树根。
（3）遍历右子树。

图 9-13 所示的二叉树的中序遍历结果为 FDHGIBEAC。

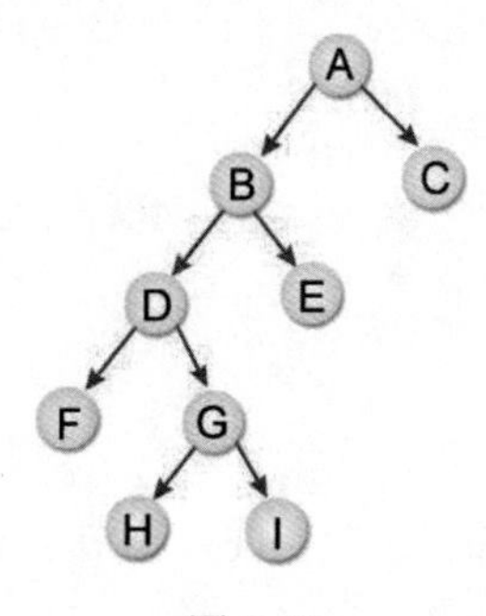

图 9-13

用 C++语言描述的中序遍历的递归算法如下：

```
void Inorder (btree ptr)
{
   if (ptr != NULL)
```

```
    {
        Inorder(ptr->left);      // 遍历左子树
        cout<<ptr ->data;        // 遍历并打印出树根节点的数据
        Inorder(ptr->right);     // 遍历右子树
    }
}
```

2. 后序遍历

后序遍历是“左右中”的遍历顺序，即先遍历左子树，再遍历右子树，最后遍历（或访问）根节点，反复执行此步骤。

（1）遍历左子树。

（2）遍历右子树。

（3）遍历树根。

图 9-14 所示二叉树的后序遍历结果为 FHIGDEBCA。

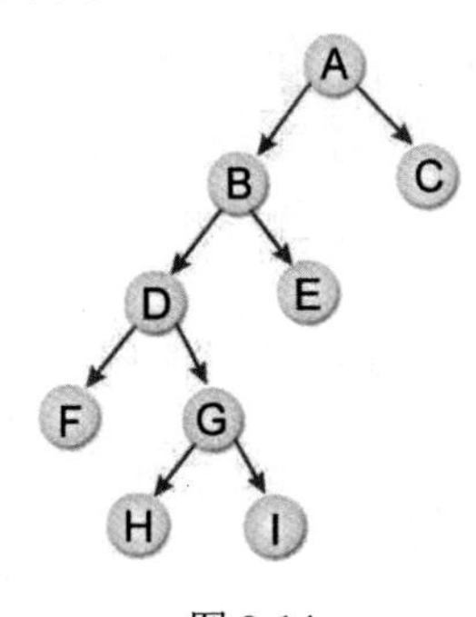

图 9-14

用 C++语言描述的后续遍历的递归算法如下：

```
void Postorder (btree ptr)
{
    if (ptr != NULL)
    {
        Postorder(ptr->left);   // 遍历左子树
        Postorder(ptr->right);  // 遍历右子树
        cout<<ptr ->data;       // 遍历并打印出树根节点的数据
    }
}
```

3. 前序遍历

前序遍历是“中左右”的遍历顺序，也就是先从根节点遍历，再往左方移动，当无法移动时，继续向右方移动，接着再重复执行此步骤。

（1）遍历（或访问）树根。

（2）遍历左子树。

（3）遍历右子树。

图 9-15 所示二叉树的前序遍历结果为 ABDFGHIEC。

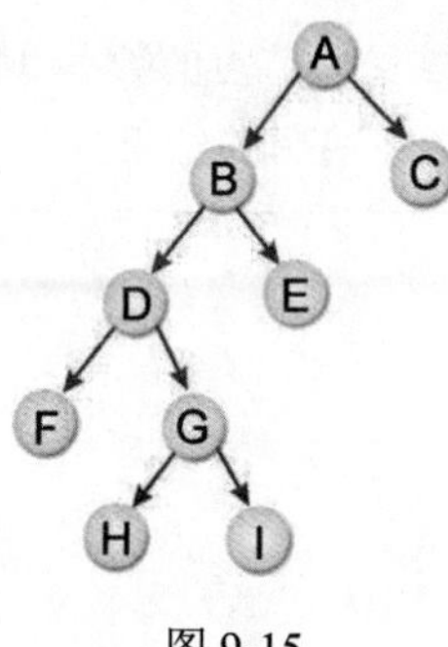

图 9-15

用 C++语言描述的前序遍历的递归算法如下：

```
void Preorder (btree ptr)
{
    if (ptr != NULL)
    {
        cout<<ptr ->data;       // 遍历并打印出树根节点的数据
        Preorder(ptr->left);    // 遍历左子树
        Preorder(ptr->right);   // 遍历右子树
    }
}
```

下面我们来看一个范例。图 9-16 所示的二叉树的中序遍历、前序遍历及后序遍历的结果分别是什么？

答：

中序遍历结果为 DBEACF。

前序遍历结果为 ABDECF。

后序遍历结果为 DEBFCA。

再看一个范例，请问如图 9-17 所示的二叉树的中序遍历、前序遍历及后序遍历的结果是什么？

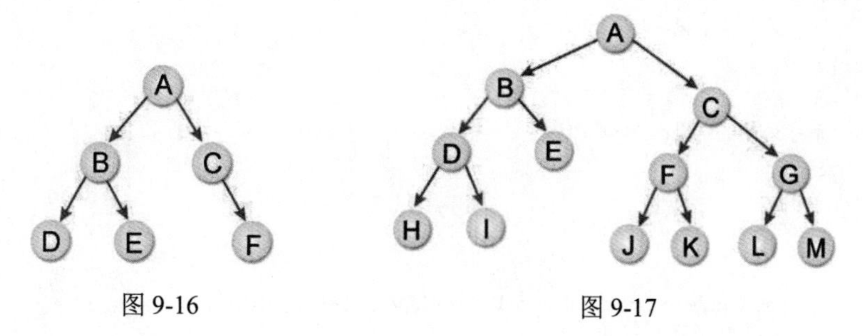

图 9-16　　图 9-17

答：

中序遍历结果为 HDIBEAJFKCLGM。

前序遍历结果为 ABDHIECFJKGLM。

后序遍历结果为 HIDEBJKFLMGCA。

【范例程序：CH09_03.cpp】

设计一个C++程序，按序输入一棵二叉树节点的数据（7, 4, 1, 5, 16, 8, 11, 12, 15, 9, 2），最后输出此二叉树的前序遍历、中序遍历和后序遍历的结果。

```
01  #include <iostream>
02  #include <iomanip>
03  using namespace std;
04  class tree //节点链表结构声明
05  {
06     public :
07         int data;  //节点数据
08         class tree *left,*right;  //节点左指针和右指针
09  };
10  typedef class tree node;
11  typedef node *btree;
12  btree creat_tree(btree,int);
13  void pre(btree);
14  void in(btree);
15  void post(btree);
16  int main(void)
17  {
18      int arr[]={7,4,1,5,16,8,11,12,15,9,2};  //原始数组内容
19      btree ptr=NULL;  //声明树根
20      cout<<"[原始数组内容]"<<endl;
21      for (int i=0;i<11;i++)  //建立二叉树，并将二叉树的内容打印出来
22      {
23         ptr=creat_tree(ptr,arr[i]);
24         cout<<"["<<setw(2)<<arr[i]<<"] ";
25      }
26      cout<<endl;
27      cout<<"[二叉树的内容]"<<endl;
28      cout<<"前序遍历的结果："<<endl;  //打印前序遍历、中序遍历、后序遍历的结果
29      pre(ptr);
30      cout<<endl;
31      cout<<"中序遍历的结果："<<endl;
32      in(ptr);
33      cout<<endl;
34      cout<<"后序遍历的结果："<<endl;
35      post(ptr);
36      cout<<endl;
37      return 0;
38  }
39  btree creat_tree(btree root,int val)  //建立二叉树的子程序
40  {
41      btree newnode,current,backup;  //声明一个新节点newnode来存放数组中的数据
42      newnode = new node;               //其中current和backup用于暂存指针
43      newnode->data=val;  //设置新节点的数据及左右指针
44      newnode->left=NULL;
45      newnode->right=NULL;
```

```
46      if (root==NULL)      //如果 root 为空值，则将新节点返回并当作树根
47      {
48          root=newnode;
49          return root;
50      }
51  else  //若 root 不是树根，则建立二叉树
52  {
53          for(current=root;current!=NULL;) //current 复制 root 以保留当前的树根值
54          {
55              backup=current;  //暂存父节点
56              if(current->data > val)  //比较树根节点和新节点的数据
57                  current=current->left;
58              else
59                  current=current->right;
60          }
61          if(backup->data > val)  //把新节点和树根节点链接起来
62              backup->left=newnode;
63          else
64              backup->right=newnode;
65      }
66      return root; //返回指向树的指针，即指向树根的指针
67  }
68  void pre(btree ptr)  //前序遍历
69  {
70      if (ptr != NULL)
71      {
72          cout<<"["<<setw(2)<<ptr->data<<"] ";
73          pre(ptr->left);
74          pre(ptr->right);
75      }
76  }
77  void in(btree ptr)  //中序遍历
78  {
79      if (ptr != NULL)
80      {
81          in(ptr->left);
82          cout<<"["<<setw(2)<<ptr->data<<"] ";
83          in(ptr->right);
84      }
85  }
86  void post(btree ptr)  //后序遍历
87  {
88      if (ptr != NULL)
89      {
90          post(ptr->left);
91          post(ptr->right);
92          cout<<"["<<setw(2)<<ptr->data<<"] ";
93      }
94  }
```

【执行结果】参考图 9-18。

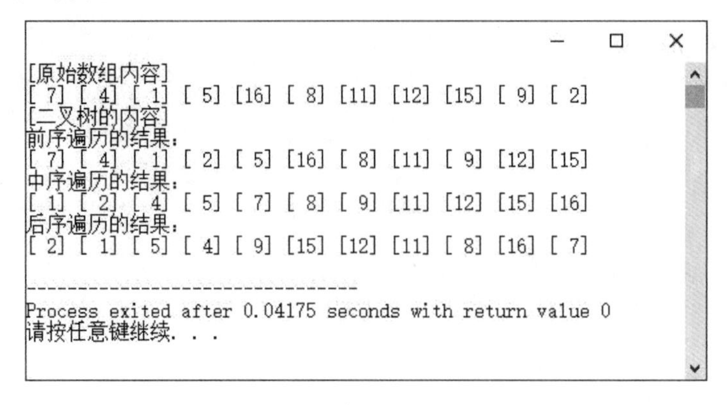

图 9-18

9.4　二叉树节点的查找

在介绍二叉树节点的插入与删除操作之前，先来讨论如何在所建立的二叉树中查找单个节点的数据。二叉树在建立的过程中是根据“左子树 < 树根 < 右子树”的原则建立的，因此只需要从树根出发比较各个节点的键值即可，如果比树根节点的键值大就往右遍历，否则往左而下遍历，直到相等就找到了要查找的键值，如果比较到 NULL，无法再前进，就代表查找不到此键值。

用 C++语言描述的二叉树的查找算法如下：

```
btree search(btree ptr,int val)     // 查找二叉树某键值的函数
{
    while(1)
    {
        if(ptr==NULL)                // 没找到就返回 NULL
            return NULL;
        if(ptr->data==val)           // 节点值等于查找值
            return ptr;
        else if(ptr->data > val)     // 节点值大于查找值
            ptr=ptr->left;
        else
            ptr=ptr->right;
    }
}
```

【范例程序：CH09_04.cpp】

实现一棵二叉树的 C++语言查找程序。首先建立一棵二叉查找树，并输入要查找的键值。如果节点中有相等的键值，就显示出查找的次数。如果找不到这个键值，也会显示相关信息，二叉树节点的数据按序依次为（7, 1, 4, 2, 8, 13, 12, 11, 15, 9, 5）。

```
01  #include <iostream>
02  #include <iomanip>
03  using namespace std;
04  class tree
05  {
06     public:
07         int data;
08         class tree *left,*right;
09  };
10  typedef class tree node;
11  typedef node *btree;
12
13  btree creat_tree(btree,int);
14  btree pre(btree,int);  //声明查找二叉树的子程序
15
16  int main(void)
17  {
18     int data,arr[]={7, 1, 4, 2, 8, 13, 12, 11, 15, 9, 5};
19     btree ptr=NULL;
20     cout<<"[原始数组内容]"<<endl;
21     for (int i=0;i<11;i++)
22     {
23         ptr=creat_tree(ptr,arr[i]);  //建立二叉树
24         cout<<"["<<setw(2)<<arr[i]<<"] ";
25     }
26     cout<<endl;
27     cout<<"请输入要查找的值：";
28     cin>>data;
29     if((pre(ptr,data)) != NULL)  //查找二叉树
30         cout<<"您要找的值 ["<<setw(3)<<data<<"] 找到了！"<<endl;
31     else
32         cout<<"您要找的值没找到！"<<endl;
33     return 0;
34  }
35  btree creat_tree(btree root,int val)
36  {
37     btree newnode,current,backup;
38     newnode = new node;
39     newnode->data=val;
40     newnode->left=NULL;
41     newnode->right=NULL;
42     if(root==NULL)
43     {
44         root=newnode;
45         return root;
46     }
47     else
48     {
49         for(current=root;current!=NULL;)
50         {
```

```
51              backup=current;
52              if(current->data > val)
53                  current=current->left;
54              else
55                  current=current->right;
56          }
57          if(backup->data > val)
58              backup->left=newnode;
59          else
60              backup->right=newnode;
61      }
62      return root;
63  }
64  btree pre(btree ptr,int val)  //查找二叉树的子程序
65  {
66      int i=1;  //判断执行次数的变量
67      while(1)
68      {
69          if(ptr==NULL)  //没找到就返回 NULL
70              return NULL;
71          if(ptr->data==val)  //节点值等于查找值
72          {
73              cout<<"共查找 "<<setw(3)<<i<<" 次"<<endl;
74              return ptr;
75          }
76          else if(ptr->data > val)  //节点值大于查找值
77              ptr=ptr->left;
78          else
79              ptr=ptr->right;
80          i++;
81      }
82  }
```

【执行结果】参考图 9-19。

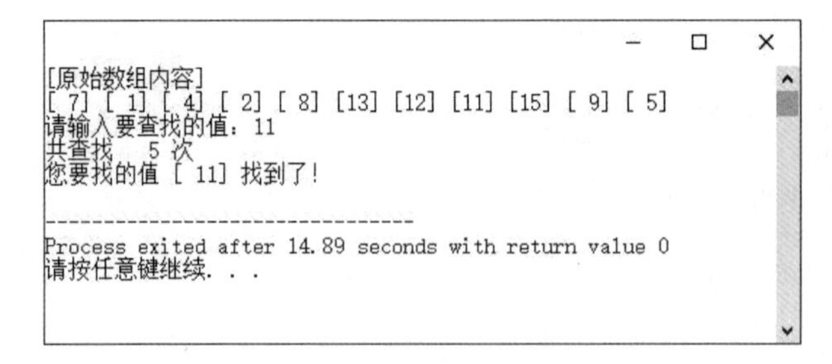

图 9-19

范例程序 CH09_04.cpp 建立的二叉查找树有如图 9-20 所示。

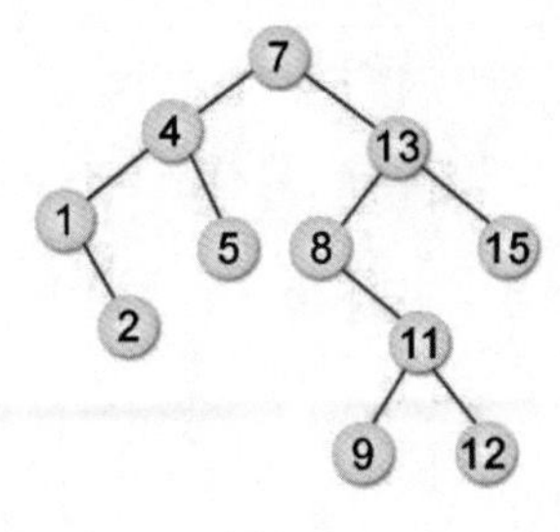

图 9-20

9.5 二叉树节点的插入

在二叉树中插入节点与在二叉树中查找值有些步骤相似，重点是插入后仍要保持二叉查找树的特性。如果插入的节点已经在二叉树中，那么就没有插入的必要了。如果插入的值不在二叉树中，就会出现查找失败的情况，相当于找到了要插入节点的位置。我们可以修改范例程序 CH09_04.cpp，只要多加一条 if 判断语句，当查找到值时输出提示信息“二叉树中有此节点了！”，如果找不到要插入的值，再将此值加入二叉树中（即增加一个含有此值的新节点）。程序代码的具体修改如下：

```
if((search(ptr,data))!=NULL)      //查找二叉树
  cout<<"二叉树中有此节点了！"<<data<<endl;
else
{
   ptr=creat_tree(ptr,data);    // 将此键值加入二叉树中
   inorder(ptr);
}
```

【范例程序：CH09_05.cpp】

实现一个二叉树插入操作的 C++程序。首先建立一棵二叉查找树，二叉树的节点数据按序为（7, 1, 4, 2, 8, 13, 12, 11, 15, 9, 5），而后输入一个值，若此值不在二叉树中，则将这个值加入二叉树中。

```
01   #include <iostream>
02   using namespace std;
03
04   struct tree
05   {
06      int data;
07      struct tree *left,*right;
08   };
09
10   typedef struct tree node;
11   typedef node *btree;
12
13   btree creat_tree(btree root,int val)
14   {
15      btree newnode,current,backup;
16      newnode=(btree)new node;
17      newnode->data=val;
```

```
18      newnode->left=NULL;
19      newnode->right=NULL;
20      if(root==NULL)
21      {
22          root=newnode;
23          return root;
24      }
25      else
26      {
27          for(current=root;current!=NULL;)
28          {
29              backup=current;
30              if(current->data > val)
31                  current=current->left;
32              else
33                  current=current->right;
34          }
35          if(backup->data > val)
36              backup->left=newnode;
37          else
38              backup->right=newnode;
39      }
40      return root;
41  }
42  btree search(btree ptr,int val)  //查找二叉树的子程序
43  {
44      while(1)
45      {
46          if(ptr==NULL)        //没找到就返回 NULL
47              return NULL;
48          if(ptr->data==val)   //节点值等于查找值
49              return ptr;
50          else if(ptr->data > val)  //节点值大于查找值
51              ptr=ptr->left;
52          else
53              ptr=ptr->right;
54      }
55  }
56  void inorder(btree ptr)    //中序遍历的子程序
57  {
58      if(ptr!=NULL)
59      {
60          inorder(ptr->left);
61          cout<<"["<<ptr->data<<"]";
62          inorder(ptr->right);
63      }
64  }
65  int main()
66  {
67      int i,data,arr[]={7, 1, 4, 2, 8, 13, 12, 11, 15, 9, 5};
```

```
68      btree ptr=NULL;
69      cout<<"[原始数组内容]"<<endl;
70      for (i=0;i<11;i++)
71      {
72         ptr=creat_tree(ptr,arr[i]); //建立二叉树
73         cout<<"["<<arr[i]<<"] ";
74      }
75      cout<<endl;
76      cout<<"请输入要查找的值：";
77      cin>>data;
78      if((search(ptr,data))!=NULL)    //查找二叉树
79         cout<<"二叉树中有此节点了!"<<endl;
80      else
81      {
82         ptr=creat_tree(ptr,data);
83         inorder(ptr);
84      }
85      return 0;
86   }
```

【执行结果】参考图 9-21。

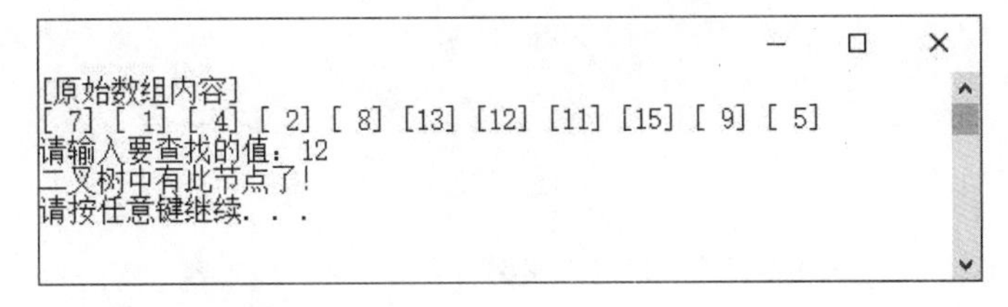

图 9-21

9.6　二叉树节点的删除

二叉树节点的删除操作稍微复杂一些，可分为以下 3 种情况。

（1）删除的节点为树叶，只要将其相连的父节点指向 NULL 即可。

（2）删除的节点只有一棵子树，如图 9-22 所示，若要删除节点 1，则将节点 1 的右指针字段的内容赋值给其父节点的左指针字段。

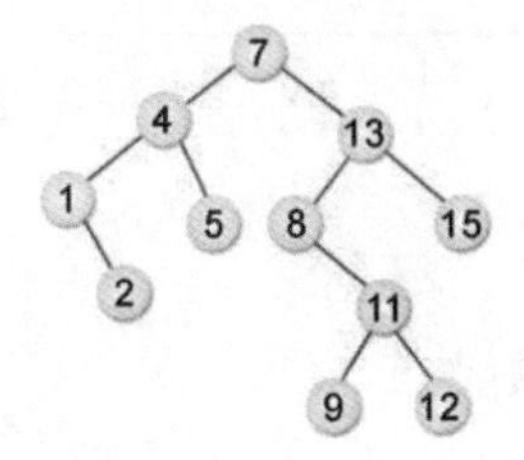

图 9-22

（3）删除的节点有两棵子树，如图 9-22 所示，要删除节点 4，有两种方式，虽然结果不同，

但都可符合二叉树的特性。

- 找出中序立即先行者（Inorder Immediate Predecessor），就是将要删除节点的左子树中最大者向上提，在此即为图 9-22 中的节点 2，简单来说，就是从该节点的左子树往右寻找，直到右指针为 NULL，这个节点就是中序立即先行者。
- 找出中序立即后继者（Inorder Immediate Successor），就是把要删除节点的右子树中最小者向上提，在此即为图 9-22 中的节点 5，简单来说，就是在该节点的右子树往左寻找，直到左指针为 NULL，这个节点就是中序立即后继者。

【范例】

将数据(32, 24, 57, 28, 10, 43, 72, 62)按二叉树的中序遍历法存入具有 10 个存储单元的数组中，试画出此二叉树并说明其各个节点的字段内容。如果插入数据 30，试画出变化后的二叉树并说明其各个节点的字段内容。接着删除数据 32，试画出变化后的二叉树并说明其各个节点的字段内容。

解答▸ 建立如图 9-23 所示的二叉树，此二叉树各个节点的字段内容如表 9-3 所示。

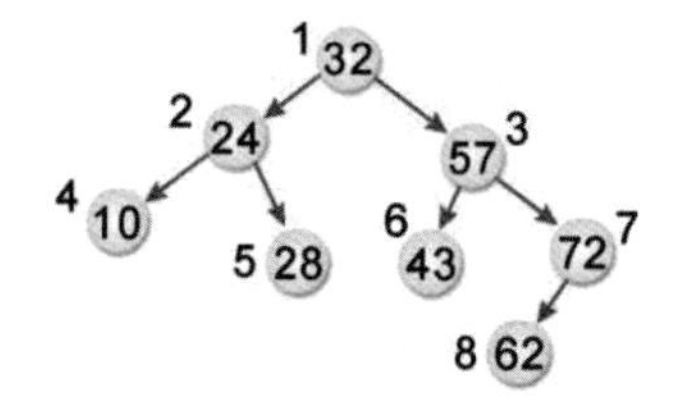

图 9-23

表9-3　建立好的二叉树各个节点的字段内容

树根（在数组中的位置）	左　子　树	数　　据	右　子　树
1	2	32	3
2	4	24	5
3	6	57	7
4	0	10	0
5	0	28	0
6	0	43	0
7	8	72	0
8	0	62	0
9			
10			

插入数据 30 后更新的二叉树如图 9-24 所示，此二叉树各个节点的字段内容如表 9-4 所示。

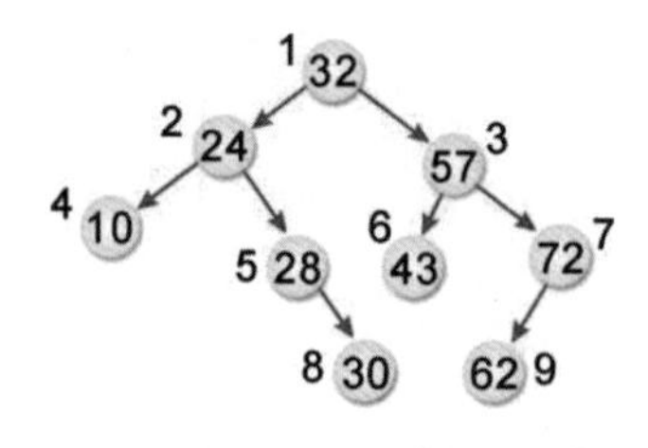

图 9-24

表 9-4　插入数据 30 后更新的二叉树各个节点的字段内容

树根（在数组中的位置）	左　子　树	数　　据	右　子　树
1	2	32	3
2	4	24	5
3	6	57	7
4	0	10	0
5	0	28	8
6	0	43	0
7	9	72	0
8	0	30	0
9	0	62	0
10			

删除数据 32 后更新的二叉树如图 9-25 所示，此二叉树各个节点的字段内容如表 9-5 所示。

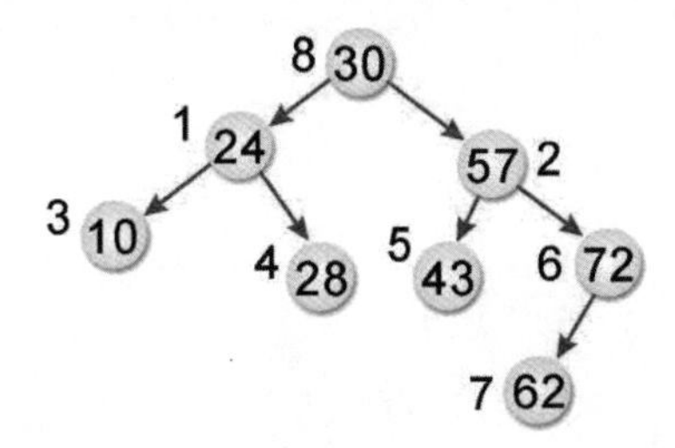

图 9-25

表 9-5　删除数据 32 后更新的二叉树各个节点的字段内容

树根（在数组中的位置）	左　子　树	数　　据	右　子　树
1	3	24	4
2	5	57	6
3	0	10	0
4	0	28	0
5	0	43	0
6	7	72	0
7	0	62	0
8	1	30	2
9			
10			

9.7　二叉运算树

二叉树的应用实际上相当广泛，例如之前提过的表达式间的转换，可以把中序法表达式按运算符优先级的顺序建成一棵二叉运算树（Binary Expression Tree，或称为二叉表达式树），之后再按二叉树的特性进行前序、中序、后序的遍历，即可得到前序、中序、后序法表达式。建立的方法可根据以下两种规则来进行操作：

（1）考虑表达式中运算符的结合性与优先级，再适当地加上括号，其中树叶一定是操作数，内部节点一定是运算符。

（2）由最内层的括号逐步向外，利用运算符当树根，左边的操作数当左子树，右边的操作数当右子树，其中优先级最低的运算符作为此二叉运算树的树根。

现在我们尝试将 A−B*(−C＋−3.5)表达式转换为二叉运算树，并求出此表达式的前序与后序表示法。

→A−B*(−C+−3.5)

→(A−(B*((−C)+(−3.5))))

建立的二叉运算树如图 9-26 所示。

接着将二叉运算树进行前序与后序遍历，即可得到此表达式的前序法表达式与后序法表达式，如下所示：

前序法表达式为−A*B+−C−3.5。

后序法表达式为 ABC−3.5−+*−。

【范例】

请问如图 9-27 所示的二叉运算树的中序法、前序法与后序法表达式分别是什么？

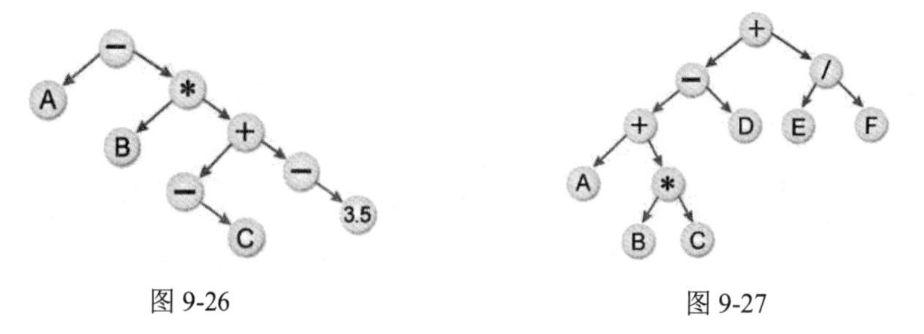

图 9-26　　　　图 9-27

中序法表达式：A+B*C−D+E/F。

前序表达式：+−+A*BCD/EF。

后序表达式：ABC*+D−EF/+。

【范例程序：CH09_06.cpp】

设计一个 C++程序并使用链表来实现二叉运算树的操作。试着计算以下两个中序法表达式的值，并列出它们的中序法、前序法和后序法表达式。

（1）6*3+9%5。

（2）1*2+3%2+6/3+2*2。

```
01  #include <iostream>
02  #include <cstdlib>
03  #include <iomanip>
04  using namespace std;
05  class Node  //二叉树节点类的声明
06  {
```

```
07      public:
08          int value;  //节点数据
09          class Node *left_Node;   //指向左子树的指针
10          class Node *right_Node; //指向左右子树的指针
11  };
12  typedef class Node TreeNode;   //定义新的二叉树节点数据类型
13  typedef TreeNode *BinaryTree;  //定义新的二叉树链接数据类型
14  BinaryTree rootNode;  //二叉树根节点的指针
15  BinaryTree rootNode2;
16  //将指定的值加入二叉树中适当的节点
17  void Add_Node_To_Tree(int value)
18  {
19      BinaryTree currentNode;
20      BinaryTree newnode;
21      int flag=0;  //用来记录是否插入新的节点
22      newnode=(BinaryTree) new TreeNode;
23      //建立节点内容
24      newnode->value=value;
25      newnode->left_Node=NULL;
26      newnode->right_Node=NULL;
27      //如果为空的二叉树，便将新的节点设置为根节点
28      if(rootNode==NULL)
29          rootNode=newnode;
30      else
31      {
32          currentNode=rootNode;//指定一个指针指向根节点
33          while(!flag)
34              if (value<currentNode->value)
35              { //在左子树
36                  if(currentNode->left_Node==NULL)
37                  {
38                      currentNode->left_Node=newnode;
39                      flag=1;
40                  }
41                  else
42                      currentNode=currentNode->left_Node;
43              }
44              else
45              { //在右子树
46                  if(currentNode->right_Node==NULL)
47                  {
48                      currentNode->right_Node=newnode;
49                      flag=1;
50                  }
51                  else
52                      currentNode=currentNode->right_Node;
53              }
54      }
55  }
56  BinaryTree create(char sequence[100],int index,int ArraySize)
```

```
57   {
58      BinaryTree tempNode;
59      if ( sequence[index]==0 ||index >= ArraySize )//作为出口条件
60         return NULL;
61      else
62      {
63         tempNode=(BinaryTree) new TreeNode;
64         tempNode->value=(int)sequence[index];
65         tempNode->left_Node=NULL;
66         tempNode->right_Node=NULL;
67         //建立左子树
68         tempNode->left_Node = create(sequence, 2*index,ArraySize);
69         //建立右子树
70         tempNode->right_Node = create(sequence, 2*index+1,ArraySize);
71         return tempNode;
72      }
73   }
74   //preOrder（前序遍历）方法的程序内容
75   void preOrder(BinaryTree node)
76   {
77      if ( node != NULL )
78      {
79         cout<<setw(1)<<(char)node->value;
80         preOrder(node->left_Node);
81         preOrder(node->right_Node);
82      }
83   }
84   //inOrder（中序遍历）方法的程序内容
85   void inOrder(BinaryTree node)
86   {
87      if ( node != NULL ) {
88         inOrder(node->left_Node);
89         cout<<setw(1)<<(char)node->value;
90         inOrder(node->right_Node);
91      }
92   }
93   //postOrder（后序遍历）方法的程序内容
94   void postOrder(BinaryTree node)
95   {
96      if ( node != NULL )
97       {
98         postOrder(node->left_Node);
99         postOrder(node->right_Node);
100        cout<<setw(1)<<(char)node->value;
101     }
102  }
103  //判断表达式如何运算的方法
104  int condition(char oprator, int num1, int num2)
105  {
106     switch ( oprator ) {
```

```
107         case '*': return ( num1 * num2 ); //乘法请返回 num1 * num2
108         case '/': return ( num1 / num2 ); //除法请返回 num1 / num2
109         case '+': return ( num1 + num2 ); //加法请返回 num1 + num2
110         case '-': return ( num1 - num2 ); //减法请返回 num1 - num2
111         case '%': return ( num1 % num2 ); //取余数法请返回 num1 % num2
112     }
113     return -1;
114 }
115 //传入根节点，用来计算此二叉运算树的值
116 int answer(BinaryTree node)
117 {
118     int firstnumber = 0;
119     int secondnumber = 0;
120     //递归调用的出口条件
121     if ( node->left_Node == NULL && node->right_Node == NULL )
122         //将节点的值转换成数值后返回
123         return node->value-48;
124     else {
125         firstnumber = answer(node->left_Node);    //计算左子树表达式的值
126         secondnumber = answer(node->right_Node); //计算右子树表达式的值
127         return condition((char)node->value, firstnumber, secondnumber);
128     }
129 }
130 int main(void)
131 {
132     //第一个表达式
133     char information1[] = {' ','+','*','%','6','3','9','5' };
134     //第二个表达式
135     char information2[] = {' ','+','+','+','*','%','/','*',
136                           '1','2','3','2','6','3','2','2' };
137     rootNode=(BinaryTree)new TreeNode;
138     rootNode2=(BinaryTree)new TreeNode;
139     //create 方法可以将二叉树的数组表示法转换成链表表示法
140     rootNode = create(information1,1,8);
141     cout<<"====二叉运算树数值运算范例 1: ===="<<endl;
142     cout<<"================================="<<endl;
143     cout<<"===转换成中序表达式===:  ";
144     inOrder(rootNode);
145     cout<<endl<<"===转换成前序表达式===:  ";
146     preOrder(rootNode);
147     cout<<endl<<"===转换成后序表达式===:  ";
148     postOrder(rootNode);
149     //计算二叉树表达式的运算结果
150     cout<<endl<<"此二叉运算树经过计算后所得到的结果值: ";
151     cout<<setw(1)<<answer(rootNode);
152     //建立第二棵二叉查找树对象
153     rootNode2 = create(information2,1,16);
154     cout<<endl;
155     cout<<endl;
156     cout<<"====二叉运算树数值运算范例 2: ===="<<endl;
```

```
157     cout<<"================================="<<endl;
158     cout<<"===转换成中序表达式===:  ";
159     inOrder(rootNode2);
160     cout<<endl<<"===转换成前序表达式===:  ";
161     preOrder(rootNode2);
162     cout<<endl<<"===转换成后序表达式===:  ";
163     postOrder(rootNode2);
164     //计算二叉树表达式的运算结果
165     cout<<endl<<"此二叉运算树经过计算后所得到的结果值为: ";
166     cout<<setw(1)<<answer(rootNode2);
167     cout<<endl;
168     delete rootNode;
169     delete rootNode2;
170      return 0;
171 }
```

【执行结果】参考图 9-28。

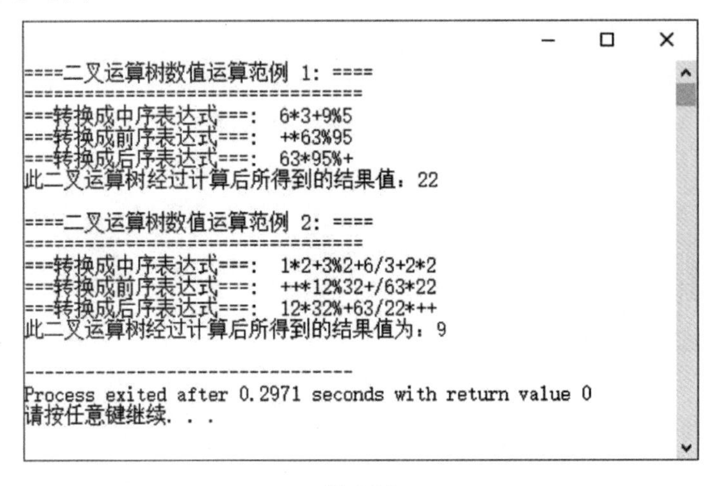

图 9-28

9.8　二叉排序树

事实上，二叉树是一种很好的排序应用，因为在建立二叉树的同时，数据已经过了初步的比较，并按照二叉树的建立规则来存放数据，规则如下：

（1）第一个输入数据作为此二叉树的树根。

（2）之后的数据以递归的方式与树根进行比较，小于树根就置于左子树，大于树根就置于右子树。

从上面的规则可知，左子树内的键值一定小于树根的键值，而右子树的键值一定大于树根的键值。注意，为了叙述上的方便，后文如果没有特别说明，二叉树节点上用于比较的键值都简称为值。

因此，只要利用中序遍历方式就可以得到从小到大排序好的一组数据，如果想从大到小排列，可将最后结果置于堆栈内再依次弹出即可。

下面我们示范用一组数据（32, 25, 16, 35, 27）建立一棵二叉排序树，如图 9-29 所示。

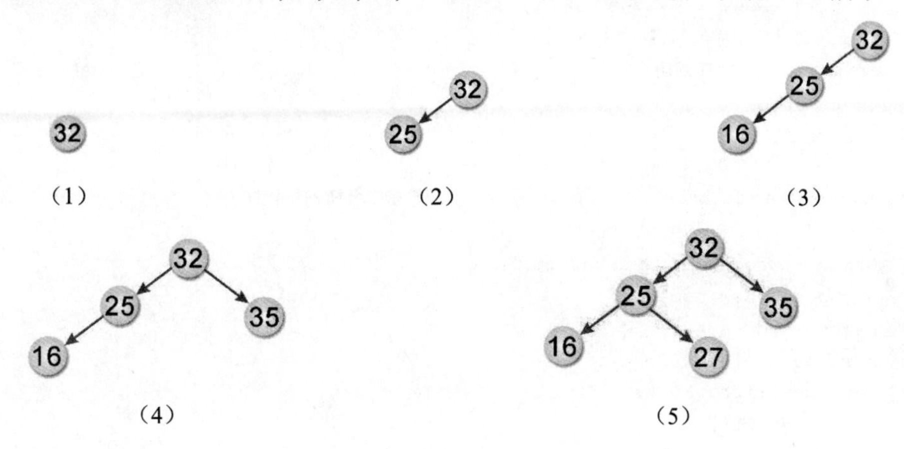

图 9-29

图 9-29 中的图（5）就是建立完成的二叉排序树，通过中序遍历后，可得出（16, 25, 27, 32, 35）从小到大的排列。因为在输入数据的同时就开始建立二叉树，所以在完成数据输入并建立二叉排序树后，通过中序遍历就可以轻松得到排序的结果，请看下面的 C++范例程序。

【范例程序：CH09_07.cpp】

下面的 C++范例程序实现了二叉排序树。

```
01   #include <iostream>
02   #include <iomanip>
03   using namespace std;
04   class tree
05   {
06      public:
07          int data;
08          class tree *left,*right;
09   };
10   typedef class tree node;
11   typedef node *btree;
12
13   btree creat_tree(btree,int);
14   void in(btree);
15   int main(void)
16   {
17      int data;
18      btree ptr=NULL;
19      cout<<"请输入数据，结束则输入-1："<<endl;
20      while (1)
21      {
22          cin>>data;    //输入数据
23          if(data==-1) //结束输入
24              break;
```

```
25          ptr=creat_tree(ptr,data);  //建立二叉树
26      }
27      cout<<"=============="<<endl;
28      cout<<"排序完成的结果："<<endl;
29      in(ptr);  //中序遍历
30      cout<<endl;
31      return 0;
32  }
33  btree creat_tree(btree root,int val)  //建立二叉树的子程序
34  {
35      btree newnode,current,backup;
36      newnode = new node;
37      newnode->data=val;
38      newnode->left=NULL;
39      newnode->right=NULL;
40      if(root==NULL)
41      {
42          root=newnode;
43          return root;
44      }
45      else
46      {
47          for(current=root;current!=NULL;)
48          {
49              backup=current;
50              if(current->data > val)
51                  current=current->left;
52              else
53                  current=current->right;
54          }
55          if(backup->data >val)
56              backup->left=newnode;
57          else
58              backup->right=newnode;
59      }
60      return root;
61  }
62  void in(btree ptr)  //中序遍历的子程序
63  {
64      if(ptr!=NULL)
65      {
66          in(ptr->left);
67          cout<<"["<<setw(2)<<ptr->data<<"] ";
68          in(ptr->right);
69      }
70  }
```

【执行结果】参考图9-30。

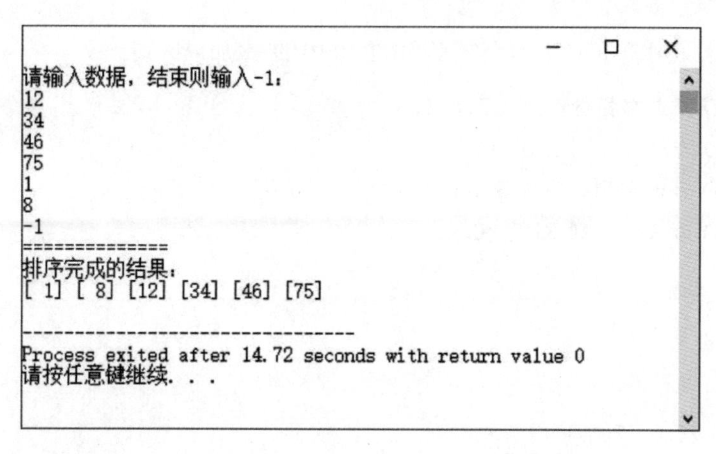

图 9-30

9.9　线索二叉树

虽然我们把树转换为二叉树可减少空间的浪费，可以由 2/3 降低到 1/2，但是，如果读者仔细观察之前使用链表建立的 n 个节点的二叉树，就会发现用来指向左右两个节点的指针只有 n–1 个链接，另外的 n+1 个指针都是空链接。

所谓线索二叉树（Threaded Binary Tree），就是把这些空链接加以利用，再指到树的其他节点，这些链接就称为线索（Thread），而这棵树就称为线索二叉树。将二叉树转换为线索二叉树的步骤如下：

步骤 01 先将二叉树通过中序遍历法按序排出，并将所有空链接改成线索。

步骤 02 如果空链接指针是该节点的左指针，则将该指针指向中序遍历顺序下的前一个节点而成为线索。

步骤 03 如果空链接指针是该节点的右指针，则将该指针指向中序遍历顺序下的后一个节点而成为线索。

步骤 04 该二叉树中序遍历的第一个节点和最后一个节点都指向一个空节点，并将此空节点的右指针指向自己，而这个空节点的左指针指向此线索二叉树，该空节点的左子树即为此线索二叉树。

线索二叉树的基本结构如下：

LBIT	LCHILD	DATA	RCHILD	RBIT

- LBIT：左控制位。
- LCHILD：左子树链接。
- DATA：节点数据。
- RCHILD：右子树链接。
- RBIT：右控制位。

线索二叉树与二叉树的不同之处是：为了分辨左右子树指针是正常指针还是正常的链接指针，

我们必须在节点的结构中，再加上两个字段 LBIT 和 RBIT 来加以区别。

- 若 LCHILD 为正常指针，则 LBIT=1。
- 若 LCHILD 为线索，则 LBIT=0。
- 若 RCHILD 为正常指针，则 RBIT=1。
- 若 RCHILD 为线索，则 RBIT=0。

节点的声明方式如下：

```
class t_tree
{
    public:
        int DATA,LBIT,RBIT;
        class t_tree* LCHILD,RCHILD;
};
typedef class t_tree node;
type node *tbtree;
```

接着我们来练习将如图 9-31 所示的二叉树转换为线索二叉树。

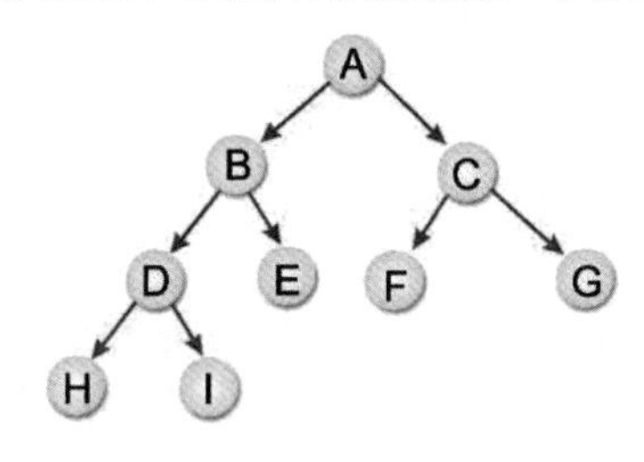

图 9-31

（1）以中序遍历二叉树：HDIBEAFCG。

（2）找出相对应的线索二叉树，并按照 HDIBEAFCG 顺序求得如图 9-32 所示的结果。

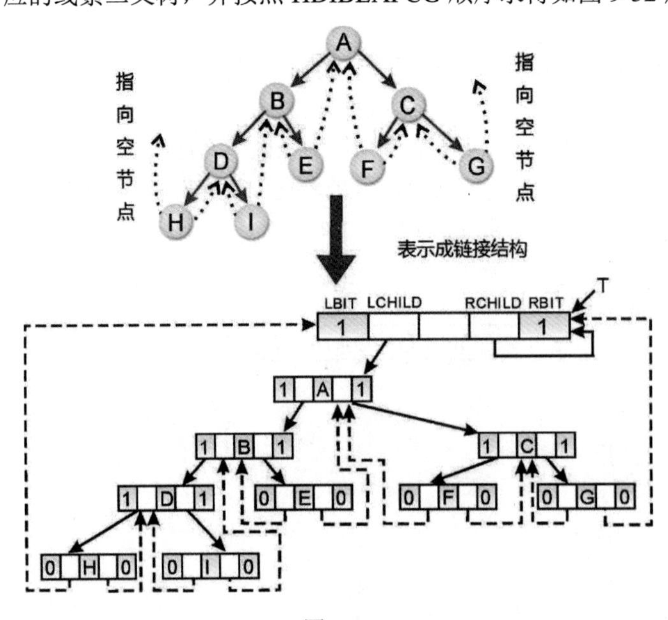

图 9-32

以下为使用线索二叉树的优缺点：

优点如下：

（1）线索二叉树进行中序遍历时，不需要使用堆栈，但一般二叉树却需要。

（2）由于充分使用空链接，因此避免了链接闲置浪费的情况。另外，中序遍历的速度也较快，节省许多时间。

（3）任意一个节点都容易找出它的中序先行者与中序后继者，在中序遍历时可以选择不使用堆栈或递归。

缺点如下：

（1）在执行加入或删除节点的操作时线索二叉树比一般二叉树要慢。

（2）线索子树间不能共用。

【范例程序：CH09_08.cpp】

下面的 C++范例程序利用线索二叉树来遍历某一节点 X 的中序前行者与中序后继者。

```
01  #include <iostream>
02  #include <cstdlib>
03  #include <iomanip>
04  using namespace std;
05  class Node {
06     public:
07         int value;
08         int left_Thread;
09         int right_Thread;
10         class Node *left_Node;
11         class Node *right_Node;
12  };
13  typedef class Node ThreadNode;
14  typedef ThreadNode *ThreadBinaryTree;
15  ThreadBinaryTree rootNode;
16  //将指定的数值加入线索二叉树
17  void Add_Node_To_Tree(int value) {
18     ThreadBinaryTree newnode;
19     ThreadBinaryTree previous;
20     newnode=new ThreadNode;
21     newnode->value=value;
22     newnode->left_Thread=0;
23     newnode->right_Thread=0;
24     newnode->left_Node=NULL;
25     newnode->right_Node=NULL;
26     ThreadBinaryTree current;
27     ThreadBinaryTree parent;
28     previous=new ThreadNode;
29     previous->value=value;
30     previous->left_Thread=0;
31     previous->right_Thread=0;
```

```
32       previous->left_Node=NULL;
33       previous->right_Node=NULL;
34       int pos;
35       //设置线索二叉树的开头节点
36       if(rootNode==NULL) {
37          rootNode=newnode;
38          rootNode->left_Node=rootNode;
39          rootNode->right_Node=NULL;
40          rootNode->left_Thread=0;
41          rootNode->right_Thread=1;
42          return;
43       }
44       //设置开头节点所指的节点
45       current=rootNode->right_Node;
46       if(current==NULL){
47          rootNode->right_Node=newnode;
48          newnode->left_Node=rootNode;
49          newnode->right_Node=rootNode;
50          return ;
51       }
52       parent=rootNode; //父节点是开头节点
53       pos=0; //设置二叉树中的行进方向
54       while(current!=NULL) {
55          if(current->value>value) {
56             if(pos!=-1) {
57                pos=-1;
58                previous=parent;
59             }
60             parent=current;
61             if(current->left_Thread==1)
62                current=current->left_Node;
63             else
64                current=NULL;
65          }
66          else {
67             if(pos!=1) {
68                pos=1;
69                previous=parent;
70             }
71             parent=current;
72             if(current->right_Thread==1)
73                current=current->right_Node;
74             else
75                current=NULL;
76          }
77       }
78       if(parent->value>value) {
79          parent->left_Thread=1;
80          parent->left_Node=newnode;
81          newnode->left_Node=previous;
```

```
82          newnode->right_Node=parent;
83      }
84      else {
85          parent->right_Thread=1;
86          parent->right_Node=newnode;
87          newnode->left_Node=parent;
88          newnode->right_Node=previous;
89      }
90      return ;
91  }
92  //线索二叉树中序遍历
93  void trace() {
94      ThreadBinaryTree tempNode;
95      tempNode=rootNode;
96      do {
97          if(tempNode->right_Thread==0)
98              tempNode=tempNode->right_Node;
99          else
100         {
101             tempNode=tempNode->right_Node;
102             while(tempNode->left_Thread!=0)
103                 tempNode=tempNode->left_Node;
104         }
105         if(tempNode!=rootNode)
106             cout<<"["<<setw(3)<<tempNode->value<<"]"<<endl;
107     } while(tempNode!=rootNode);
108 }
109 int main(void)
110 {
111     int i=0;
112     int array_size=11;
113     cout<<"线索二叉树经建立后，以中序遍历有排序的效果"<<endl;
114     cout<<"第一个数值为线索二叉树的开头节点，不列入排序"<<endl;
115     int data1[]={0,10,20,30,100,399,453,43,237,373,655};
116     for(i=0;i<array_size;i++)
117         Add_Node_To_Tree(data1[i]);
118     cout<<"===================================="<<endl;
119     cout<<"范例 1 "<<endl;
120     cout<<"数值从小到大的排序结果为："<<endl;
121     trace();
122     int data2[]={0,101,118,87,12,765,65};
123     rootNode=NULL;//将线索二叉树的树根归零
124     array_size=7; //第 2 个范例的数组长度为 7
125     for(i=0;i<array_size;i++)
126         Add_Node_To_Tree(data2[i]);
127     cout<<"===================================="<<endl;
128     cout<<"范例 2 "<<endl;
129     cout<<"数值从小到大的排序结果为："<<endl;
130     trace();
131     cout<<endl;
```

```
132     return 0;
133 }
```

【执行结果】参考图 9-33。

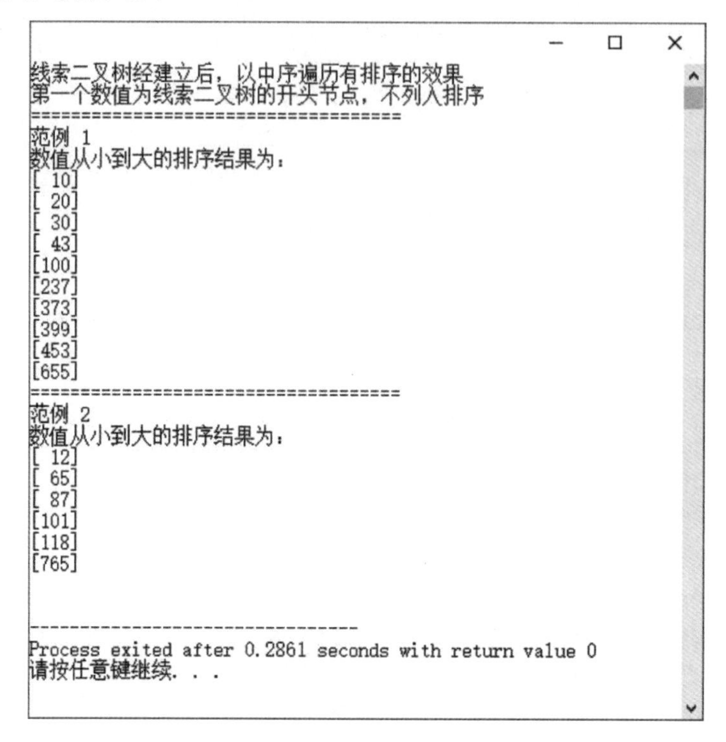

图 9-33

9.10 优化二叉查找树

在前文中介绍过，如果一棵二叉树符合“每一个节点的值大于左子节点的值且小于右子节点的值”，这棵树便具有二叉查找树的特性。所谓的优化二叉查找树，简单来说，就是在所有可能的二叉查找树中，找到有最小查找成本的二叉树。

9.10.1 扩充二叉树

什么是最小查找成本呢？我们先从扩充二叉树（Extension Binary Tree）谈起。任何一棵二叉树中，若具有 n 个节点，则有 n-1 个非空链接和 n+1 个空链接。如果在每一个空链接加上一个特定节点，则称为外节点，其余的节点称为内节点，因而定义这种树为“扩充二叉树”。另外定义：外径长等于所有外节点到树根距离的总和，内径长等于所有内节点到树根距离的总和。我们将以图 9-34 中的图（a）和图（b）来说明它们的扩充二叉树的绘制过程。

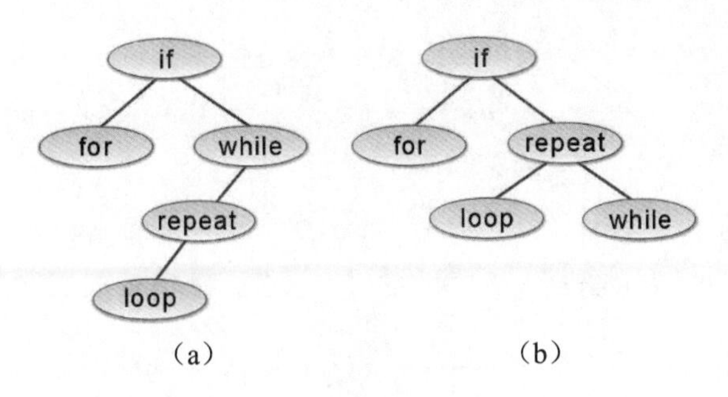

（a）　　　　　　　　（b）

图 9-34

图 9-35 中图（a）的扩充二叉树如图 9-35 所示。

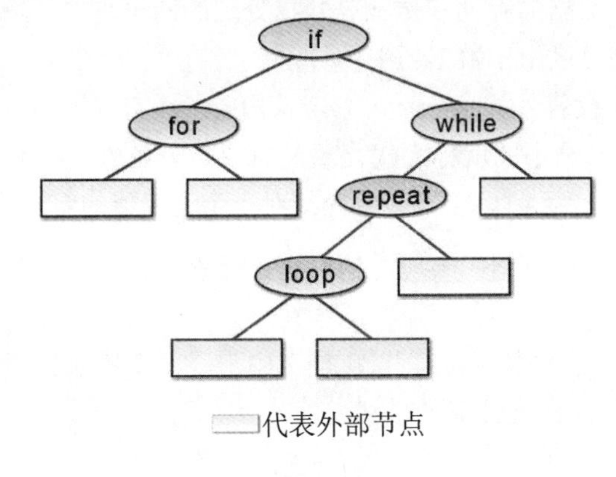

图 9-35

外径长：2+2+4+4+3+2=17，内径长：1+1+2+3=7。

图 9-36 中图（b）的扩充二叉树如图 9-36 所示。

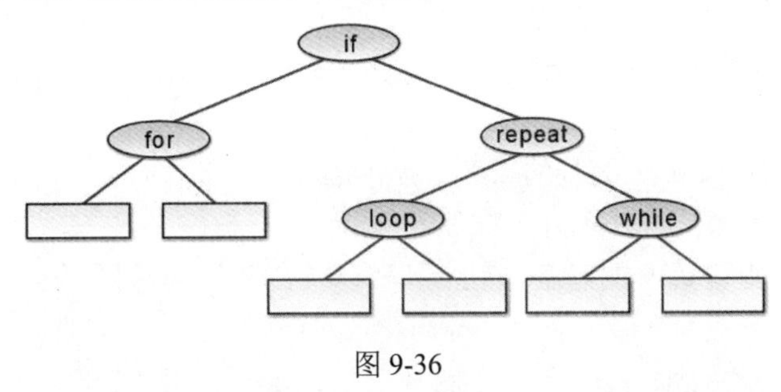

图 9-36

外径长：2+2+3+3+3+3=16，内径长：1+1+2+2=6。

以图 9-34 的图（a）和图（b）为例，若每个外部节点有加权值（例如查找概率等），则外径长必须考虑相关加权值，或称为加权外径长。下面将介绍图（a）和图（b）的加权外径长。

对图（a）来说：2×3+4×3+5×2+15×1=43。具有加权值的图（a）的扩充二叉树如图 9-37 所示。

对图（b）来说：2×2+4×2+5×2+15×2=52。具有加权值的图（b）的扩充二叉树如图 9-38 所示。

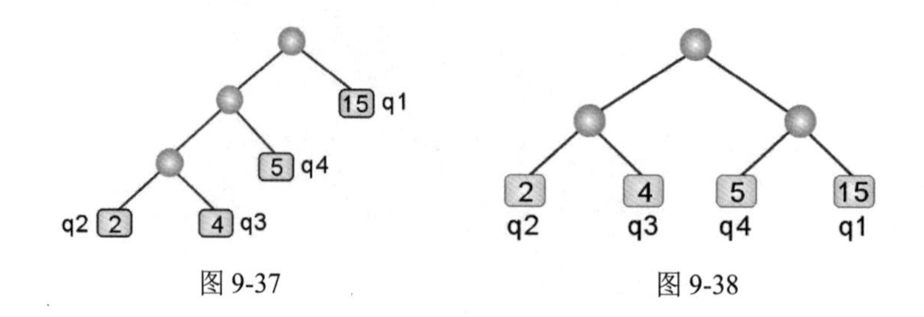

图 9-37　　　　图 9-38

9.10.2 哈夫曼树

哈夫曼树（Huffman Tree，也称为霍夫曼树）可以根据数据出现的频率来构建二叉树，经常应用于处理数据压缩。例如，数据的存储和传输是数据处理的两个重要领域，两者都和数据量的大小息息相关，而哈夫曼树正好可以用于数据压缩的算法。

简单来说，如果有 n 个权值（$q_1, q_2,\cdots, q_n$），且构成一个有 n 个节点的二叉树，每个节点的外节点权值为 q_i，则加权外径长最小的就称为优化二叉树或哈夫曼树。对于图 9-34 中的两棵二叉树而言，图（a）就是二者的优化二叉树。接下来将介绍对一个含权值的链表求其优化二叉树的步骤：

步骤 01 产生两个节点，对数据中出现过的每一个元素产生一个树叶节点，并赋予树叶节点该元素的出现频率。

步骤 02 令 N 为 T_1 和 T_2 的父节点，T_1 和 T_2 是 T 中出现频率最低的两个节点，令 N 节点的出现频率等于 T_1 和 T_2 出现频率的总和。

步骤 03 去掉步骤 02 中的两个节点，插入 N，再重复步骤 01。

我们将利用上述步骤来实现哈夫曼树，假设有 5 个字母 B、D、A、C、E，出现频率分别为 0.09、0.12、0.19、0.21、0.39，哈夫曼树的构建过程如下：

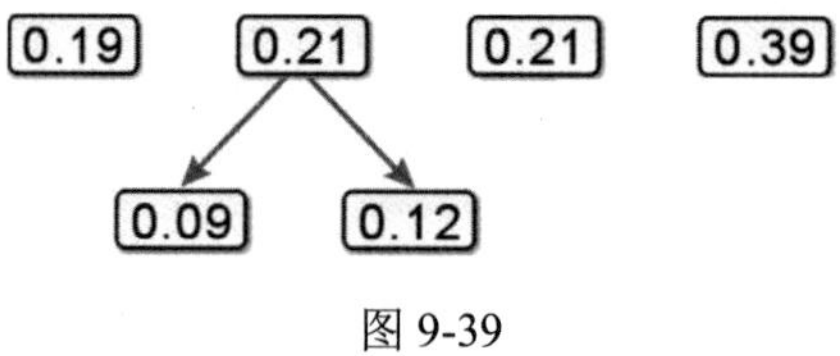

图 9-39

步骤 01 取出最小的 0.09 和 0.12，合并成为一棵新的二叉树，其根节点的频率为 0.21，如图 9-39 所示。

步骤 02 再取出 0.19 和 0.21 为根的二叉树合并后，得到 0.40 为根的新二叉树，如图 9-40 所示。

步骤 03 再取出 0.21 和 0.39 的节点，产生频率为 0.6 的新节点，得到右边的新二叉树，如图 9-41 所示。

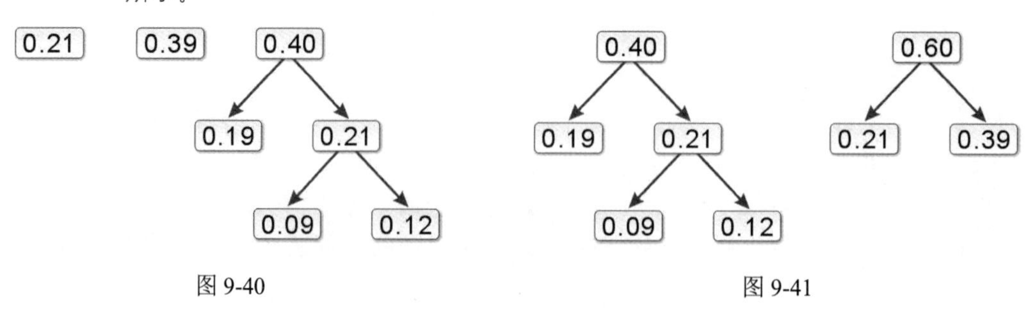

图 9-40　　　　图 9-41

步骤 04 最后取出 0.40 和 0.60 为根节点的两棵二叉树，将它们合并成频率为 1.0 的根节点，至此哈夫曼树就完成了。

9.11 平　衡　树

二叉查找树的缺点是无法永远保持最佳状态，在加入的数据部分已排序的情况下，极有可能产生斜二叉树，从而使树的高度增加，导致查找效率降低。因此，一般的二叉查找树不适用于数据经常变动（加入或删除）的情况。为了能够尽量减少所需要的时间，在查找的时候能够很快找到所要的键值，我们必须让树的高度越小越好。

平衡树（Balanced Binary Tree）又称为 AVL 树（是由 Adelson-Velskii 和 Landis 两人所发明的），它本身也是一棵二叉查找树，如图 9-42（a）所示。在 AVL 树中，每次在插入或删除数据后，若有必要都会对二叉树做一些高度的调整，从而让二叉查找树的高度随时维持平衡。图 9-42（b）是一棵非 AVL 树。

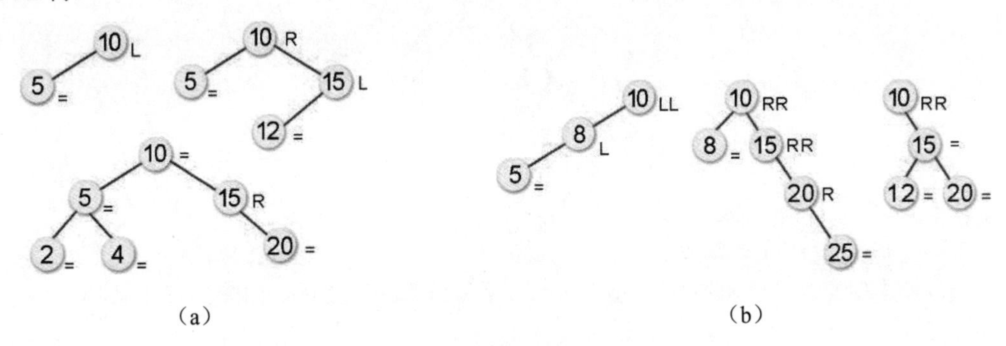

（a）　　　　（b）

图 9-42

T 是一个非空的二叉树，T_l 和 T_r 分别是它的左、右子树，若符合下列两个条件，则称 T 是一个高度平衡树：

- T_l 和 T_r 也是高度平衡树。
- $|h_l - h_r| \leqslant 1$，其中 h_l 和 h_r 分别为 T_l 和 T_r 的高度，也就是说，所有内部节点的左子树和右子树高度相差必定小于或等于 1。

如果将一棵二叉查找树调整成为一棵平衡树，最重要的是找出“不平衡点”，然后按照以下 4 种不同旋转形式（见图 9-43~图 9-46）重新调整其左、右子树的长度（假设离新插入的节点最近的一个具有±2 的平衡因子节点为 A，下一层为 B，再下一层为 C）：

- 左左型（LL 型），如图 9-43 所示。
- 左右型（LR 型），如图 9-44 所示。

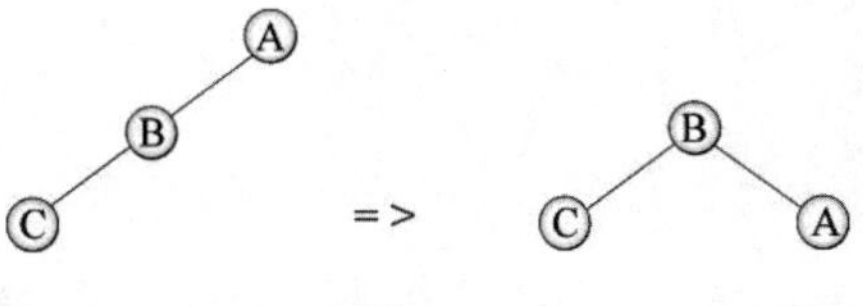

图 9-43

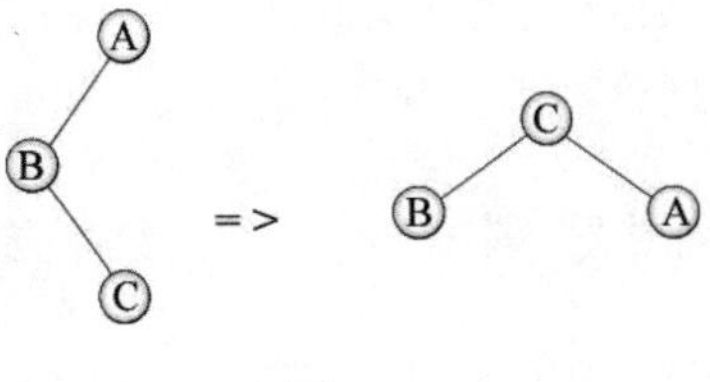

图 9-44

- 右右型（RR 型），如图 9-45 所示。

- 右左型（RL型），如图9-46所示。

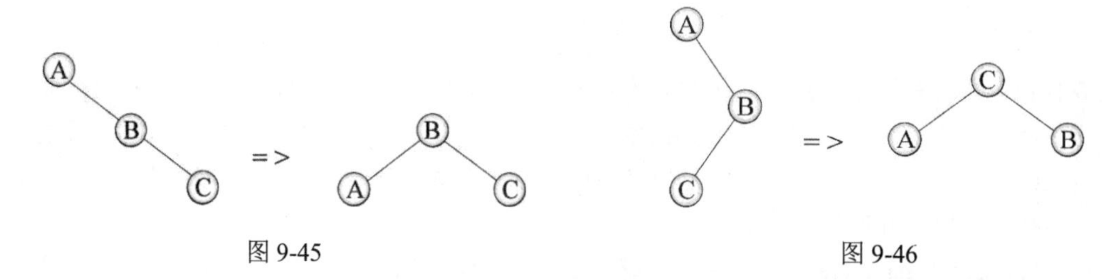

图9-45　　图9-46

下面我们来实现一个范例。图9-47所示为一棵二叉树，是平衡的，如果加入节点12，加入之后就不平衡了，那么需要重新调整成平衡树，但是不可破坏原有的次序结构。

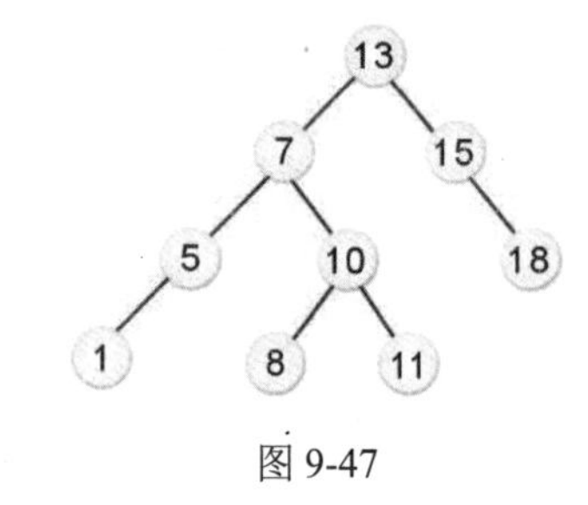

图9-47

加入节点12后的二叉树如图9-48左图所示，重新调整为平衡树，如图9-48右图所示。

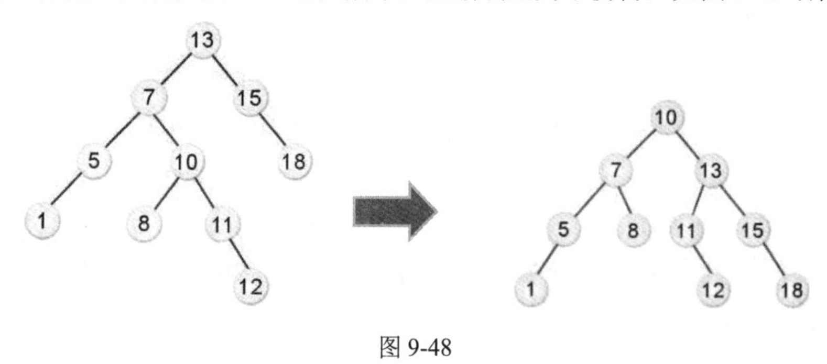

图9-48

9.12　高级树结构的应用

除了之前介绍的常用树结构外，还有许多树结构的变形与衍生结构。由于这部分的内容较为深奥，读者可以自行斟酌学习。本节将介绍更高级的树结构及其应用，包括博弈树（Game Tree）、B树、二叉空间分割树（Binary Space Partitioning Tree，BSP Tree）、四叉树和八叉树。

9.12.1　博弈树

符合博弈法则的决策树（Decision Tree）被称为博弈树（Game Tree）。在游戏中的人工智能经常以博弈树的数据结构来实现。对于数据结构而言，博弈树本身是人工智能中的一个重要概念。在信息管理系统（Management Information System，MIS）中，决策树是决策支持系统（Decision Support

System，DSS）执行的基础。

简单来说，博弈树使用树结构的方法来讨论一个问题的各种可能性。下面用典型的“8 枚金币”问题来阐述博弈树的概念。假设有 8 枚金币 a，b，c，d，e，f，g，h，其中有 1 枚金币是伪造的，伪造金币的特征是重量稍轻或偏重，那么如何使用博弈树的方法来找出这枚伪造的金币呢？以 L 表示伪造的金币轻于真品，以 H 表示伪造的金币重于真品。第一次比较时，从 8 枚金币中任意挑选 6 枚（比如 a，b，c，d，e，f），分成 2 组来比较重量，则会出现下列 3 种情况：

```
(a+b+c)>(d+e+f)
(a+b+c)=(d+e+f)
(a+b+c)<(d+e+f)
```

我们可以按照以上步骤画出如图 9-49 所示的博弈树。

如果我们要设计的游戏属于“棋类”或“纸牌类”，那么所采用的技巧在于进行游戏时计算机“决策”的能力，简单地说，就是该下哪一步棋或者该出哪一张牌。因为游戏时可能发生的情况很多，例如象棋游戏的人工智能必须在所有可能的情况中选择一步对自己最有利的棋，这时博弈树就可以派上用场了。

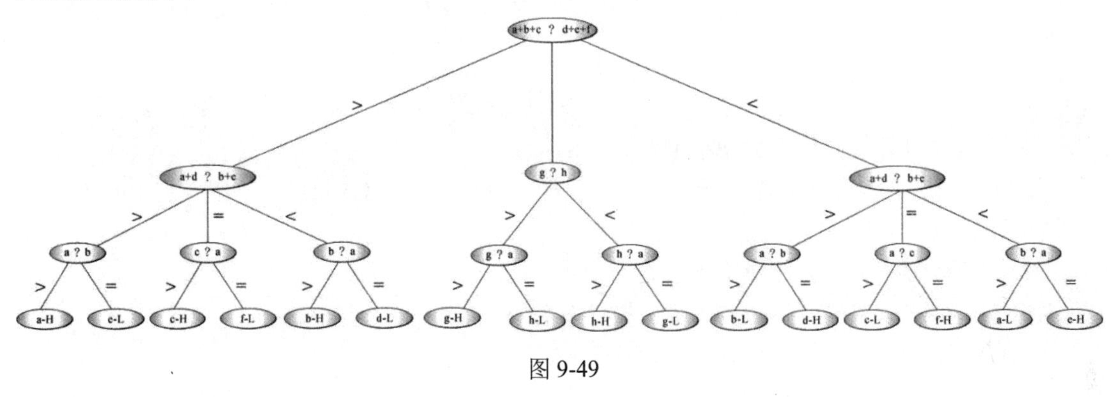

图 9-49

通常此类游戏人工智能的实现技巧是先找出所有可走的棋（或可出的纸牌），然后逐一判断走这步棋（或出这张纸牌）的优劣程度如何，或者替这步棋打个分数，然后选择得分最高的那步棋。

一个常被用来讨论博弈型人工智能的简单例子是“井”字棋游戏，因为它可能发生的情况不多，我们大概只要花 10 分钟便能分析完所有可能的情况，并且找出最佳的玩法。如图 9-50 所示就是表示在某种情况下 X 方的博弈树。

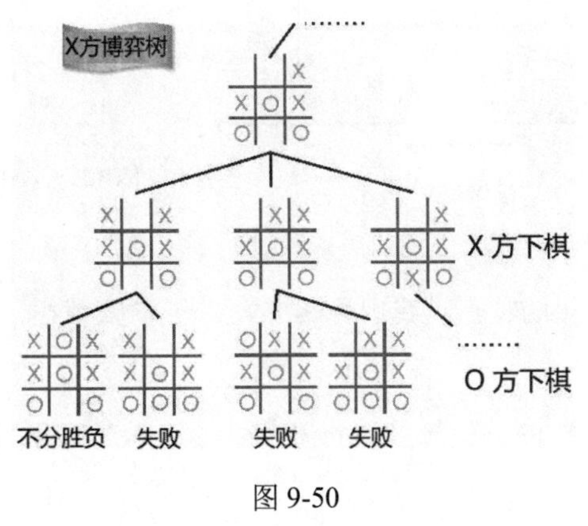

图 9-50

图 9-57 是“井”字棋游戏的部分博弈树，下一步是 X 方下棋，很明显 X 方绝对不能选择第二层的第二种下法，因为 X 方必败无疑。这个博弈决策形成树结构，所以称为博弈树，而树结构正是数据结构所讨论的范围，这说明数据结构也是人工智能的基础。博弈决策形成人工智能的基础是查找，在所有可能的情况下，找出可能获胜的方法。

9.12.2　B 树

B 树是一种高度大于或等于 1 的 m 阶查找树，它也是平衡树概念的延伸，不过 B 树与平衡树（AVL）不同，可以拥有两个以上的子节点，并且每个节点可以有多个键值。B 树是由 Bayer 和 McCreight 两位专家提出的，通常适用于读写相对较大的数据库和文件存储系统。在还没开始介绍 B 树的主要特征之前，我们先来复习之前所介绍的二叉查找树的概念。

一般来说，二叉查找树是一棵二叉树，在这棵二叉树上的节点均包含一个键值字段和分别指向左子树与右子树的链接字段，同时树根的键值恒大于其左子树的所有键值，且小于或等于右子树的所有键值。另外，其左子树和右子树也是一棵二叉查找树。这种包含键值并指向两棵子树的节点称为 2 阶节点。也就是说，2 阶节点的节点度数都小于或等于 2。以这样的概念，我们拓展到 3 阶节点，它包括以下几个特点：

（1）每一个 3 阶节点存放的键值最多为 2 个，假设其键值分别为 k_1 和 k_2，则 $k_1<k_2$。

（2）每一个 3 阶节点的度数均小于或等于 3。

（3）每一个 3 阶节点的链接字段有 3 个，即 $P_{0,1}$，$P_{1,2}$，$P_{2,3}$，这 3 个链接字段分别指向 T_1，T_2，T_3 三棵子树。

（4）T_1 子树的所有节点键值均小于 k_1。

（5）T_2 子树的所有节点键值均大于或等于 k_1 且小于 k_2。

（6）T_3 子树的所有节点键值均大于或等于 k_2。

图 9-51 是一棵由 3 阶节点组成的 3 阶查找树，当链接指针指向 NULL 时，表示该链接指针并没有指向任何子树，3 阶查找树也就是 3 阶的 B 树，或称为 2-3 树，表示每个节点可以有 2 个或 3 个子节点，而且左子树和右子树的高度一定相同，所有叶节点都在同一层，并且可以存放 1 个或 2 个元素，但不是二叉树，因为最多可以拥有 3 个子节点。

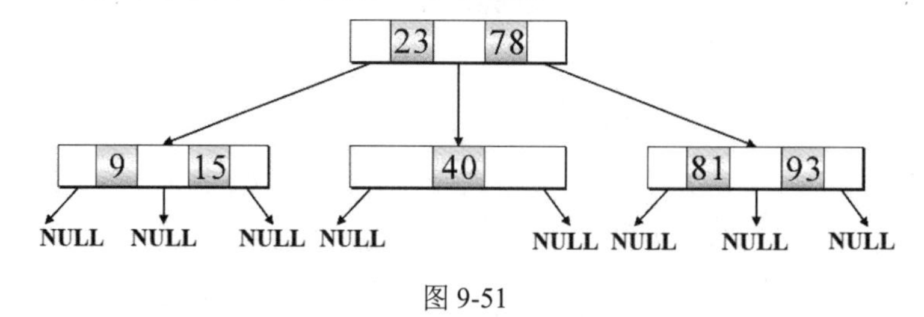

图 9-51

以上面所列的是 3 阶 B 树的特点，我们将其扩大到 m 阶查找树，就可以知道 m 阶查找树包含以下主要特征：

（1）每一个 m 阶节点存放的键值最多为 $m-1$ 个，假设其键值分别为 k_1，k_2，k_3，k_4，…，k_{m-1}，则 $k_1<k_2<k_3<k_4<\cdots<k_{m-1}$。

（2）每一个 m 阶节点的度数均小于或等于 m。

（3）每一个 m 阶节点的链接字段有 m 个，即 $P_{0,1}$，$P_{1,2}$，$P_{2,3}$，$P_{3,4}$，…，$P_{m-1,m}$，这 m 个链接字段分别指向 T_1，T_2，T_3，…，T_m 共 m 棵子树。

（4）T_1 子树的所有节点键值均小于 k_1。

（5）T_2 子树的所有节点键值均大于或等于 k_1 且小于 k_2。

（6）T_3 子树的所有节点键值均大于或等于 k_2 且小于 k_3。

（7）以此类推，T_m 子树的所有节点键值均大于或等于 k_{m-1}。

m 阶查找树的键值、链接指针及其分别指向的子树如图 9-52 所示。

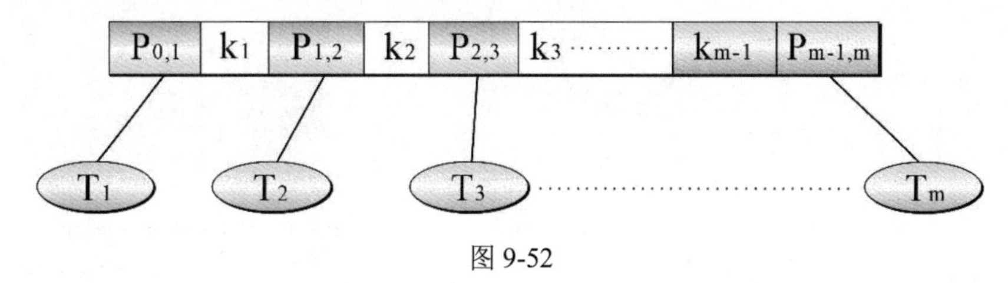

图 9-52

其中 T_1，T_2，T_3，…，T_m 都是 m 阶查找树的子树，在这些子树中的每一个节点都是 m 阶节点，且其每一个节点的度数都小于或等于 m。

有了以上的了解，接下来介绍 B 树的几个重要概念。其实 B 树就是一棵平衡的 m 阶查找树。描述一棵 B 树时需要指定阶数，阶数表示了一个节点最多有多少个子节点，例如 B 树中一个节点的子节点数目的最大值用 m 表示，假如最大值为 5，则为 5 阶，根节点数量的范围则是 $1 \leqslant k \leqslant 4$，非根节点数量的范围是 $2 \leqslant k \leqslant 4$，每个节点至少有 2 个键值（即 3–1=2），最多有 4 个键，且高度大于或等于 1，其主要特点如下：

（1）B 树上每一个节点都是 m 阶节点。

（2）每一个 m 阶节点存放的键值最多为 $m-1$ 个。

（3）每一个 m 阶节点的度数均小于或等于 m。

（4）除非是空树，否则树的根节点必须有两个以上的子节点。

（5）除了树根和树叶节点外，每一个节点最多不超过 m 个子节点，但至少包含 $m/2$ 个子节点。

（6）每个树叶节点到树根节点所经过的路径长度都需要一致，也就是说，所有的树叶节点都必须在同一层。

（7）当要增加树的高度时，处理的方法就是将该树根节点一分为二。

（8）若 B 树的键值分别为 k_1，k_2，k_3，k_4，…，k_{m-1}，则 $k_1<k_2<k_3<k_4<\cdots<k_{m-1}$。

（9）B 树的节点表示法为 $P_{0,1}$，k_1，$P_{1,2}$，k_2，…，$P_{m-2,m-1}$，k_{m-1}，$P_{m-1,m}$。

其节点结构图如图 9-53 所示。

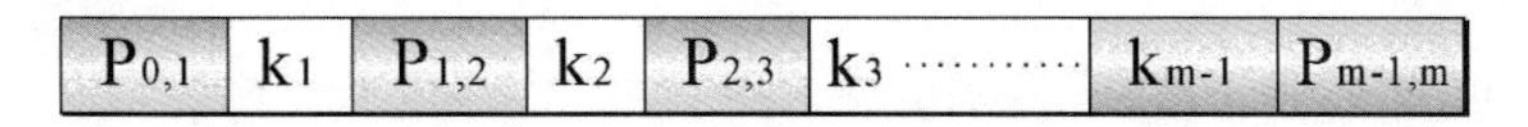

图 9-53

其中 $k_1<k_2<k_3<\cdots<k_{m-1}$。

（1）$P_{0,1}$ 指针所指向的子树 T_1 中的所有键值均小于 k_1。

（2）$P_{1,2}$ 指针所指向的子树 T_2 中的所有键值均大于或等于 k_1 且小于 k_2。

（3）以此类推，$P_{m-1,m}$ 指针所指向的子树 T_m 中所有键值均大于或等于 k_{m-1}。

根据 m 阶查找树的定义，我们知道 4 阶查找树的每一个节点度数均小于或等于 4，又由于 B 树的特点，除非是空树，否则树根节点必须有两个以上的子节点。由此可知，4 阶的 B 树结构的每一个节点度数可能为 2、3 或 4，因此 4 阶 B 树又被称为 2-3-4 树，其中当一个节点有 1 个元素时，则会有 2 个子节点，当一个节点有 2 个元素时，则会有 3 个子节点，以此类推，最多可以拥有 4 棵子树，如图 9-54 所示。

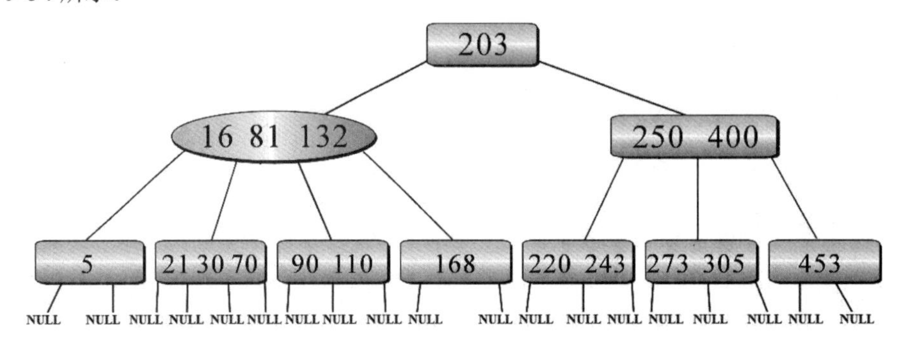

图 9-54

9.12.3　二叉空间分割树

二叉空间分割树是一种二叉树，其特点是每个节点都有两个子节点。这是游戏空间常用的一种分割方法，通常被应用于平面绘图中。因为物体与物体之间有位置上的关联性，所以每一次重绘平面时，都必须先考虑平面上的各个物体的位置关系，然后加以重绘。因为在游戏中进行画面绘制时，会将输入的数据显示在屏幕上，即便输入的模型数据当前不一定都出现在屏幕上，这些数据经过运算仍会时刻耗费计算资源，这时使用二叉空间分割树就能大量减少 3D 加速卡的计算资源。二叉空间分割树采取的方法是开始将数据文件读进来的时候就将整个数据文件中的数据先建成一个二叉树的数据结构，因为二叉空间分割树通常对图素的排序是预先排序好的，而不是在运行时才进行排序的，如图 9-55 所示。

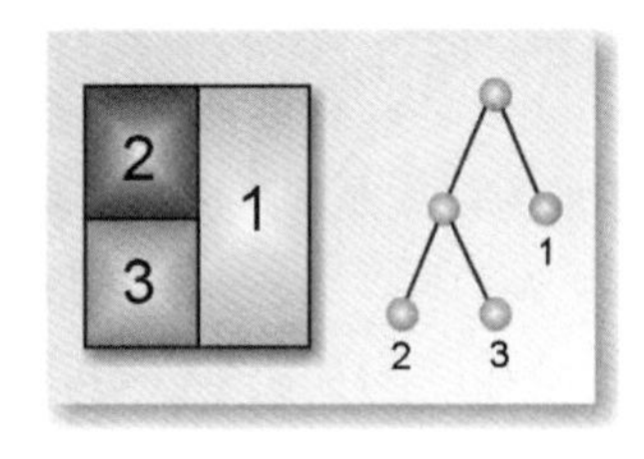

图 9-55

二叉树节点里的数据结构以平面分割场景，多应用于开放式空间。场景中会有许多物体，在处理的时候把每个物体的每个多边形当成一个平面，其所代表的平面将当前空间划分为前向和背向两个子空间，也就是每个平面会有正反两个面，这样可把场景分为两部分，先从第一个平面开始分，再对分出的两部分按同样的方式细分，这两个部分又分别被另外的平面分割成更小的空间，分别对应左右子节点，如果空间有许多物体，那么就以递归方式继续将空间一分为二，最后所有平面都被用于构造二叉树的节点，最终构建为一棵二叉空间分割树。

当游戏地形数据被读进来的时候，这棵二叉空间分割树的叶节点就保存了分割的游戏空间所得到的像素集合，二叉空间分割树同时也就被建立好了。当视点开始移动时，平面中的物体必须重新绘制，而重绘的方法就是以视点为中心，对此构建好的二叉空间分割树加以分析，只要在二叉空间分割树中，且位于此视点的前方，就会被存放在一个链表中，只要依照链表的顺序一个一个地将它们绘制在平面上即可。注意，二叉空间分割树构造的平均时间复杂度为 $O(N^2)$。

在游戏设计中，空间划分是一项非常重要的技术，二叉空间分割树通常是用来处理游戏中室内场景模型的分割，例如在第一人称射击游戏（FPS）的迷宫地图中，就大量使用这种空间分割技巧，将物体针对观察者位置快速地从前至后进行排序，不仅可用来加速位于视锥（Viewing Frustum）中物体的搜索与裁剪，也可用于加速场景中各种碰撞侦测的处理。从 20 世纪 90 年代初开始，二叉空间分割树就被用于游戏行业来改善游戏程序的运行性能，例如《雷神之锤》游戏引擎和《毁灭战士》系列游戏就是以这种方式开发的，于是二叉空间分割树技术也就成为室内渲染技术的工业标准。不过有一点需要注意，在使用二叉空间分割树时，最好把它转换成平衡二叉树，这样可以减少在二叉空间分割树中执行查找操作所花费的时间。

提示　视锥可以看成是场景中的一个三维空间，这个空间决定了模型将如何投影到屏幕上，如图 9-56 所示。

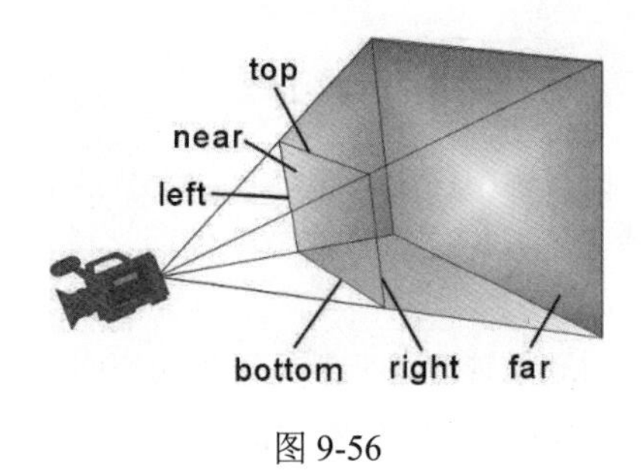

图 9-56

9.12.4　四叉树和八叉树

使用二叉树可以帮助数据分类，当然更多的分枝自然有更好的分类能力，如四叉树和八叉树，这些也都属于二叉空间分割树概念的延伸。我们用四叉树来加速计算游戏世界画面中的可见区域，也可以把它用于图像处理技术有关的数据压缩，以提高空间数据插入和查找的效率。当我们在制作游戏中起伏不定、一望无际的地形时，如果从构成地形的模型三角面依次寻找，往往要耗费大量的计算资源。为了更精简有效地存储地形，通常采用四叉树，而不是采用二叉树来分析与分类二维空间的数据，其实就是树的每个节点拥有 4 个子节点而不是两个，目的是将地理空间递归划分为不同层次的树结构，再将已知范围的空间等分成 4 个相等的子空间，在查找时就可以锁定部分区域的物体，从而提高查询的效率。多游戏场景的地形就是以四叉树来进行划分的，以递归的方式并以轴心一致为原则将地形按照 4 个象限分成 4 个子区域，每个大区块可能又被分割成若干的小区块，每个区块都作为节点，越分越细，地形数据存放在树叶节点，如此递归下去，直到树的层次达到某种要求后则停止分割，如图 9-57 所示。

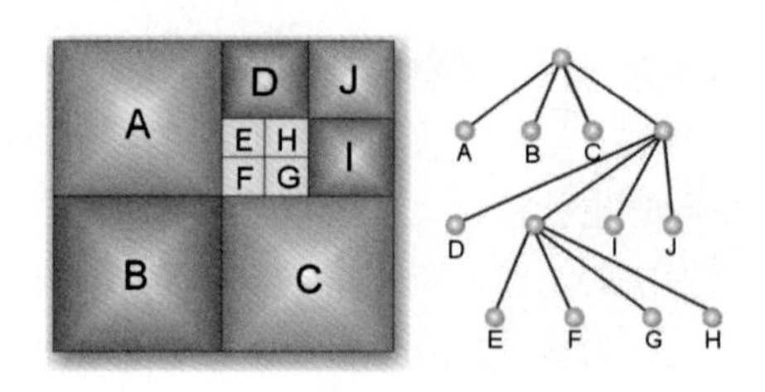

图 9-57

在许多游戏程序中都需要碰撞检测来判断两个物体的碰撞，算法如果无法有效地选择检测目标，很可能会大幅降低游戏程序的运行速度。四叉树在 2D 平面与碰撞检测中相当有用，特别是在单层的大场景地形图中。

图 9-58 是与图 9-57 对应的 3D 地形，分割的方式是以地形面的斜率（利用平面法向量来比较）为依据的。

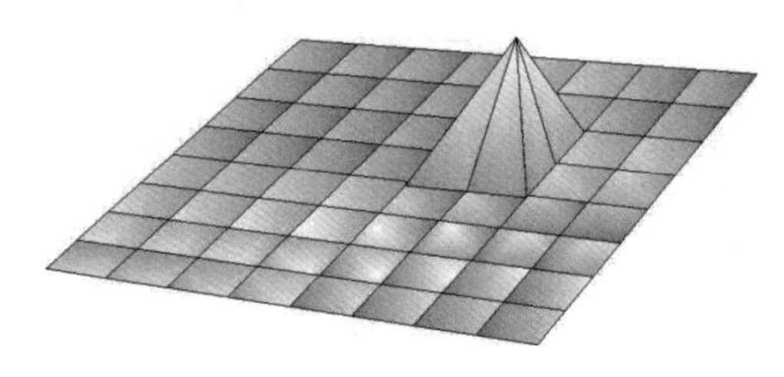

图 9-58

八叉树的定义是如果不为空树，树中任何一个节点的子节点恰好只有 0 个或 8 个，也就是子节点不会有 0 或 8 以外的数目。读者可以把它看作是双层的四叉树，也就是四叉树在 3D 空间中的对应结构。

八叉树通常用于 3D 空间中的场景管理与分割，以加快空间数据的查找，多半适用于密闭或有限的空间，这样有助于快速计算出物体在 3D 场景中的位置、光线追踪（Ray Tracing）过滤、感知检测、加速光线投射（Ray Casting），或检测与其他物体是否发生了碰撞。八叉树的示意图如图 9-59 所示。

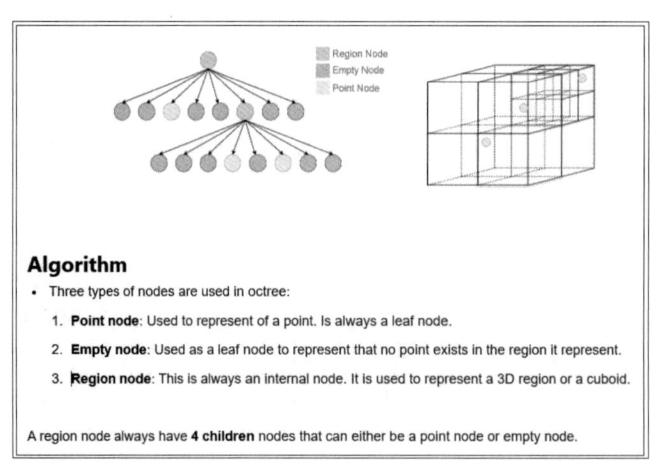

图 9-59

这种以线性八叉树来表示 3D 空间物体的数据结构，在 3D 图形、3D 游戏引擎等领域应用十分广泛。使用二叉空间分割树来分割 3D 空间，会有太多细小的碎片，在分割的过程中，假如有一个子空间中的物体数小于某个值，则不再分割下去。也就是说，八叉树的处理规则用的是递归规则，在每个细分的层次上都有同样的规则属性，即把一个立方体分割为 8 个小立方体，然后递归地再分割小立方体。因此，在每个层次上我们可以利用同样的编列规则获得整个结构元素由后到前的顺序依据，这样就能有效避免太过细碎的空间分割。

9.13 课后习题

1. 说明二叉查找树的特点。
2. 下列哪一种不是树（　　）？

（A）一个节点
（B）环形链表
（C）一个没有回路的连通图
（D）一个边数比点数少 1 的连通图

3. 关于二叉查找树的叙述，哪一个是错误的（　　）？

（A）二叉查找树是一棵完全二叉树
（B）可以是斜二叉树
（C）一个节点最多只能有两个子节点
（D）一个节点的左子节点的键值不会大于右子节点的键值

4. 以下二叉树的中序法、后序法以及前序法表达式分别是什么？

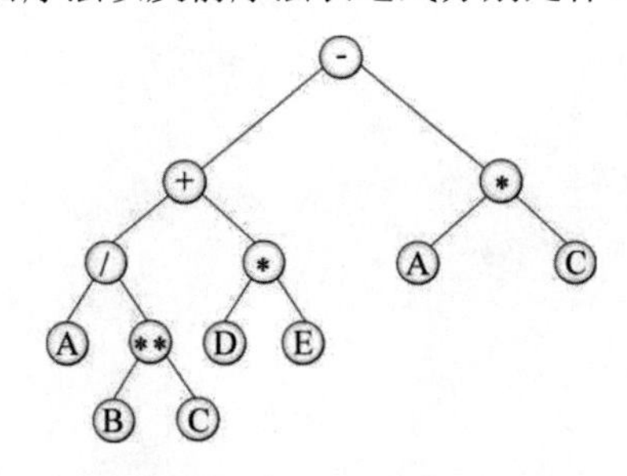

5. 以下二叉树的中序法、后序法与前序法表达式分别是什么？

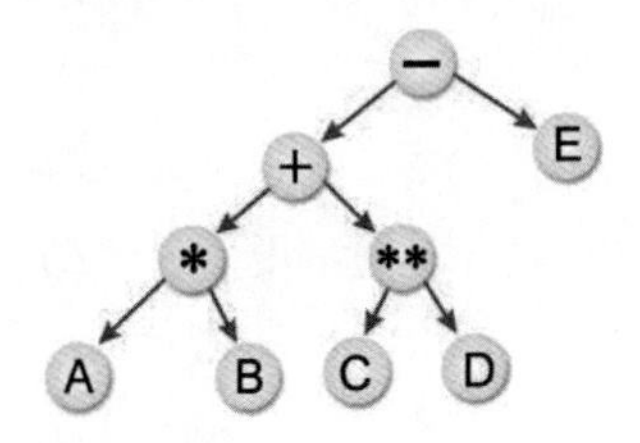

6. 尝试将 A−B*(−C+−3.5)表达式转化为二叉运算树，并求出此算术表达式的前序与后序表示法。

第 10 章

图结构相关算法

图除了被应用在数据结构中最短路径搜索、拓扑排序外，还能应用在系统分析中以时间为评审标准的性能评审技术（Performance Evaluation and Review Technique，PERT）或者“IC 电路设计”“交通网络规划”等关于图的应用中（见图 10-1）。例如，如何计算网络上两个节点之间最短距离的问题就变成图的数据结构要处理的问题，采用 Dijkstra 这种图算法就能快速找出两个节点之间的最短路径。如果没有 Dijkstra 算法，那么现代网络的运行效率必将大大降低。

图 10-1

10.1 图的定义

图是由“顶点”和“边”所组成的集合，通常用 $G=(V, E)$来表示，其中 V 是所有顶点组成的集合，而 E 代表所有边组成的集合。图有两种：一种是无向图，另一种是有向图。无向图以（V_1, V_2）表示其边，有向图则以$<V_1, V_2>$表示其边。

10.1.1 无向图

无向图是一种边没有方向的图，即同一条边上的两个顶点没有次序关系，例如（V_1,V_2）与（V_2,V_1）代表的是相同的边，如图 10-2 所示。

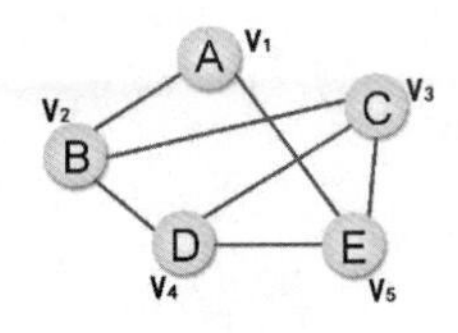

图 10-2

V={A, B, C, D, E}

E={(A,B), (A,E), (B,C), (B,D), (C,D), (C,E), (D,E)}

无向图的相关术语如下：

- 完全图（Complete Graph）：在无向图中，n 个顶点正好有 $n(n-1)/2$ 条边，则称为完全图，如图 10-3 所示。
- 路径（Path）：对于从顶点 V_i 到顶点 V_j 的一条路径，是指由经过顶点组成的连续数列，如图 10-3 中 A 到 E 的路径有{(A,B)，(B,E)}及{((A,B)，(B,C)，(C,D)，(D,E))}等。
- 简单路径（Simple Path）：除了起点和终点可能相同外，其他经过的顶点都不同，在图 10-3 中，(A,B)，(B,C)，(C,A)，(A,E)不是一条简单路径。
- 路径长度（Path Length）：是指路径上所包含边的数目，在图 10-3 中，(A,B)，(B,C)，(C,D)，(D,E)是一条路径，其长度为 4，且为一条简单路径。
- 回路（Cycle）：是指起始顶点和终止顶点为同一个点的简单路径。如图 10-3 所示，{(A,B)，(B,D)，(D,E)，(E,C)，(C,A)}起点和终点都是 A，所以是一个回路。
- 关联（Incident）：如果 V_i 与 V_j 相邻，则称(V_i,V_j)这个边关联于顶点 V_i 及顶点 V_j。如图 10-3 所示，关联于顶点 B 的边有(A,B)，(B,D)，(B,E)，(B,C)。
- 子图（Subgraph）：当我们称 G'为 G 的子图时，必定存在 $V(G')\subseteq V(G)$与 $E(G')\subseteq E(G)$，如图 10-4 所示的图就是图 10-3 的子图。
- 相邻（Adjacent）：如果(V_i,V_j)是 $E(G)$中的一条边，则称 V_i 与 V_j 相邻。
- 连通分支（Connected Component）：在无向图中，相连在一起的最大子图，如图 10-5 所示有两个连通分支。
- 度数（Degree）：在无向图中，一个顶点所拥有边的总数为度数。在图 10-3 中，每个顶点的度数都为 4。

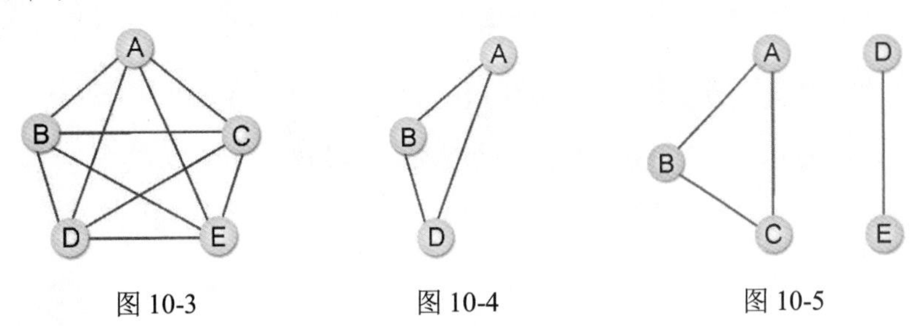

图 10-3　　图 10-4　　图 10-5

10.1.2　有向图

有向图是一种每一条边都可使用有序对$<V_1,V_2>$来表示的图，并且$<V_1,V_2>$与$<V_2,V_1>$表示两个方向不同的边，而所谓$<V_1,V_2>$，是指 V_1 为尾端指向为头部的 V_2，如图 10-6 所示。

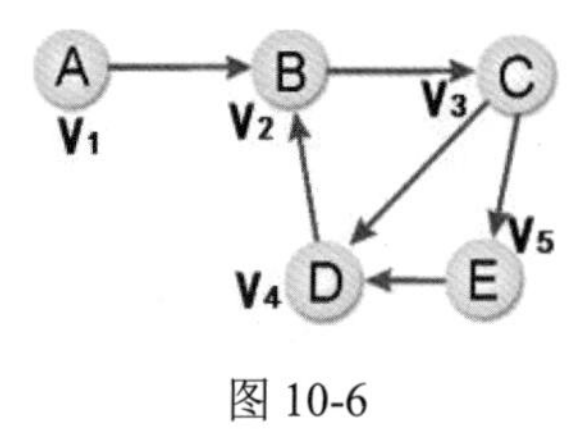

图 10-6

V={A, B, C, D, E}

E={<A,B>, <B,C>, <C,D>, <C,E>, <E,D>, <D,B>}

有向图的相关术语如下：

- 完全图：具有 n 个顶点且恰好有 $n\times(n-1)$个边的有向图，如图 10-7 所示。
- 路径：有向图中从顶点 V_p 到顶点 V_q 的路径是指一串从顶点组成的连续有向序列。
- 强连通：在有向图中，如果每个成对顶点 V_i,V_j 有直接路径（V_i 和 V_j 不是同一个点），同时有另一条路径从 V_j 到 V_i，则称此图为强连通，如图 10-8 所示。

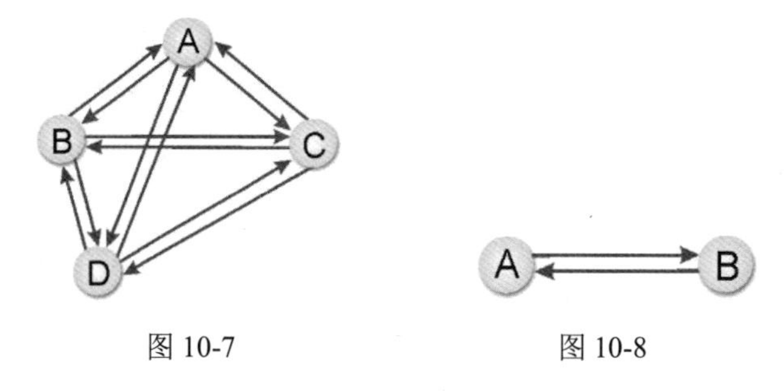

图 10-7　　　　图 10-8

- 强连通分支（Strongly Connected Component）：有向图中构成强连通的最大子图，在图 10-9 中的图（a）是强连通，图（b）不是强连通。

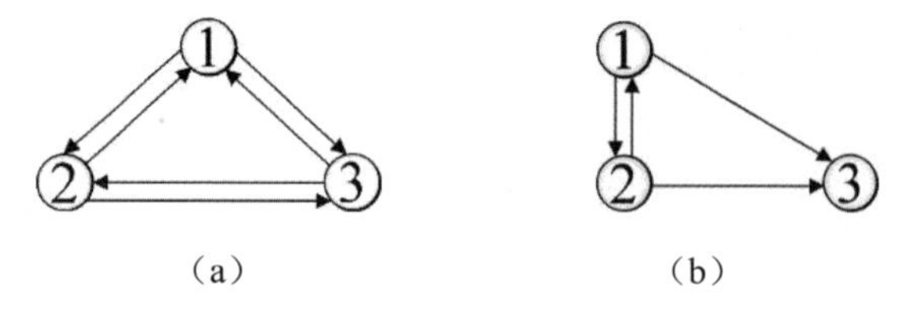

（a）　　　　（b）

图 10-9

图 10-9（b）中的强连通分支如图 10-10 所示。

- 出度数（Out-Degree）：是指有向图中以顶点 V 为箭尾的边数。
- 入度数（In-Degree）：是指有向图中以顶点 V 为箭头的边数。如图 10-11 中 V_4 的入度数为 1，出度数为 0，V_2 的入度数为 4，出度数为 1。

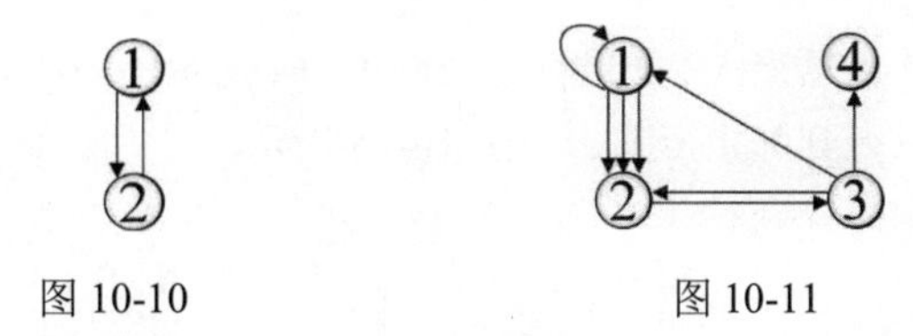

图 10-10 图 10-11

提示 图结构中任意两个顶点之间只能有一条边，如果两个顶点间相同的边有两条以上（含两条），则称它为多重图（Multigraph），如图 10-12 所示。以严格的定义来说，多重图不能算作图论中的一种图。

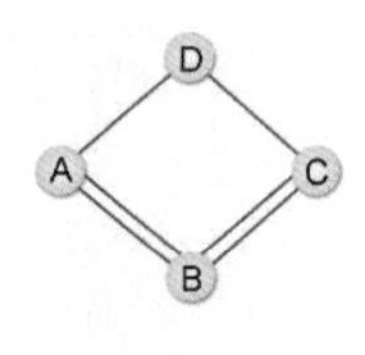

图 10-12

10.2 图的数据表示法

了解了图的各种定义与概念后，有关图的数据表示法就越显重要了。常用来表示图的数据结构的方法有很多，本节将介绍邻接矩阵法、邻接链表法、邻接复合链表法和索引表格法 4 种。

10.2.1 邻接矩阵法

图 A 有 n 个顶点，以 $n \times n$ 的二维矩阵来表示。此矩阵的定义如下：

对于一个图 $G=(V, E)$，假设有 n 个顶点，$n \geqslant 1$，则可以将 n 个顶点的图使用一个 $n \times n$ 的二维矩阵来表示。假如 $\boldsymbol{A}(i, j)=1$，则表示图中有一条边(V_i, V_j)存在，反之 $\boldsymbol{A}(i, j)=0$，则不存在边(V_i, V_j)。

相关特性说明如下：

（1）对无向图而言，邻接矩阵一定是对称的，而且对角线一定为 0。有向图则不一定如此。

（2）在无向图中，任一节点 i 的度数为 $\sum_{j=1}^{n} \boldsymbol{A}(i, j)$，就是第 i 行所有元素的和。在有向图中，节点 i 的出度数为 $\sum_{j=1}^{n} \boldsymbol{A}(i, j)$，就是第 i 行所有元素的和，而入度数为 $\sum_{i=1}^{n} \boldsymbol{A}(i, j)$，就是第 j 列所有元素的和。

（3）用邻接矩阵法（Adjacency Matrix）表示图共需要 n^2 个单位空间，由于无向图的邻接矩阵一定具有对称关系，因此除对角线全部为 0 外，只需要存储三角形或下三角形的数据即可，也就是仅需 $n(n-1)/2$ 的单位空间。

下面来看一个范例，请以邻接矩阵表示如图 10-13 所示的无向图。

由于图 10-13 中有 5 个顶点，因此使用 5×5 的二维数组存放此图。在该图中，先找和顶点 1 相邻的顶点有哪些，然后把和 1 相邻的顶点坐标填入 1。

与顶点 1 相邻的有顶点 2 和顶点 5，即可得到如图 10-14 所示的表格。

其他顶点以此类推，可以得到邻接矩阵，如图 10-15 所示。

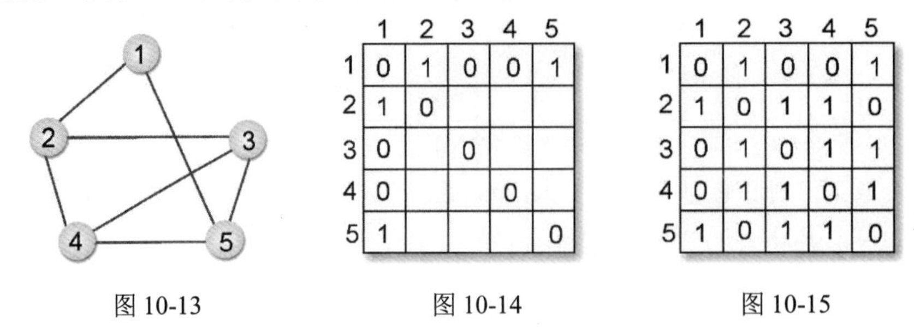

图 10-13　　　　图 10-14　　　　图 10-15

对于有向图，邻接矩阵不一定是对称矩阵。其中节点 i 的出度数为 $\sum_{j=1}^{n} A(i,j)$，就是第 i 行所有元素 1 的和，而入度数为 $\sum_{i=1}^{n} A(i,j)$，就是第 j 列所有元素 1 的和。如图 10-16 所示是一个有向图及其邻接矩阵。

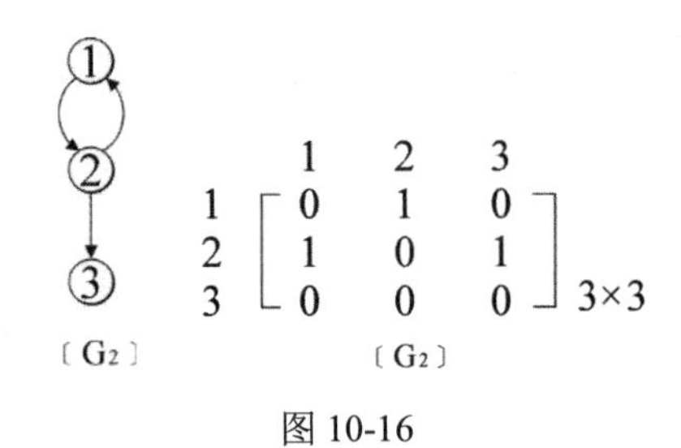

图 10-16

【范例程序：CH10_01.cpp】

假设有一个无向图，各边的起始顶点和终止顶点存储在如下数组中：

```
int data[14][2]={{1,2},{2,1},{1,5},{5,1}, {2,3},{3,2},{2,4},{4,2},{3,4},{4,3},
{3,5},{5,3},{4,5},{5,4}};
```

设计一个 C++程序来输出此图的邻接矩阵。

```
01   #include <iostream>
02   using namespace std;
03   int main(void)
04   {
05       int arr[6][6];                                    //声明矩阵 arr
06       int data[14][2]={{1,2},{2,1},{1,5},{5,1},         //图各边的起点顶点和终点顶点
07                        {2,3},{3,2},{2,4},{4,2},
08                        {3,4},{4,3},{3,5},{5,3},
09                        {4,5},{5,4}};
10       for (int i=0;i<6;i++)                             //把矩阵清为 0
11           for (int j=0;j<6;j++)
12               arr[i][j]=0;
13       for (int i=0;i<14;i++)                            //读取图的数据
14           for (int j=0;j<6;j++)               //填入 arr 矩阵
15               for (int k=0;k<6;k++)
```

```
16              {
17                  int tmpi, tmpj;
18                  tmpi=data[i][0];       //tmpi 为起始顶点
19                  tmpj=data[i][1];       //tmpj 为终止顶点
20                  arr[tmpi][tmpj]=1;     //有边的点填入 1
21              }
22      cout<<"无向图矩阵："<<endl;
23      for (int i=1;i<6;i++)
24      {
25          for (int j=1;j<6;j++)
26         cout<<"["<<arr[i][j]<<"] ";     //打印矩阵内容
27          cout<<endl;
28      }
29  }
```

【执行结果】参见图 10-17。

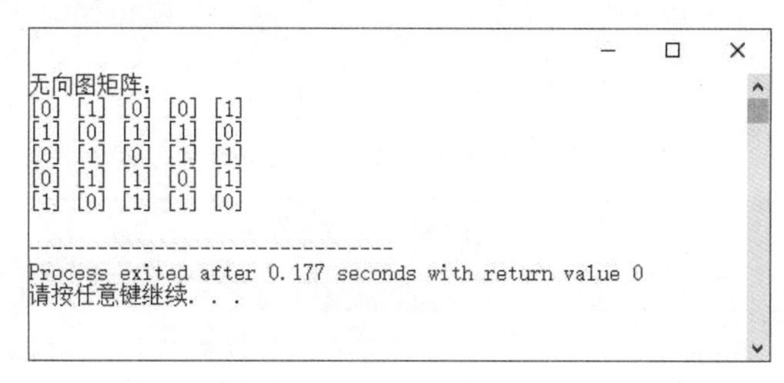

图 10-17

10.2.2　邻接链表法

前面所介绍的邻接矩阵法的优点是运用矩阵的运算，有许多特别的应用。要在图中加入新边时，这种表示法的插入与删除操作相当简易。不过考虑到稀疏矩阵空间浪费的问题，如果要计算所有顶点的度数，其时间复杂度为 $O(n^2)$。因此，可以考虑更有效的方法，就是邻接链表法（Adjacency List）。

邻接链表法就是将一个 n 行的邻接矩阵表示成 n 个链表。这种做法比邻接矩阵节省空间，计算所有顶点的度数时，其时间复杂度为 $O(n+e)$。缺点是如有新边加入图中或从图中删除边时，就要修改相关的链接。

在无向图中，因为对称的关系，若有 n 个顶点和 m 个边，则形成 n 个链表头及 $2m$ 个节点；若在有向图中，则有 n 个链表头及 m 个顶点。因此，在邻接链表中，求所有顶点的度数所需的时间复杂度为 $O(n+m)$。下面分别介绍图 10-18 中所示的两个范例，看如何使用邻接链表来表示。

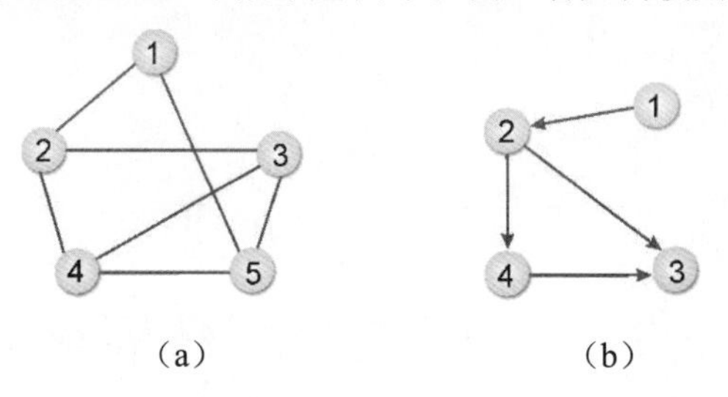

（a）　　（b）

图 10-18

首先来观察图 10-18（a），图中 5 个顶点使用 5 个链表头，V_1 链表代表顶点 1，与顶点 1 相邻的顶点有 2 和 5，以此类推，如图 10-19 所示。

再来观察有向图 10-18（b），图中 4 个顶点使用 4 个链表头，V_1 链表代表顶点 1，与顶点 1 相邻的顶点有 2，以此类推，如图 10-20 所示。

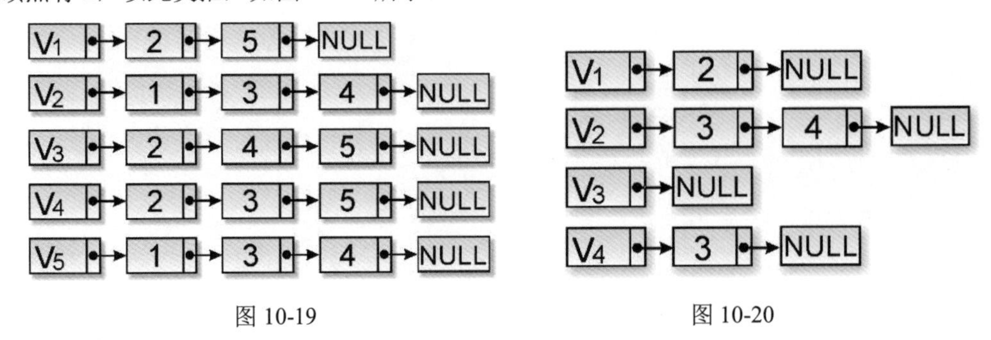

图 10-19　　图 10-20

表 10-1 是关于邻接矩阵法和邻接链表法表示图的优缺点。

表10-1　邻接矩阵法和邻接链表法表示图的优缺点

表 示 法	优 缺 点	
	优　点	缺　点
邻接矩阵法	① 实现简单 ② 计算所有顶点的度相当方便 ③ 要在图中加入新边时，这个表示法的插入与删除比较简易	① 如果顶点与顶点间的路径不多时，易造成稀疏矩阵而浪费内存空间 ② 计算所有顶点的度数时，其时间复杂度为 $O(n^2)$
邻接链表法	① 比较节省空间 ② 计算所有顶点的度时，其时间复杂度为 $O(n+e)$，比邻接矩阵法快	① 在求解入度数时，必须先求其反转表 ② 图新边的加入或删除则要改动相关的表链接，比较麻烦

【范例程序：CH10_02.cpp】

设计一个 C++程序，使用数组存储图的边并建立邻接表，然后输出邻接节点的内容。

```
01  /*
02  [示范] 使用邻接表来表示图(a)和图(b)
03  */
04  #include <iostream>
05  using namespace std;
06  class list
07  {
08      public:
09      int val;
10      class list *next;
11  };
12  class list head[6];//声明一个节点类型的数组
13  int main(void)
14  {
```

```
15      list *ptr,*newnode;
16       int data[14][2]={{1,2},{2,1},{1,5},{5,1},//声明存储图的数组
17                    {2,3},{3,2},{2,4},{4,2},
18                    {3,4},{4,3},{3,5},{5,3},
19                    {4,5},{5,4}};
20      cout<<"图(a)的邻接表内容："<<endl;
21      for (int i=1;i<6;i++)
22      {
23          head[i].val=i; //链表头 head
24          head[i].next=NULL;
25          cout<<"顶点 "<<i<<" =>";     //把顶点值打印出来
26          ptr=&(head[i]);              //暂存节点 ptr
27          for (int j=0;j<14;j++)       //遍历图数组
28          {
29              if (data[j][0]==i)         //如果节点值=i，则加入节点到链表头
30              {
31                  newnode = new list;
32                  newnode->val=data[j][1];//声明新节点，值为终点值
33                  newnode->next=NULL;
34                  while(ptr!=NULL)         //判断是否为链表的末尾
35                      ptr=ptr->next;
36                  ptr=newnode;             //加入新节点
37                  cout<<"["<<newnode->val<<"] ";//打印相邻顶点
38              }
39          }
40          cout<<endl;
41      }
42  }
```

【执行结果】参见图 10-21。

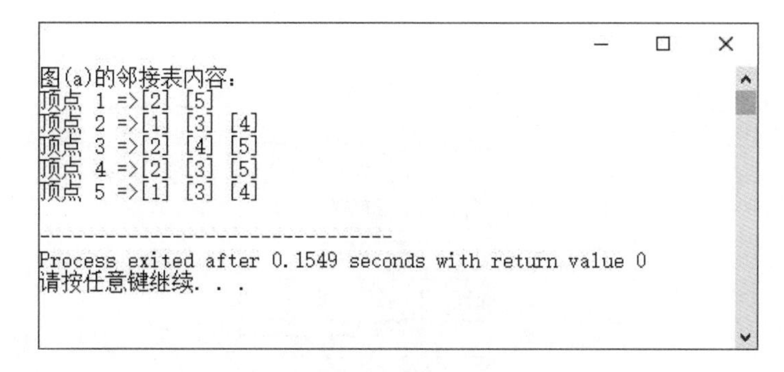

图 10-21

10.2.3　邻接复合链表法

前面介绍的两个图的表示法都是从图的顶点出发，如果要处理的是“边”，则必须使用邻接复合链表法（也称为邻接多叉链表法）。邻接复合链表法是处理无向图的另一种方法。邻接复合链表法的节点用于存储边的数据，其结构如表 10-2 所示。

表10-2　邻接复合链表法的节点

M	V_1	V_2	$LINK_1$	$LINK_2$
记录单元	边起点	边终点	起点指针	终点指针

其中相关特性说明如下：

- M：是记录该边是否被找过的字段，此字段为一个位（比特）。
- V_1和V_2：是所记录的边的起点与终点。
- $LINK_1$：在尚有其他顶点与V_1相连的情况下，此字段会指向下一个与V_1相连的边节点，如果已经没有任何顶点与V_1相连，则指向NULL。
- $LINK_2$：在尚有其他顶点与V_2相连的情况下，此字段会指向下一个与V_2相连的边节点，如果已经没有任何顶点与V_2相连，则指向NULL。

假设有三条边(1, 2)，(1, 3)，(2, 4)，则边(1, 2)表示法如图10-22所示。

我们现在以邻接复合链表法来表示如图10-23所示的无向图。

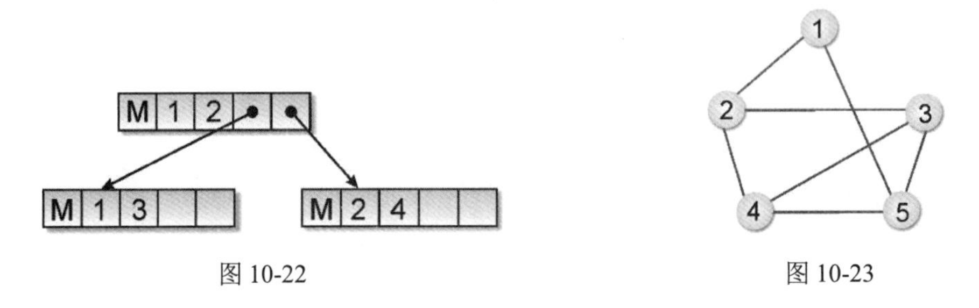

图10-22　　图10-23

分别找出顶点和边的节点，生成的邻接复合链接表如图10-24所示。

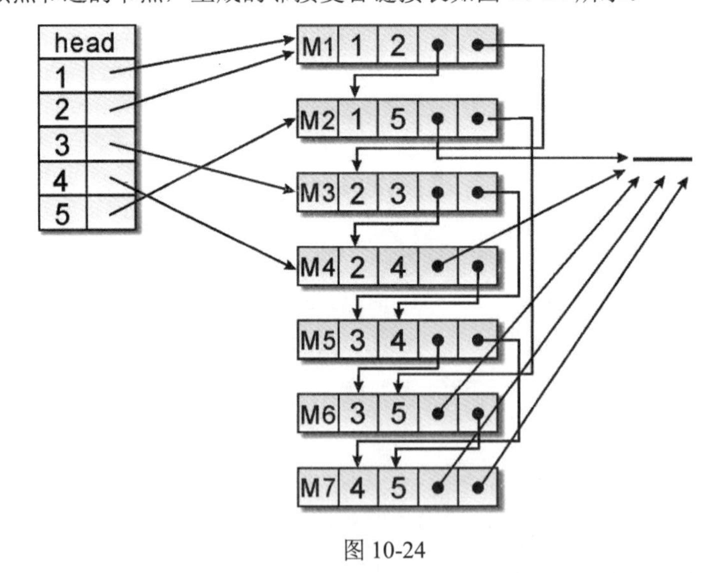

图10-24

10.2.4　索引表格法

索引表格法（Indexed Table）是用一维数组来按序存储与各顶点相邻的所有顶点，并建立索引表格记录各顶点在此一维数组中第一个与该顶点相邻的位置。下面我们以图 10-25 来说明索引表格法。

索引表格法的表示形式如图 10-26 所示。

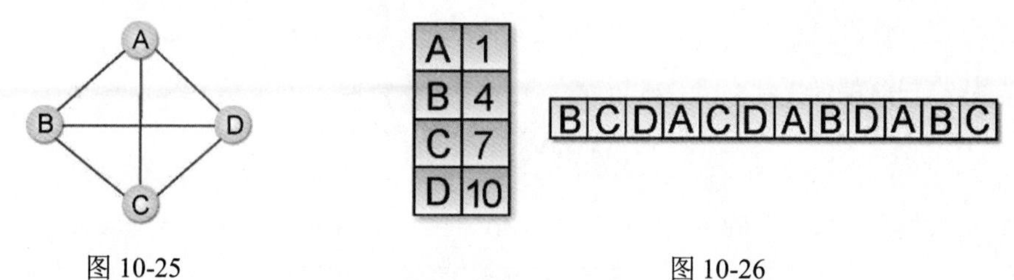

图 10-25　　　　图 10-26

10.3 图的遍历

树的遍历目的是访问树的每一个节点一次，可用的方法有中序法、前序法和后序法三种。对于图的遍历，可以定义如下：

一个图 $G=(V, E)$，存在某一顶点 $v \in V$，我们希望从 v 开始，通过此节点相邻的节点去访问 G 中的其他节点，这就称为"图的遍历"。

也就是从某一个顶点 V_1 开始，遍历可以经过 V_1 到达的顶点，接着遍历下一个顶点直到全部的顶点遍历完毕为止。在遍历的过程中，可能会重复经过某些顶点和边。通过图的遍历可以判断该图是否连通，并找出连通分支和路径。图遍历的方法有两种：深度优先遍历（Depth-First Search，DFS）和广度优先遍历（Breadth-First Search，BFS），也称为深度优先搜索和广度优先搜索。

10.3.1 深度优先遍历

深度优先遍历的方式有点类似于前序遍历，是从图的某一顶点开始遍历，被访问过的顶点就做上已访问的记号，接着遍历此顶点的所有相邻且未访问过的顶点中的任意一个顶点，并做上已访问的记号，再以该点为新的起点继续进行深度优先搜索。

这种图的遍历方法结合了递归和堆栈两种数据结构的技巧，由于此方法会造成无限循环，因此必须加入一个变量，判断该点是否已经遍历完毕。下面以图 10-27 为例来看这个方法的遍历过程。

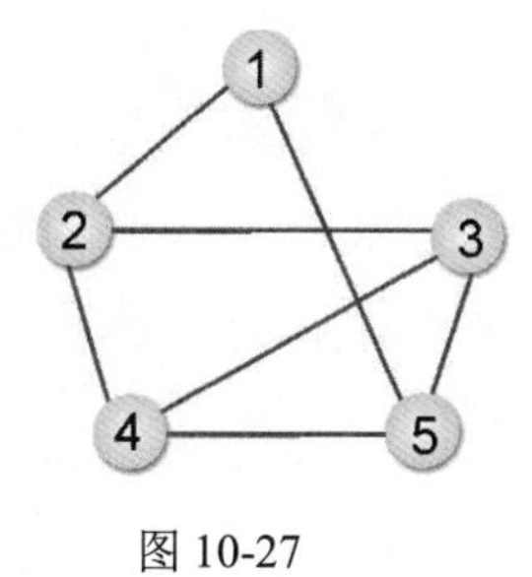

图 10-27

步骤 01 以顶点 1 为起点，将相邻的顶点 2 和顶点 5 压入堆栈。

步骤02 从堆栈顶部弹出顶点 2，将与顶点 2 相邻且未访问过的顶点 3 和顶点 4 压入堆栈。

⑤	④	③		

步骤03 从堆栈顶部弹出顶点 3，将与顶点 3 相邻且未访问过的顶点 4 和顶点 5 压入堆栈。

⑤	④	⑤	④	

步骤04 从堆栈顶部弹出顶点 4，将与顶点 4 相邻且未访问过的顶点 5 压入堆栈。

⑤	④	⑤	⑤	

步骤05 从堆栈顶部弹出顶点 5，将与顶点 5 相邻且未访问过的顶点压入堆栈，我们会发现与顶点 5 相邻的顶点全部被访问过了，所以无须再压入堆栈。

步骤06 将堆栈内的值弹出并判断是否已经遍历过了，直到堆栈内无节点可遍历为止。

深度优先的遍历顺序为顶点 1、顶点 2、顶点 3、顶点 4、顶点 5。

用 C++语言实现的深度优先遍历算法如下：

```
void dfs(int current) //深度优先遍历子程序
{
    link ptr;
    run[current]=1;
    cout<<"["<<current<<"] ";
    ptr=head[current]->next;
    while(ptr!=NULL)
    {
        if (run[ptr->val]==0)  //如果顶点尚未遍历
            dfs(ptr->val);          //就进行 dfs 的递归调用
    ptr=ptr->next;
    }
}
```

【范例程序：CH10_03.cpp】

编写一个 C++程序实现上述的深度优先遍历法，存储图数据的数组如下：

```
int data[20][2]={{1,2},{2,1},{1,3},{3,1},
                 {2,4},{4,2},{2,5},{5,2},
                 {3,6},{6,3},{3,7},{7,3},
                 {4,5},{5,4},{6,7},{7,6},
                 {5,8},{8,5},{6,8},{8,6}};
```

```
01  #include <iostream>
02  using namespace std;
03  class list
04  {
05     public:
06     int val;
07     class list *next;
08  };
09  typedef class list node;
10  typedef node *link;
11  class list* head[9];
12  void dfs(int);
13  int run[9];
14  int main(void)
15  {
16     link ptr,newnode;
17     int data[20][2]={{1,2},{2,1},{1,3},{3,1},//声明存放图的边的数组
18                  {2,4},{4,2},{2,5},{5,2},
19                  {3,6},{6,3},{3,7},{7,3},
20                  {4,5},{5,4},{6,7},{7,6},
21                  {5,8},{8,5},{6,8},{8,6}};
22     for (int i=1;i<=8;i++)//共有 8 个顶点
23     {
24        run[i]=0;        //设置所有顶点为尚未遍历过
25        head[i]= new node;
26        head[i]->val=i;    //设置各个链表头的初值
27        head[i]->next=NULL;
28        ptr=head[i];      //设置指针为链表头
29        for(int j=0;j<20;j++) //20 条边线
30        {
31           if(data[j][0]==i) //如果起点和链表头相等，则把顶点加入链表
32           {
33              newnode =new node;
34              newnode->val=data[j][1];
35              newnode->next=NULL;
36              do
37              {
38                 ptr->next=newnode;//加入新节点
39                 ptr=ptr->next;
40              }while(ptr->next!=NULL);
41           }
42        }
43     }
44     cout<<"图的邻接表内容："<<endl;//打印图的邻接表内容
45     for(int i=1;i<=8;i++)
46     {
47        ptr=head[i];
48        cout<<"顶点 "<<i<<"=> ";
49        ptr = ptr->next;
50        while(ptr!=NULL)
```

```
51          {
52              cout<<"["<<ptr->val<<"] ";
53              ptr=ptr->next;
54          }
55          cout<<endl;
56      }
57
58      cout<<"深度优先遍历顶点："<<endl;//打印出深度优先遍历的顶点
59      dfs(1);
60      cout<<endl;
61  }
62  void dfs(int current) //深度优先遍历子程序
63  {
64      link ptr;
65      run[current]=1;
66      cout<<"["<<current<<"] ";
67      ptr=head[current]->next;
68      while(ptr!=NULL)
69      {
70          if (run[ptr->val]==0)      //如果顶点尚未遍历，
71              dfs(ptr->val);       //就进行 dfs 的递归调用
72          ptr=ptr->next;
73      }
74  }
```

【执行结果】参见图 10-28。

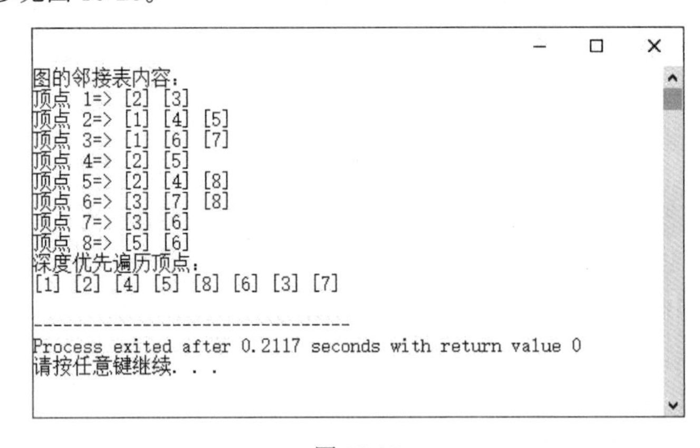

图 10-28

10.3.2　广度优先遍历

之前所谈到的深度优先遍历是使用堆栈和递归的技巧来遍历图，而广度优先遍历则是使用队列和递归技巧来遍历图，也是从图的某一顶点开始遍历，被访问过的顶点就做上已访问的记号，接着遍历此顶点的所有相邻且未访问过的顶点中的任意一个顶点，并做上已访问的记号，再以该点为新的起点继续进行广度优先遍历。下面以图 10-29 为例来看广度优先的遍历过程。

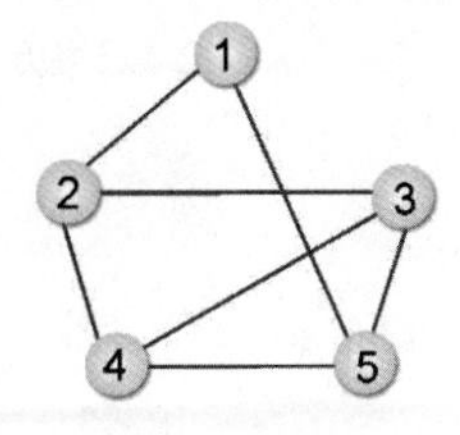

图 10-29

步骤 01 以顶点 1 为起点，将与顶点 1 相邻且未访问过的顶点 2 和顶点 5 加入队列。注意左边是队首，右边是队尾。

②	⑤			

步骤 02 从队首取出顶点 2，将与顶点 2 相邻且未访问过的顶点 3 和顶点 4 加入队列。

⑤	③	④		

步骤 03 从队首取出顶点 5，将与顶点 5 相邻且未访问过的顶点 3 和顶点 4 加入队列。

③	④	③	④	

步骤 04 从队首取出顶点 3，将与顶点 3 相邻且未访问过的顶点 4 加入队列。

④	③	④	④	

步骤 05 从队首取出顶点 4，将与顶点 4 相邻且未访问过的顶点加入队列中，我们会发现与顶点 4 相邻的顶点全部被访问过了，所以无须再加入队列中。

③	④	④		

步骤 06 将队列中的值取出并判断是否已经遍历过了，直到队列内无节点可遍历为止。

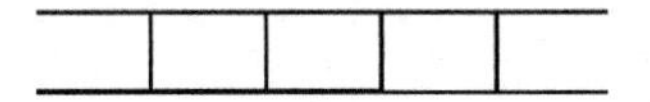

广度优先的遍历顺序为：顶点 1、顶点 2、顶点 5、顶点 3、顶点 4。

用 C++语言实现的广度优先遍历算法如下：

```
void bfs(int current)
{
    link tempnode;                          //临时的节点指针
    enqueue(current);                       //将第一个顶点加入队列
    run[current]=1;                         //将遍历过的顶点设置为 1
    cout<<"["<<current<<"]";                //打印出遍历过的顶点
    while(front!=rear) {                    //判断当前的队列是否为空队列
        current=dequeue();                  //将顶点从队列中取出
        tempnode=Head[current].first;       //先记录当前顶点的位置
        while(tempnode!=NULL)
        {
            if(run[tempnode->x]==0)
            {
                enqueue(tempnode->x);
```

```
                run[tempnode->x]=1;        //记录已遍历过
                cout<<"["<<tempnode->x<<"]";
            }
            tempnode=tempnode->next;
        }
    }
}
}
```

【范例程序：CH10_04.cpp】

下面的C++范例程序实现广度优先遍历法，存储图结构的数组如下：

```
int Data[20][2] =  { {1,2},{2,1},{1,3},{3,1},
                     {2,4},{4,2},{2,5},{5,2},
                     {3,6},{6,3},{3,7},{7,3},
                     {4,5},{5,4},{6,7},{7,6},
                     {5,8},{8,5},{6,8},{8,6} };
```

```
01  /*
02  [示范] 广度优先遍历法(BFS)
03  */
04  #include <iostream>
05  #include <cstdlib>
06  #define MAXSIZE 10    //定义队列的最大容量
07  using namespace std;
08  int front=-1;     //指向队列的前端
09  int rear=-1; //指向队列的后端
10  struct list       //声明图的顶点结构
11  {
12     int x;          //顶点数据
13     struct list *next; //指向下一个顶点的指针
14  };
15  typedef struct list node;
16  typedef node *link;
17  struct GraphLink
18  {
19     link first;
20     link last;
21  };
22  int run[9];  //用来记录各顶点是否遍历过
23  int queue[MAXSIZE];
24  struct GraphLink Head[9];
25  void print(struct GraphLink temp)
26  {
27     link current=temp.first;
28     while(current!=NULL)
29     {
30        cout<<"["<<current->x<<"]";
31        current=current->next;
32     }
33     cout<<endl;
34  }
```

```
35   void insert(struct GraphLink *temp,int x)
36   {
37      link newNode;
38      newNode=new node;
39      newNode->x=x;
40      newNode->next=NULL;
41      if(temp->first==NULL)
42      {
43         temp->first=newNode;
44         temp->last=newNode;
45      }
46      else
47      {
48         temp->last->next=newNode;
49         temp->last=newNode;
50      }
51   }
52   //队列数据的加入
53   void enqueue(int value)
54   {
55      if(rear>=MAXSIZE) return;
56      rear++;
57      queue[rear]=value;
58   }
59   //队列数据的取出
60   int dequeue()
61   {
62      if(front==rear) return -1;
63      front++;
64      return queue[front];
65   }
66   //广度优先遍历法
67   void bfs(int current)
68   {
69      link tempnode;        //临时的节点指针
70      enqueue(current);  //将第一个顶点加入队列
71      run[current]=1;           //将遍历过的顶点设置为1
72      cout<<"["<<current<<"]";      //打印出该遍历过的顶点
73      while(front!=rear) {     //判断当前的队列是否为空队列
74         current=dequeue();          //将顶点从队列中取出
75         tempnode=Head[current].first;     //先记录当前顶点的位置
76         while(tempnode!=NULL)
77         {
78            if(run[tempnode->x]==0)
79            {
80               enqueue(tempnode->x);
81               run[tempnode->x]=1; //记录已遍历过
82               cout<<"["<<tempnode->x<<"]";
83            }
84            tempnode=tempnode->next;
85         }
86      }
```

```
87    }
88    int main(void)
89    {
90    //声明存放图的边的数组
91        int data[20][2]={{1,2},{2,1},{1,3},{3,1},
92                   {2,4},{4,2},{2,5},{5,2},
93                   {3,6},{6,3},{3,7},{7,3},
94                   {4,5},{5,4},{6,7},{7,6},
95                   {5,8},{8,5},{6,8},{8,6}};
96      int dataNum;
97      int i,j;
98      cout<<"图的邻接表内容："<<endl; //打印图的邻接表内容
99      for( i=1 ; i<9 ; i++ )
100     { //共有 8 个顶点
101        run[i]=0;    //设置所有顶点为尚未遍历过
102        cout<<"顶点"<<i<<"=>";
103        Head[i].first=NULL;
104        Head[i].last=NULL;
105         for( j=0 ; j<20 ;j++)
106        {
107            if(data[j][0]==i)
108           { //如果起点和链表头相等，则把顶点加入链表
109               dataNum = data[j][1];
110               insert(&Head[i],dataNum);
111            }
112          }
113            print(Head[i]);//打印图的邻接表内容
114      }
115      cout<<"广度优先遍历顶点："<<endl;//打印广度优先遍历的顶点
116      bfs(1);
117      cout<<endl;
118       return 0;
119   }
```

【执行结果】参见图 10-30。

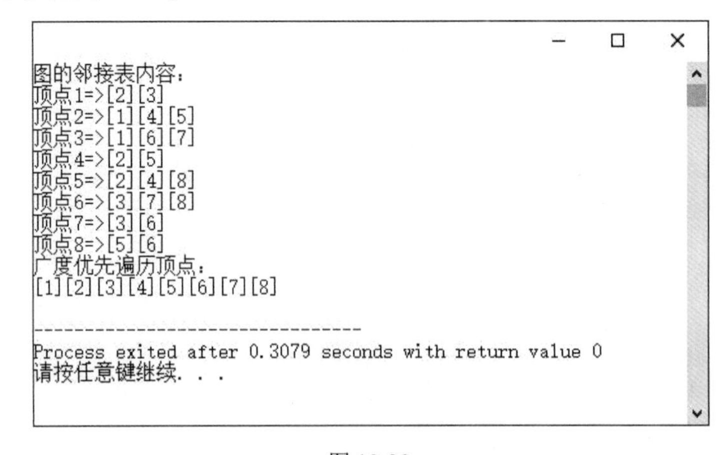

图 10-30

10.4　生　成　树

生成树（Spanning Tree）又称“花费树”“成本树”或“值树”，一个图的生成树就是以最少的边来连通图中所有的顶点，且不造成回路的树结构。更清楚地说，当一个图连通时，使用深度优先搜索或广度优先搜索必能访问图中所有的顶点，且 $G=(V, E)$的所有边可分成两个集合：T 和 B（T 为搜索时所经过的所有边，而 B 为其余未被经过的边）。若 $S=(V, T)$为 G 中的生成树，具有以下 3 项性质：

（1）$E=T+B$。

（2）加入 B 中的任意一边到 S 中，则会产生回路。

（3）V 中的任何两个顶点 V_i，V_j 在 S 中存在唯一的一条简单路径。

例如图 10-31 所示是图 G（图中最左图）与它的三棵生成树。

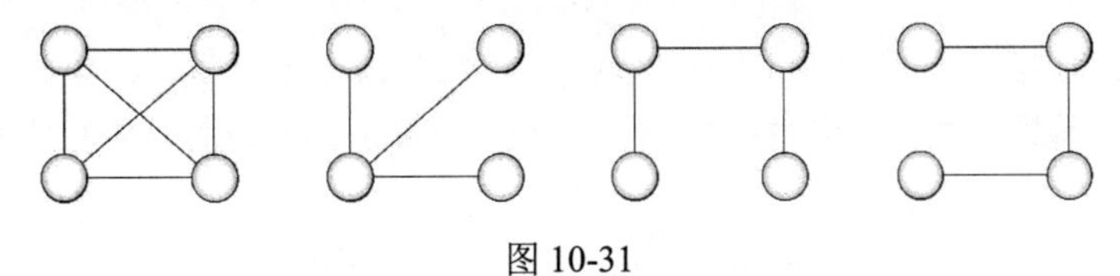

图 10-31

10.4.1　深度优先生成树和广度优先生成树

一棵生成树也可以利用深度优先搜索法与广度优先搜索法来产生，所得到的生成树分别被称为深度优先生成树（DFS 生成树）和广度优先生成树（BFS 生成树）。现在来求出图 10-32 所示的图的深度优先生成树和广度优先生成树。

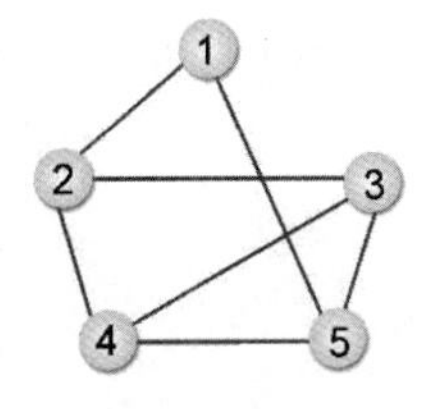

图 10-32

按照生成树的定义，可以得到下列几棵生成树，如图 10-33 所示。

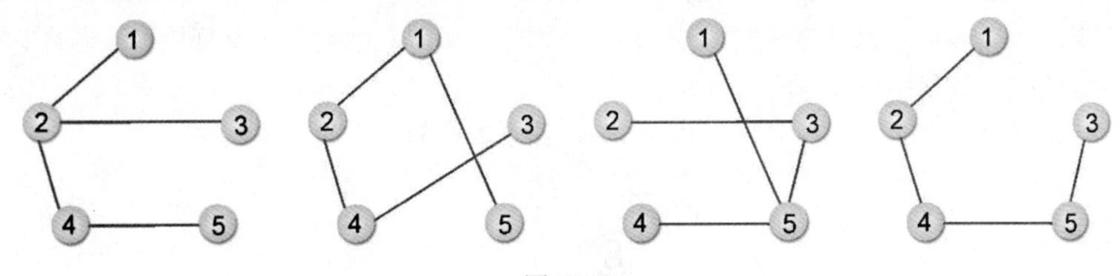

图 10-33

从图 10-33 可知，一个图通常具有不止一棵生成树。图 10-33 中的深度优先生成树为①②③④⑤，如图 10-34 的图（a）所示；图 10-33 的广度优先生成树为①②⑤③④，如图 10-34 的图（b）所示。

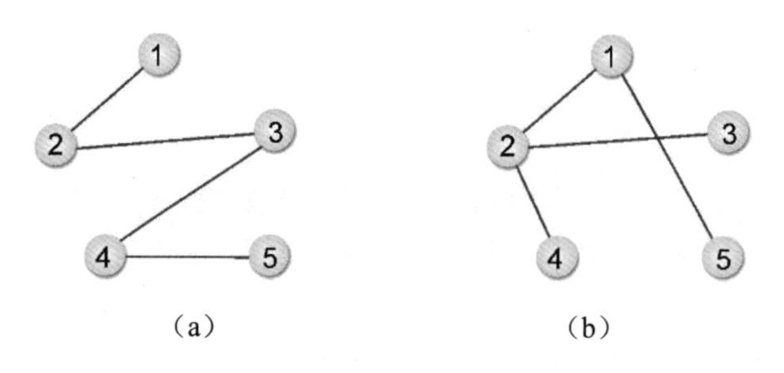

图 10-34

10.4.2　最小生成树

假设在树的边加上一个权重（Weight）值，这种图就称为加权图（Weighted Graph）。如果这个权重值代表两个顶点之间的距离（Distance）或成本（Cost），那么这类图就称为网络（Network），如图 10-35 所示。

要想知道从某个点到另一个点之间的路径成本，如果从顶点 1 到顶点 5 有（1+2+3）、（1+6+4）和 5 三条路径成本，而最小成本生成树（Minimum Cost Spanning Tree）就是路径成本为 5 的生成树，如图 10-36 中最右边的图所示。

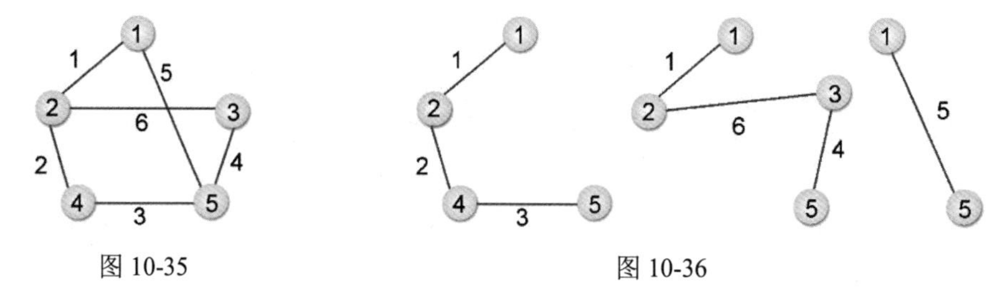

图 10-35　　　　图 10-36

在一个加权图中找到最小成本生成树是相当重要的，因为许多工作都可以用图来表示，例如从北京到上海的距离或花费等。接下来将介绍以贪婪算法为基础，求得一个无向连通图的最小生成树，常见的方法是 Prim 算法和 Kruskal 算法。

10.4.3　Prim 算法

Prim 算法又称 P 氏法，对一个加权图 $G=(V, E)$，设 $V=\{1, 2, \cdots, n\}$，假设 $U=\{1\}$，也就是说，U 和 V 是两个顶点的集合。然后从 $V-U$ 差集所产生的集合中找出一个顶点 x，该顶点 x 能与 U 集合中的某点形成最小成本的边且不会造成回路。最后将顶点 x 加入 U 集合中，反复执行同样的步骤，一直到 U 集合等于 V 集合（即 $U=V$）为止。

接下来，我们将实际使用 P 氏法求出图 10-37 所示的图的最小成本生成树。

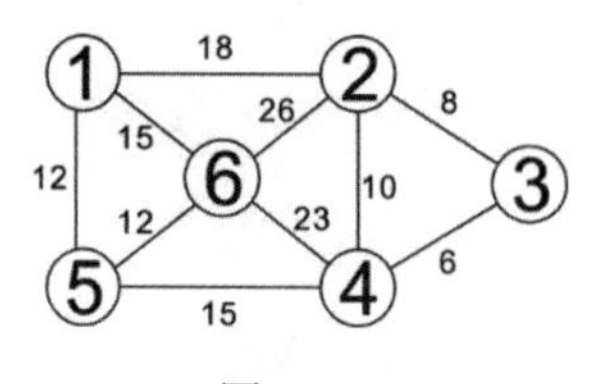

图 10-37

步骤01 从图 10-37 中可知，$V = \{1, 2, 3, 4, 5, 6\}$，$U = \{1\}$。先从 $V–U = \{2, 3, 4, 5, 6\}$ 中找一个顶点与 U 顶点能形成最小成本的边，如图 10-38 所示。此时 $V–U = \{2, 3, 4, 6\}$，$U = \{1, 5\}$。

步骤02 再从 $V–U$ 中找到一个顶点与 U 顶点能形成最小成本的边，如图 10-39 所示。此时 $U = \{1, 5, 6\}$，$V–U = \{2, 3, 4\}$。

步骤03 同理，找到顶点 4。此时，$U = \{1, 5, 6, 4\}$，$V–U = \{2, 3\}$，如图 10-40 所示。

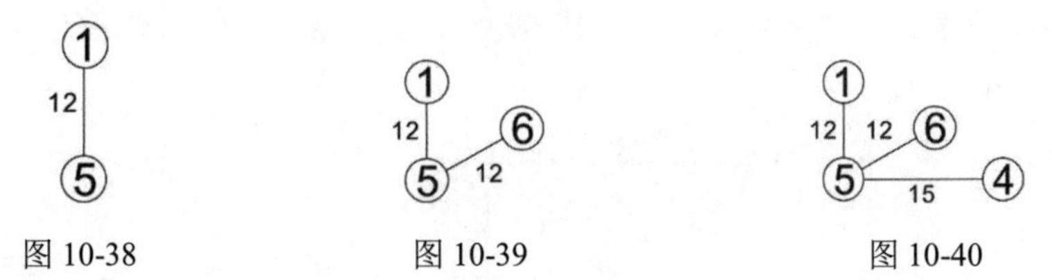

图 10-38　　图 10-39　　图 10-40

步骤04 同理，找到顶点 3，如图 10-41 所示。

步骤05 同理，找到顶点 2，如图 10-42 所示。

图 10-41　　图 10-42

下面再来看一个用 P 氏法求出图 10-43 所示的加权图的最小成本生成树。

步骤01 当 $V=ABCDEF$，$U=A$ 时，从 $V–U$ 中找一个与 U 路径最短的顶点，如图 10-44 所示。

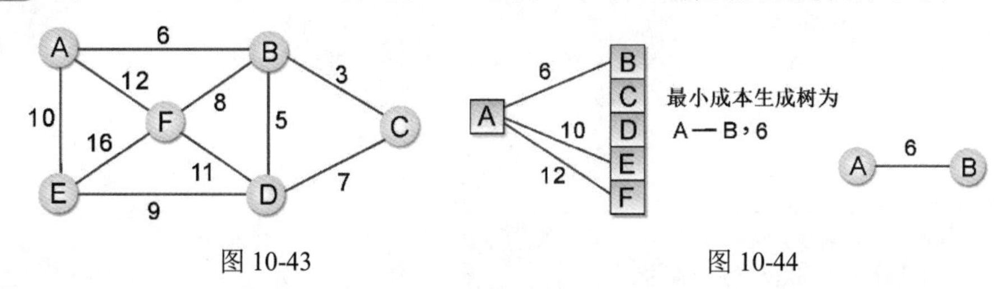

图 10-43　　图 10-44

步骤02 把 B 加入 U，在 $V–U$ 中找一个与 U 路径最短的顶点，如图 10-45 所示。

步骤03 把 C 加入 U，在 $V–U$ 中找一个与 U 路径最短的顶点，如图 10-46 所示。

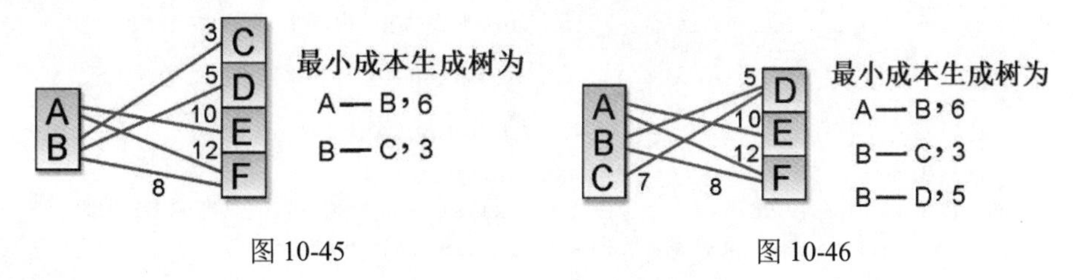

图 10-45　　图 10-46

步骤04 把 D 加入 U，在 $V–U$ 中找一个与 U 路径最短的顶点，如图 10-47 所示。

步骤05 把 F 加入 U，在 $V–U$ 中找一个与 U 路径最短的顶点，如图 10-48 所示。

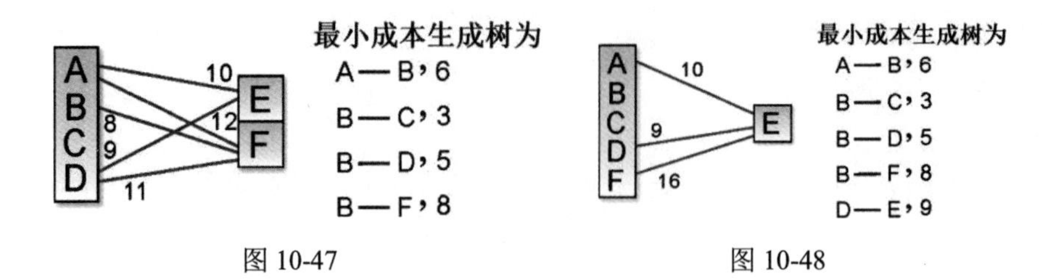

图 10-47　　　　图 10-48

步骤06 最后可得到最小成本生成树如图 10-49 所示，结果为{A—B，6}{B—C，3}{B—D，5}{B—F，8}{D—E，9}。

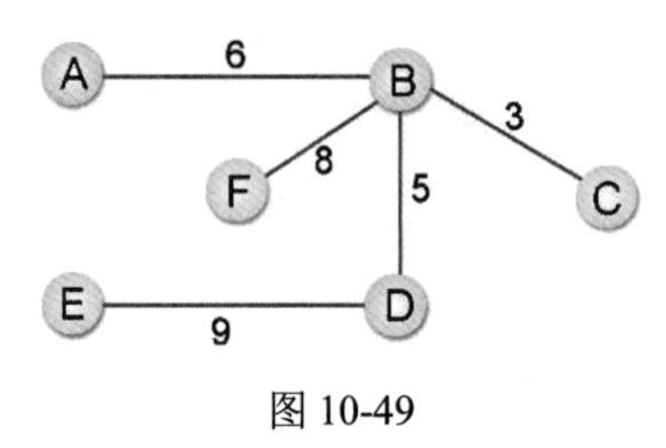

图 10-49

用 C++语言实现的 Prim 算法（最小成本生成树）如下：

```
void MinSpanTree(int start,int node, int edge)
{
    int smallest;            //用来记录最小成本的变量
    int end_point;           //最小成本的边的对应顶点
    marked[start]=1;         //标记该顶点为已找到的顶点

    //此循环用于初始化的工作
    for(int i=0;i<node;i++){
        value[i]=data[start][i];   //初始化开始顶点的各邻接边的成本
        road[i]=start;    //初始化从开始顶点到 i 顶点的路径
    }

    for(int i=1;i<node;i++){
        smallest=BIG_NO;
        //以循环逐一找出最小成本的边
        for(int j=0;j<node;j++){
            if((marked[j]==0) && (smallest>value[j])){
                smallest=value[j];      //记录最小成本边的成本数值
                end_point=j;      //记录最小成本边对应的顶点 j
            }
        }
        total =total+value[end_point]; //累加最小成本的成本数值
        marked[end_point]=1;       // 标记找出的顶点
        for(int j=0;j<node;j++){   // 更新记录边的大小的权值 value（即成本）数组
            if((marked[j]==0) && (data[end_point][j]<value[j])){
                value[j]=data[end_point][j];
                road[j]=end_point;
            }
        }
    }
}
```

```
}
```

【范例程序：CH10_05.cpp】

利用 Prim 算法，设计一个 C++程序实现图 10-50 所示的图的最小成本生成树的路径和总成本。

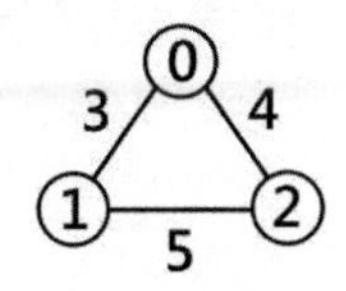

图 10-50

```
01  // Prim 算法又称 P 氏法
02  #define  BIG_NO 99999
03  #include <iostream>
04  using namespace std;
05
06  int data[60][60];   //声明二维数组的邻接矩阵
07  int total=0;        //记录最小成本生成树的总成本，初值设置为 0
08  int start;          //最小成本生成树的起点
09  int value[60];          //以一维数组存储边的权值（即成本）
10  char marked[60]={0};    //用来标记该顶点是否已找到，初值设置为 0
11  int road[60];           //记录最小成本生成树的路径
12  void MinSpanTree(int,int,int);    //子程序：最小成本生成树
13
14  int main(void){
15      int node=3;         //图的顶点总数
16      int edge=3;         //图的总边数
17      int x,y,z;
18      //设置 data 数组初始值
19      for(int i=0;i<node;i++){
20          for(int j=0;j<node;j++){
21              data[i][j]=BIG_NO;
22          }
23      }
24      cout<<"图的顶点个数= "<<node<<endl;    //输出图的顶点的总数
25      cout<<"图的总边数= "<<edge<<endl;      //输出图的总边数
26      //读取及输出各边的信息， 包括起点，终点及边长（即成本值）
27      for(int i=0;i<edge;i++){
28          cout<<"\n 请输入第 "<<(i+1)<<" 个边的起点，终点及边长，数值之间以空格符隔开："<<endl;
29           cin>>x>>y>>z;
30          data[x][y]=z;
31          data[y][x]=z;
32          cout<<"第 "<<(i+1)<<" 个边是从顶点 "<<x<<" 到顶点 "<<y<<"，它的边长 = "<<z<<endl;
33       }
34
35      cout<<"\n 请输入最小成本生成树的起始顶点：";
36      cin>>start;
```

```
37      MinSpanTree(start,node,edge);    //调用 Prim 算法子程序
38      cout<<"最小成本生成树的路径为："<<endl;
39      for(int i=0;i<node;i++){
40          if(i!=start){
41              cout<<"连接顶点 "<<road[i]<<"------到顶点 "<<i<<" 的边"<<endl;
42          }
43      }
44      cout<<"最小成本生成树的总成本 = "<<total<<endl;
45      return 0;
46  }
47
48  void MinSpanTree(int start,int node, int edge){
49      int smallest;       //用来记录最小成本的变量
50      int end_point;      //最小成本的边对应的顶点
51      marked[start]=1;    //标记该顶点为已找到的顶点
52
53      //此循环用于初始化工作
54      for(int i=0;i<node;i++){
55          value[i]=data[start][i];    //初始化开始顶点的各邻接边的成本
56          road[i]=start;    //初始化从开始顶点到 i 顶点的路径
57      }
58
59      for(int i=1;i<node;i++){
60          smallest=BIG_NO;
61          //以循环逐一找出最小成本的边
62          for(int j=0;j<node;j++){
63              if((marked[j]==0) && (smallest>value[j])){
64                  smallest=value[j];    //记录最小成本边的成本数值
65                  end_point=j;          //记录最小成本边对应的顶点 j
66              }
67          }
68          total =total+value[end_point];    //累加最小成本的成本数值
69          marked[end_point]=1;              //标记找出的顶点
70          for(int j=0;j<node;j++){          //更新记录边的大小的权值 value（即成本）数组
71              if((marked[j]==0) && (data[end_point][j]<value[j])){
72                  value[j]=data[end_point][j];
73                  road[j]=end_point;
74              }
75          }
76      }
77  }
```

【执行结果】参见图 10-51。

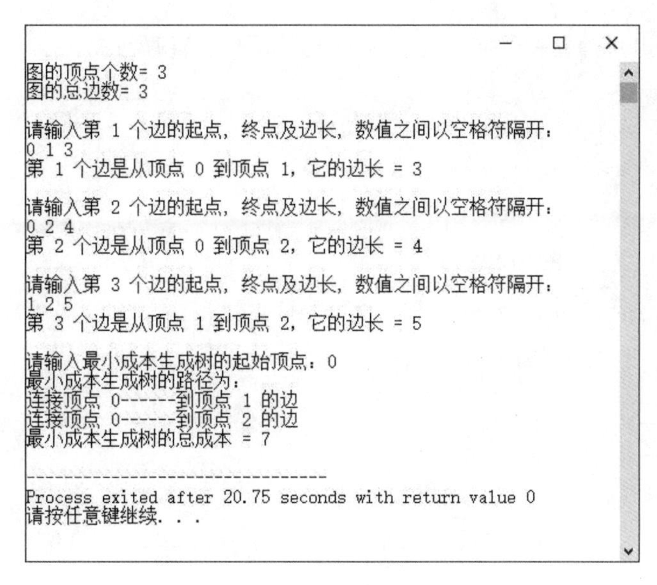

图 10-51

10.4.4 Kruskal 算法

Kruskal 算法又称为 K 氏法，是将各边按权值从小到大排列，接着从权值最小的边开始建立最小成本生成树，如果加入的边会造成回路，则舍弃不用，直到加入 n-1 条边为止。这个方法看起来似乎不难，下面我们直接来看如何以 K 氏法得到如图 10-52 所示的图对应的最小成本生成树。

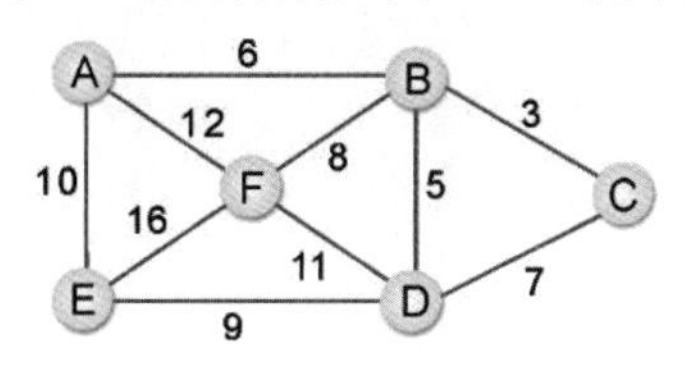

图 10-52

步骤 01 把所有边的成本列出，并按从小到大排序，如表 10-3 所示。

表10-3　所有边的成本

起始顶点	终止顶点	成　本
B	C	3
B	D	5
A	B	6
C	D	7
B	F	8
D	E	9
A	E	10
D	F	11
A	F	12
E	F	16

步骤 02 选择成本最低的一条边作为建立最小成本生成树的起点，如图 10-53 所示。

步骤03 按步骤01所建立的表格，按序加入边，如图 10-54 所示。

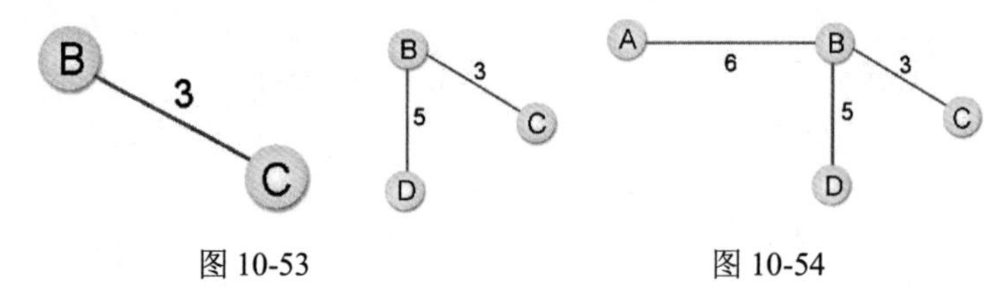

图 10-53　　　　图 10-54

步骤04 因为 *C*–*D* 加入会形成回路，所以直接跳过，如图 10-55 所示。

步骤05 完成图如图 10-56 所示。

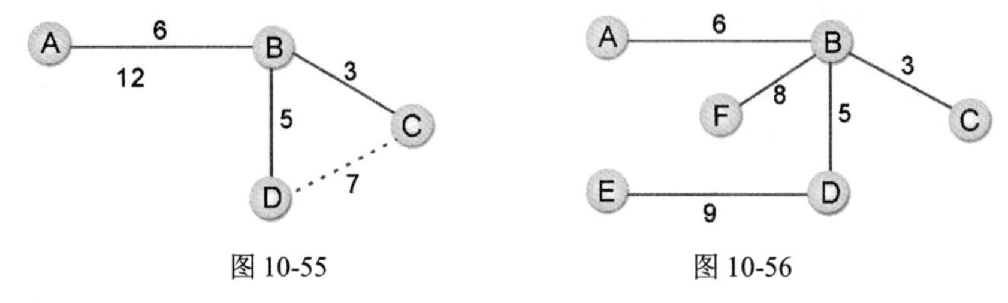

图 10-55　　　　图 10-56

用 C++语言实现的 Kruskal 算法如下：

```
void mintree(mst head)  //最小成本生成树的子程序
{
    mst ptr,mceptr;
    int result=0;
    ptr=head;

    for(int i=0;i<=VERTS;i++)
        v[i]=0;

    while(ptr!=NULL)
    {
        mceptr=findmincost(head);
        v[mceptr->from]++;
        v[mceptr->to]++;
        if(v[mceptr->from]>1 && v[mceptr->to]>1)
        {
            v[mceptr->from]--;
            v[mceptr->to]--;
            result=1;
        }
        else
            result=0;
        if(result==0)
            cout<<"起始顶点 ["<<mceptr->from<<"]\t 终止顶点 ["<<mceptr->to <<"]\t 路径长度
["
        <<mceptr->val<<"]"<<endl;
        ptr=ptr->next;
    }
}
```

【范例程序：CH10_06.cpp】

下面的C++范例程序使用一个二维数组存储并排列K氏法的成本表，接着按序把成本表加入另一个二维数组并判断是否会造成回路，以此来求取最小成本生成树。

```
int data[10][3]={{1,2,6},{1,6,12},{1,5,10},
                 {2,3,3},{2,4,5},{2,6,8},
                 {3,4,7},{4,6,11},{4,5,9},{5,6,16}};
```

```
01    #include <stdio.h>
02    #include <stdlib.h>
03    #define VERTS    6              /* 图的顶点数*/
04
05    struct edge                    /* 声明边的结构*/
06    {
07       int from,to;
08       int find,val;
09       struct edge* next;
10    };
11    typedef struct edge node;
12    typedef node* mst;
13    int v[VERTS+1];
14    mst findmincost(mst head)      /* 搜索最小成本的边 */
15    {
16       int minval=100;
17
18
```

【执行结果】参见图10-57。

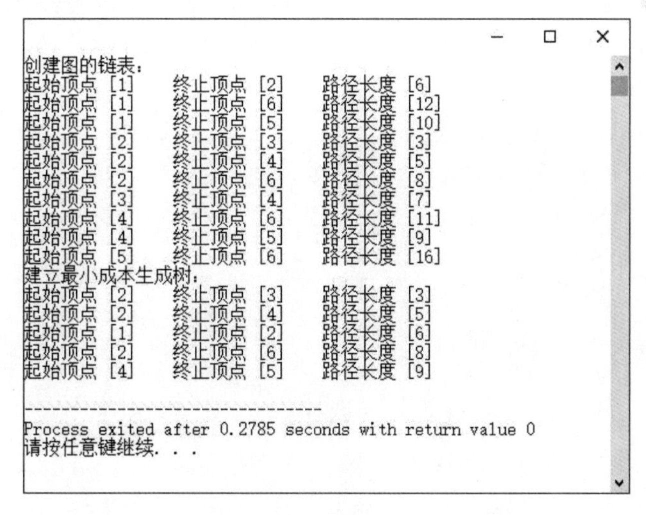

图 10-57

10.5　图的最短路径

在一个有向图 $G = (V, E)$中，它的每一条边都有一个比例常数 W（Weight）与之对应，如果想求图 G 中某一个顶点 V_0 到其他顶点的最少 W 总和，这类问题就称为最短路径问题（The Shortest Path Problem）。由于交通运输工具和通信工具的便利与普及，因此两地之间发生货物运送或者进行信息传递时，最短路径的问题随时都可能会应需求而产生，简单来说，最短路径问题就是找出两个端点间可通行的快捷方式。

10.24 节中介绍的最小成本生成树就是计算连通网络中每一个顶点所需的最少花费，但是连通树中任意两个顶点的路径不一定就是一条花费最少的路径，这也是本节将研究最短路径问题的主要理由。一般讨论的方向有两种：

（1）单点对全部顶点（Single Source All Destination）。

（2）所有顶点对两两之间的最短距离（All Pairs Shortest Paths）。

10.5.1　单点对全部顶点——Dijkstra 算法与 A*算法

1. Dijkstra 算法

一个顶点到多个顶点的最短路径通常使用 Dijkstra 算法求得。Dijkstra 算法如下：

（1）假设 $S = \{V_i \mid V_i \in V\}$，且 V_i 在已发现的最短路径中，其中 $V_0 \in S$ 是起始顶点。

（2）假设 $w \notin S$，定义 DIST(w)是从 V_0 到 w 的最短路径，这条路径除了 w 外必属于 S，且有以下几点特性：

① 如果 u 是当前所找到最短路径的下一个节点，则 u 必属于 $V-S$ 集合中最小成本的边。

② 若 u 被选中，将 u 加入 S 集合中，则会产生当前的从 V_0 到 u 的最短路径，对于 $w \notin S$，DIST(w)被改变成 DIST(w)←Min{DIST(w), DIST(u) + COST(u, w)}。

从上述算法中，可以推演出如下步骤：

步骤 01

$G = (V, E)$

$D[k] = A[F, k]$，其中 k 从 1 到 N

$S = \{F\}$

$V = \{1,2,\cdots,N\}$

- $\boldsymbol{D}$ 为一个 N 维数组，用来存放某一顶点到其他顶点的最短距离。
- F 表示起始顶点。
- $\boldsymbol{A}[F, I]$为顶点 F 到 I 的距离。
- V 是网络中所有顶点的集合。
- E 是网络中所有边的组合。
- S 也是顶点的集合，其初始值是 $S = \{F\}$。

步骤02 从 $V-S$ 集合中找到一个顶点 x，使 $D(x)$的值为最小值，并把 x 放入 S 集合中。

步骤03 按下列公式：

$$D[I] = \min(D[I], D[x] + A[x, I])$$

其中$(x, I)\in E$ 用来调整 D 数组的值，I 是指 x 的相邻各顶点。

步骤04 重复执行步骤 02，一直到 $V-S$ 是空集合为止。

现在来看一个例子，在图 10-58 中找出顶点 5 到各顶点之间的最短路径。

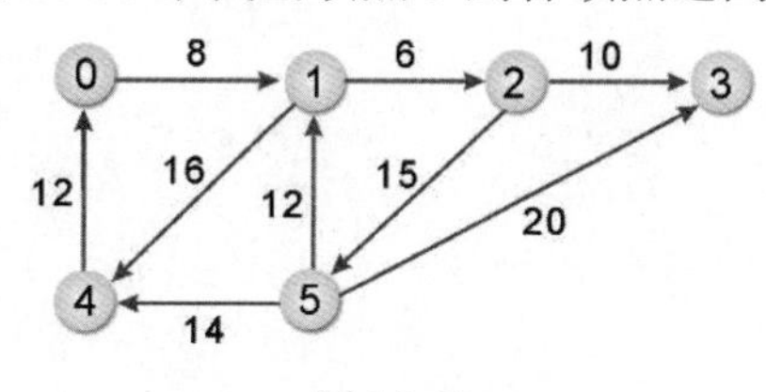

图 10-58

首先从顶点 5 开始，找出顶点 5 到各顶点之间最小的距离，到达不了的顶点则以∞表示。步骤如下：

步骤01 $D[0] = \infty$，$D[1]=12$，$D[2] = \infty$，$D[3] = 20$，$D[4] = 14$。在其中找出值最小的顶点并加入 S 集合中。

步骤02 $D[0] = \infty$，$D[1] = 12$，$D[2] = 18$，$D[3] = 20$，$D[4] = 14$。$D[4]$最小，加入 S 集合中。

步骤03 $D[0] = 26$，$D[1] = 12$，$D[2] = 18$，$D[3] = 20$，$D[4] = 14$。$D[2]$最小，加入 S 集合中。

步骤04 $D[0] = 26$，$D[1]=12$，$D[2] = 18$，$D[3] = 20$，$D[4] = 14$。$D[3]$最小，加入 S 集合中。

步骤05 加入最后一个顶点即可得到表 10-4。

表10-4　加入最后一个顶点后

步　骤	S	0	1	2	3	4	5	选　择
1	5	∞	12	∞	20	14	0	1
2	5, 1	∞	12	18	20	14	0	4
3	5, 1, 4	26	12	18	20	14	0	2
4	5, 1, 4, 2	26	12	18	20	14	0	3
5	5, 1, 4, 2, 3	26	12	18	20	14	0	0

从顶点 5 到其他各顶点的最短距离为：

顶点 5-顶点 0：26。

顶点 5-顶点 1：12。

顶点 5-顶点 2：18。

顶点 5-顶点 3：20。

顶点 5-顶点 4：14。

Dijkstra 算法的 C++语言描述如下：

```
void shortestPath(int vertex1, int vertex_total)
{
```

```
    extern int distance[SIZE];//声明为外部变量
    int shortest_vertex = 1;  //记录最短距离的顶点
    int shortest_distance;    //记录最短距离
    int goal[SIZE];               //用来记录该顶点是否被选取
    int i,j;
    for ( i = 1; i <= vertex_total; i++ )
    {
        goal[i] = 0;
        distance[i] = Graph_Matrix[vertex1][i];
    }
    goal[vertex1] = 1;
    distance[vertex1] = 0;
    cout<<endl;
    for (i=1; i<=vertex_total-1; i++ )
    {
        shortest_distance = INFINITE;
        //找出最短距离的顶点
        for (j=1;j<=vertex_total;j++ )
            if (goal[j]==0&&shortest_distance>distance[j])
            {
                shortest_distance=distance[j];
                shortest_vertex=j;
            }
        goal[shortest_vertex] = 1;
        //计算开始顶点到各顶点的最短距离
        for (j=1;j<=vertex_total;j++ )
        {
            if ( goal[j] == 0 && distance[shortest_vertex]
                 +Graph_Matrix[shortest_vertex][j] <distance[j])
            {
                distance[j]=distance[shortest_vertex]
                            +Graph_Matrix[shortest_vertex][j];
            }
        }
    }
}
```

【范例程序：CH10_07.cpp】

设计一个C++程序，以Dijkstra算法求出下面图结构中顶点1到图的所有顶点间的最短路径。该图的成本数组如下：

```
int Path_Cost[7][3] = { {1, 2, 10},
                        {2, 3, 20},
                        {2, 4, 25},
                        {3, 5, 18},
                        {4, 5, 22},
                        {4, 6, 95},
                        {5, 6, 77} };
```

```
01  /*
02  [示范]:Dijkstra 算法（单点对全部顶点的最短路径）
03  */
04  #include <iostream>
05  #include <cstdlib>
06  #include <iomanip>
07  #define SIZE   7
08  #define NUMBER 6
09  #define INFINITE  99999         //无穷大
10  using namespace std;
11  int Graph_Matrix[SIZE][SIZE]; //存放图的数组
12  int distance[SIZE];           //路径的长度
13  //建立图
14  void BuildGraph_Matrix(int *Path_Cost)
15  {
16      int Start_Point;   //边的起点
17      int End_Point;   //边的终点
18      int i, j;
19      for ( i = 1; i < SIZE; i++ )
20          for ( j = 1; j < SIZE; j++ )
21              if ( i == j )
22                  Graph_Matrix[i][j] = 0;    //对角线设为 0
23              else
24                  Graph_Matrix[i][j] = INFINITE;
25     //存入图的边线
26      i=0;
27      while(i<SIZE)
28      {
29          Start_Point = Path_Cost[i*3];
30          End_Point = Path_Cost[i*3+1];
31          Graph_Matrix[Start_Point][End_Point]=Path_Cost[i*3+2];
32          i++;
33      }
34  }
35  //打印出图
36  void printGraph_Matrix()
37  {
38      int i, j;
39      for ( i = 1; i < SIZE; i++ )
40      {
41          cout<<"vex"<<i;
42          for ( j = 1; j < SIZE; j++ )
43              if ( Graph_Matrix[i][j] == INFINITE )
44                  cout<<setw(5)<<'x';
45              else
46                  cout<<setw(5)<<Graph_Matrix[i][j];
47          cout<<endl;
48      }
49  }
50  //单点对全部顶点的最短距离
```

```
51   void shortestPath(int vertex1, int vertex_total)
52   {
53      extern int distance[SIZE]; //声明为外部变量
54      int shortest_vertex = 1;        //记录最短距离的顶点
55      int shortest_distance;          //记录最短距离
56      int goal[SIZE];                //用来记录该顶点是否被选取
57      int i,j;
58      for ( i = 1; i <= vertex_total; i++ )
59      {
60         goal[i] = 0;
61         distance[i] = Graph_Matrix[vertex1][i];
62      }
63      goal[vertex1] = 1;
64      distance[vertex1] = 0;
65      cout<<endl;
66      for (i=1; i<=vertex_total-1; i++ )
67      {
68         shortest_distance = INFINITE;
69         //找出最短距离的顶点
70         for (j=1;j<=vertex_total;j++ )
71            if (goal[j]==0&&shortest_distance>distance[j])
72            {
73               shortest_distance=distance[j];
74               shortest_vertex=j;
75            }
76         goal[shortest_vertex] = 1;
77         //计算开始顶点到各顶点的最短距离
78         for (j=1;j<=vertex_total;j++ )
79         {
80            if ( goal[j] == 0 && distance[shortest_vertex]
81                  +Graph_Matrix[shortest_vertex][j]<distance[j])
82            {
83               distance[j]=distance[shortest_vertex]
84                        +Graph_Matrix[shortest_vertex][j];
85            }
86         }
87      }
88   }
89   //主程序
90   int main(void)
91   {
92      extern int distance[SIZE];      //声明为外部变量
93      int Path_Cost[7][3] = { {1, 2, 10},
94                             {2, 3, 20},
95                             {2, 4, 25},
96                             {3, 5, 18},
97                             {4, 5, 22},
98                             {4, 6, 95},
99                             {5, 6, 77} };
100     int j;
```

```
101     BuildGraph_Matrix(&Path_Cost[0][0]);
102     cout<<"=================================="<<endl;
103     cout<<"此范例图的邻接矩阵如下："<<endl;
104     cout<<"=================================="<<endl;
105     cout<<"顶点 vex1 vex2 vex3 vex4 vex5 vex6"<<endl;
106     printGraph_Matrix();  //显示图
107     shortestPath(1,NUMBER); //查找最短路径
108     cout<<"=================================="<<endl;
109     cout<<"顶点 1 到各顶点最短距离的最终结果"<<endl;
110     cout<<"=================================="<<endl;
111     for (j=1;j<SIZE;j++)
112         cout<<"顶点 1 到顶点"<<setw(2)<<j<<"的最短距离="
113             <<setw(3)<<distance[j]<<endl;
114     cout<<endl;
115     return 0;
116 }
```

【执行结果】参见图 10-59。

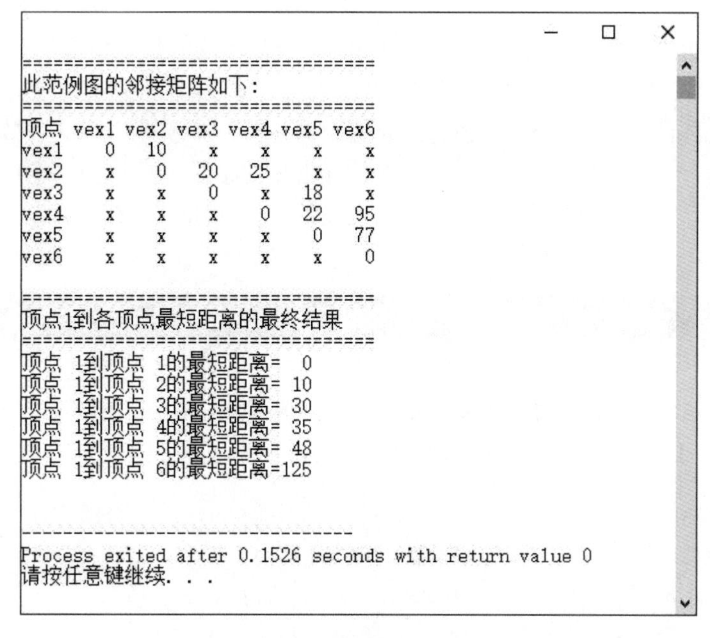

图 10-59

2. A*算法

前面介绍的 Dijkstra 算法在寻找最短路径的过程中是一个效率不高的算法，因为这个算法在寻找起点到各个顶点的距离的过程中，无论哪一个顶点，都要实际计算起点与各个顶点之间的距离，以获得最后的一个判断：到底哪一个顶点与起点的距离最近。

也就是说，Dijkstra 算法在带有权重值或成本值的有向图中使用的最短路径寻找方式，只是简单地使用广度优先进行查找，完全忽略了许多有用的信息。这种查找算法会消耗许多系统资源，包括 CPU 的时间与内存空间。如果能有更好的方式帮助我们预估从各个顶点到终点的距离，善加利用这些信息，就可以预先判断图上有哪些顶点离终点的距离较远，以便直接略过这些顶点的查找。这种

更有效率的查找算法绝对有助于程序以更快的方式找到最短路径。

在这种需求的考虑下，A*算法可以说是 Dijkstra 算法的一种改进版，结合了在路径查找过程中从起点到各个顶点的实际权重及各个顶点预估到达终点的推测权重（Heuristic Cost）两个因素，可以有效地减少不必要的查找操作，从而提高查找最短路径的效率，如图 10-60 所示。

图 10-60

因此，A*算法也是一种最短路径算法，与 Dijkstra 算法不同的是，A*算法会预先设置一个推测权重，并在查找最短路径的过程中将推测权重一并纳入决定最短路径的考虑因素中。所谓推测权重，就是根据事先知道的信息给定一个预估值。结合这个预估值，A*算法可以更有效地查找最短路径。

例如，在寻找一个已知起点位置与终点位置的迷宫最短路径问题中，因为事先知道迷宫的终点位置，所以可以采用顶点和终点的欧氏几何平面直线距离（Euclidean Distance，数学定义中的平面两点间的距离）作为该顶点的推测权重。

有哪些常见的距离评估函数

在 A*算法中，用来计算推测权重的距离评估函数除了前面提到的欧氏几何平面直线距离外，还有许多距离评估函数可供选择，如曼哈顿距离（Manhattan Distance）和切比雪夫距离（Chebyshev Distance）等。对于二维平面上的两个点(x_1, y_1)和(x_2, y_2)，这 3 种距离的计算方式如下：

（1）曼哈顿距离：　$D=|x_1-x_2|+|y_1-y_2|$

（2）切比雪夫距离：　$D=\max(|x_1-x_2|,|y_1-y_2|)$

（3）欧氏几何平面直线距离：　$D=\sqrt{(x_1-x_2)^2+(y_1-y_2)^2}$

A*算法并不像 Dijkstra 算法那样只单一考虑从起点到这个顶点的实际权重（实际距离）来决定下一步要尝试的顶点。A*算法在计算从起点到各个顶点的权重时，会同步考虑从起点到这个顶点的实际权重，以及该顶点到终点的推测权重，以估算出该顶点从起点到终点的权重，再从中选出一个权重最小的顶点，并将该顶点标示为已查找完毕。接着计算从查找完毕的顶点出发到各个顶点的权重，并从中选出一个权重最小的顶点，遵循前面的做法，将该顶点标示为已查找完毕的顶点。以此类推，反复进行同样的步骤，直到抵达终点才结束查找工作，最终得到最短路径的解。

现在做一个简单的总结，实现 A*算法的主要步骤如下：

步骤 01 确定各个顶点到终点的推测权重。推测权重的计算方法可以采用各个顶点和终点之间的直线距离（四舍五入后的值），而直线距离的计算函数从上述 3 种距离的计算方式中择一即可。

步骤02 分别计算从起点抵达各个顶点的权重，计算方法是由起点到该顶点的实际权重加上该顶点抵达终点的推测权重。计算完毕后，选出权重最小的点，并标示为已查找完毕的点。

步骤03 计算从已查找完毕的顶点出发到各个顶点的权重，并从中选出一个权重最小的顶点，将其标示为已查找完毕的顶点。以此类推，反复进行同样的计算过程，直到抵达终点。

A*算法适用于可以事先获得或预估各个顶点到终点距离的情况，但若无法获得各个顶点到目的地终点的距离信息，则无法使用 A*算法。虽然说 A*算法是 Dijkstra 算法的一种改进版，但并不是指任何情况下 A*算法的效率一定优于 Dijkstra 算法。例如，当推测权重的距离与实际两个顶点间的距离相差很大时，A*算法的查找效率可能会比 Dijkstra 算法更差，甚至还会误导方向，从而造成无法得到最短路径的解。

如果推测权重所设置的距离与实际两个顶点间的真实距离误差不大，A*算法的查找效率就远大于 Dijkstra 算法。因此，A*算法常被应用于游戏软件中玩家与怪物两种角色间的追逐行为，或者是引导玩家以最有效率的路径及最便捷的方式快速突破游戏关卡，如图 10-61 所示。

图 10-61

10.5.2　两两顶点间的最短路径——Floyd 算法

由于 Dijkstra 算法只能求出某一点到其他顶点的最短距离，因此如果想求出图中任意两点甚至所有顶点间最短的距离，就必须使用 Floyd 算法。

Floyd 算法的定义如下：

（1）$A^k[i][j] = \min\{A^{k-1}[i][j], A^{k-1}[i][k]+A^{k-1}[k][j]\}$，$k \geqslant 1$，$k$ 表示经过的顶点，$A^k[i][j]$为从顶点 i 到 j 经由 k 顶点的最短路径。

（2）$A^0[i][j] = COST[i][j]$（A^0 等于 COST），A^0 为顶点 i 到 j 的直通距离。

（3）$A^n[i, j]$表示 i 到 j 的最短距离，A^n 便是我们所要求出的最短路径成本矩阵。

这样看起来，似乎觉得 Floyd 算法相当复杂难懂，现在直接以实例来说明它的算法。试以 Floyd 算法求得如图 10-62 所示的各顶点间的最短路径，具体步骤如下：

步骤01 找到 $A^0[i][j]=COST[i][j]$，A^0 为不经任何顶点的成本矩阵。若没有路径，则以∞（无穷大）来表示，如图 10-63 所示。

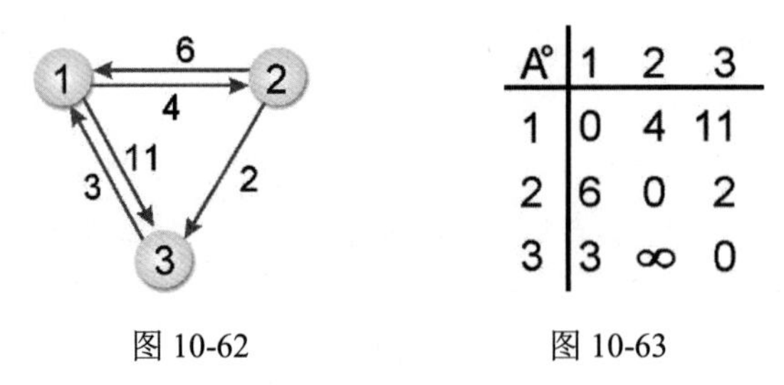

A^0	1	2	3
1	0	4	11
2	6	0	2
3	3	∞	0

图 10-62　　　　图 10-63

步骤 02 找出 $A^1[i][j]$从 i 到 j，经由顶点 1 的最短距离，并填入矩阵：

```
A^1[1][2] = min{A^0[1][2], A^0[1][1] + A^0[1][2]} = min{4, 0+4} = 4
A^1[1][3] = min{A^0[1][3], A^0[1][1] + A^0[1][3]} = min{11, 0+11} = 11
A^1[2][1] = min{A^0[2][1], A^0[2][1] + A^0[1][1]} = min{6, 6+0} = 6
A^1[2][3] = min{A^0[2][3], A^0[2][1] + A^0[1][3]} = min{2, 6+11} = 2
A^1[3][1] = min{A^0[3][1], A^0[3][1] + A^0[1][1]} = min{3, 3+0} = 3
A^1[3][2] = min{A^0[3][2], A^0[3][1] + A^0[1][2]} = min{∞, 3+4} = 7
```

按序求出各顶点的值后可以得到 A^1 矩阵，如图 10-64 所示。

步骤 03 求出 $A^2[i][j]$经由顶点 2 的最短距离。

```
A^2[1][2] = min{A^1[1][2], A^1[1][2] + A^1[2][2]} = min{4, 4+0} = 4
A^2[1][3] = min{A^1[1][3], A^1[1][2] + A^1[2][3]} = min{11, 4+2} = 6
```

按序求出其他各顶点的值可得到 A^2 矩阵，如图 10-65 所示。

步骤 04 求出 $A^3[i][j]$经由顶点 3 的最短距离。

```
A^3[1][2] = min{A^2[1][2], A^2[1][3] + A^2[3][2]} = min{4, 6+7} = 4
A^3[1][3] = min{A^2[1][3], A^2[1][3]+A^2[3][3]} = min{6, 6+0} = 6
```

按序求出其他各顶点的值可得到 A^3 矩阵，如图 10-66 所示。

A^1	1	2	3
1	0	4	11
2	6	0	2
3	3	7	0

图 10-64

A^2	1	2	3
1	0	4	6
2	6	0	2
3	3	7	0

图 10-65

A^3	1	2	3
1	0	4	6
2	5	0	2
3	3	7	0

图 10-66

步骤 05 所有顶点间的最短路径如矩阵 A^3 所示。

从上例可知，一个加权图若有 n 个顶点，则此方法必须执行 n 次循环，逐一产生 $A^1, A^2, A^3, \cdots, A^n$ 个矩阵。但因 Floyd 算法较为复杂，读者也可以用 Dijkstra 算法按序以各顶点为起始顶点，如此一来便可以得到同样的结果。

Floyd 算法的 C++语言描述如下：

```
void shortestPath(int vertex_total)
{
    int i,j,k;
    extern int distance[SIZE][SIZE];    //声明为外部变量
    //图的路径长度数组的初始化
```

```
    for (i=1;i<=vertex_total;i++ )
        for (j=i;j<=vertex_total;j++ )
        {
            distance[i][j]=Graph_Matrix[i][j];
            distance[j][i]=Graph_Matrix[i][j];
        }
    //利用 Floyd 算法找出所有顶点两两之间的最短距离
    for (k=1;k<=vertex_total;k++ )
        for (i=1;i<=vertex_total;i++ )
            for (j=1;j<=vertex_total;j++ )
                if (distance[i][k]+distance[k][j]<distance[i][j])
                    distance[i][j] = distance[i][k] + distance[k][j];
}
```

【范例程序：CH10_08.cpp】

设计一个 C++程序，以 Floyd 算法来求出下面的图结构中所有顶点两两之间的最短路径，图的邻接矩阵数组如下：

```
int Path_Cost[7][3] = { {1, 2, 20}, {2, 3, 30},
                        {2, 4, 25}, {3, 5, 28},
                        {4, 5, 32}, {4, 6, 95}, {5, 6, 67} };
```

```
01  /*
02  [示范] Floyd 算法（所有顶点两两之间的最短距离）
03  */
04  #include <iostream>
05  #include <cstdlib>
06  #include <iomanip>
07  #define SIZE   7
08  #define INFINITE  99999 //无穷大
09  #define NUMBER 6
10  using namespace std;
11  int Graph_Matrix[SIZE][SIZE];//图的数组
12  int distance[SIZE][SIZE]; //路径长度的数组
13  //建立图
14  void BuildGraph_Matrix(int *Path_Cost)
15  {
16      int Start_Point;   //边的起点
17      int End_Point;     //边的终点
18      int i, j;
19      for ( i = 1; i < SIZE; i++ )
20          for ( j = 1; j < SIZE; j++ )
21              if (i==j)
22                  Graph_Matrix[i][j] = 0; //对角线设为 0
23              else
24                  Graph_Matrix[i][j] = INFINITE;
25      //存入图形的边
26      i=0;
27      while(i<SIZE)
28      {
```

```
29            Start_Point = Path_Cost[i*3];
30            End_Point = Path_Cost[i*3+1];
31            Graph_Matrix[Start_Point][End_Point]=Path_Cost[i*3+2];
32            i++;
33        }
34    }
35    //打印出图
36    void printGraph_Matrix()
37    {
38        int i, j;
39        for ( i = 1; i < SIZE; i++ )
40        {
41            cout<<"vex%d"<<i;
42            for ( j = 1; j < SIZE; j++ )
43                if ( Graph_Matrix[i][j] == INFINITE )
44                    cout<<setw(5)<<'x';
45                else
46                    cout<<setw(5)<<Graph_Matrix[i][j];
47            cout<<endl;
48        }
49    }
50    //单点对全部顶点的最短距离
51    void shortestPath(int vertex_total)
52    {
53        int i,j,k;
54        extern int distance[SIZE][SIZE];          //声明为外部变量
55        //图的长度数组初始化
56        for (i=1;i<=vertex_total;i++ )
57            for (j=i;j<=vertex_total;j++ )
58            {
59                distance[i][j]=Graph_Matrix[i][j];
60                distance[j][i]=Graph_Matrix[i][j];
61            }
62        //利用 Floyd 算法找出所有顶点两两之间的最短距离
63        for (k=1;k<=vertex_total;k++ )
64            for (i=1;i<=vertex_total;i++ )
65                for (j=1;j<=vertex_total;j++ )
66                    if (distance[i][k]+distance[k][j]<distance[i][j])
67                        distance[i][j] = distance[i][k] + distance[k][j];
68    }
69    //主程序
70    int main(void)
71    {
72        extern int distance[SIZE][SIZE];          //声明为外部变量
73        int Path_Cost[7][3] = { {1, 2, 10},
74                                {2, 3, 20},
75                                {2, 4, 25},
76                                {3, 5, 18},
77                                {4, 5, 22},
78                                {4, 6, 95},
```

```
79                         {5, 6, 77} };
80      int i,j;
81      BuildGraph_Matrix(&Path_Cost[0][0]);
82      cout<<"===================================="<<endl;
83      cout<<"此范例图的邻接矩阵如下: "<<endl;
84      cout<<"===================================="<<endl;
85      cout<<"顶点 vex1 vex2 vex3 vex4 vex5 vex6"<<endl;
86      printGraph_Matrix();  //显示图的邻接矩阵
87      cout<<"===================================="<<endl;
88      cout<<"所有顶点两两之间的最短距离: "<<endl;
89      cout<<"===================================="<<endl;
90      shortestPath(NUMBER); //计算所有顶点间的最短路径
91      //求得两两顶点间的最短路径长度数组后，将其打印出来
92      cout<<"顶点 vex1 vex2 vex3 vex4 vex5 vex6"<<endl;
93          for ( i = 1; i <= NUMBER; i++ )
94          {
95              cout<<"vex"<<i;
96              for ( j = 1; j <= NUMBER; j++ )
97              {
98                  cout<<setw(5)<<distance[i][j];
99              }
100             cout<<endl;
101         }
102     cout<<endl;
103     return 0;
104 }
```

【执行结果】参见图 10-67。

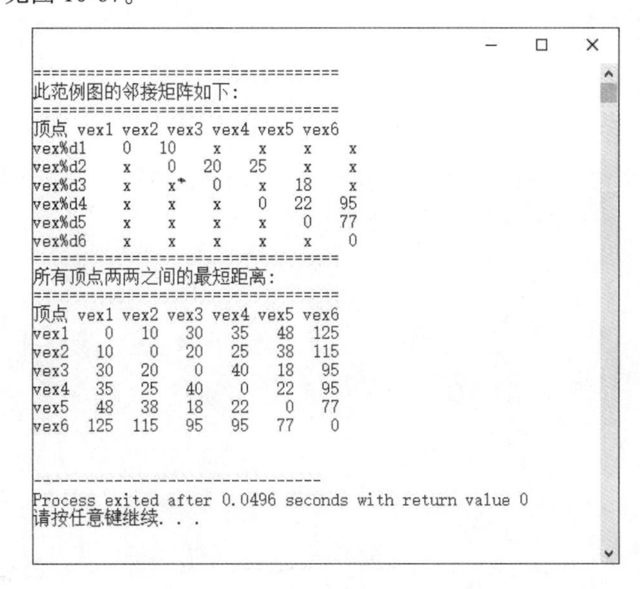

图 10-67

10.6 课 后 习 题

1. 求出下图的深度优先遍历与广度优先遍历结果。

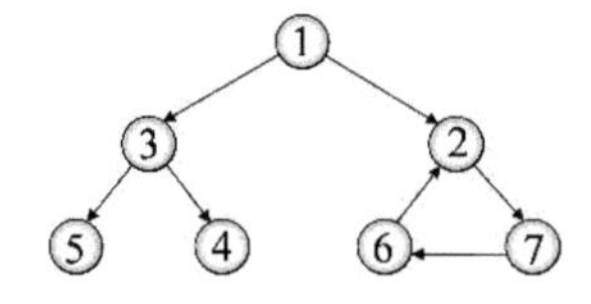

2. 请以 K 氏法求出下图的最小成本生成树。

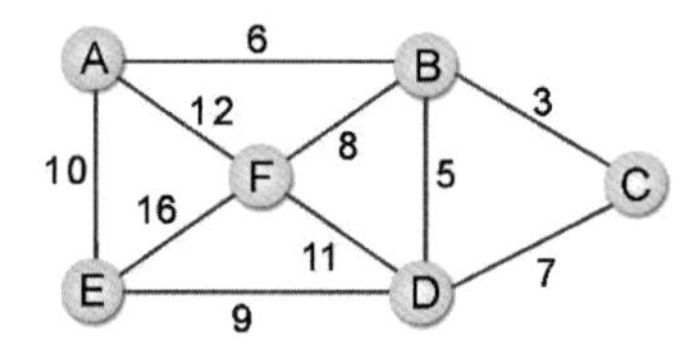

3. 下图为图 G。

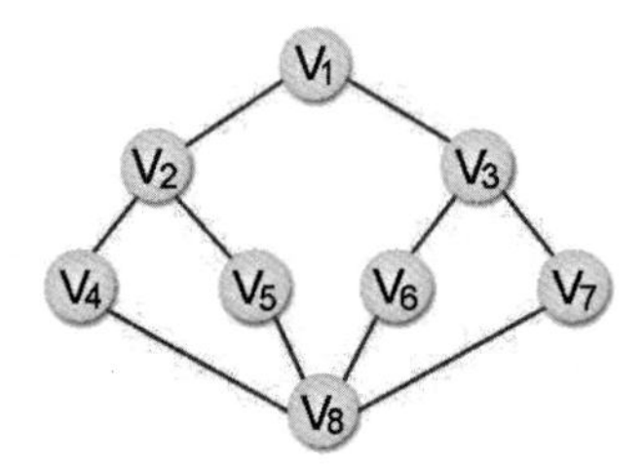

（1）请以邻接链表和邻接矩阵表示图 G。

（2）使用下面的遍历法求出生成树。

① 深度优先遍历法。

② 广度优先遍历法。

4. 以下所列的各个树都是关于图 G 的查找树。假设所有的查找都始于节点 1，试判定每棵树是深度优先查找树还是广度优先查找树，或二者都不是。

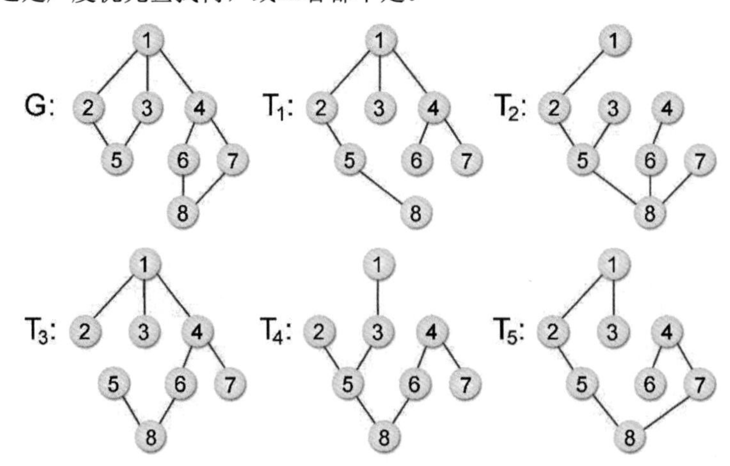

5. 求 V_1，V_2，V_3 任意两个顶点的最短距离，并描述其过程。

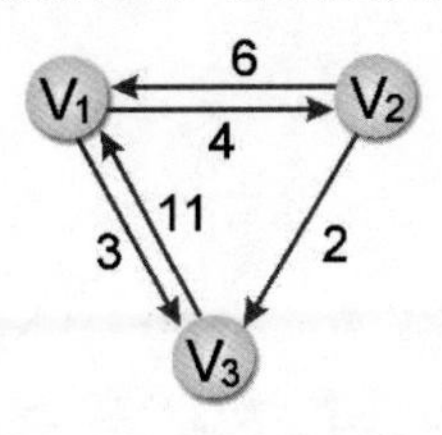

6. 假设在注有各地距离的图上（单行道），求各地之间的最短距离。

（1）利用距离，将下图的数据存储起来，并写出结果。

（2）写出最后所得的矩阵，并说明其可表示的所求各地间的最短距离。

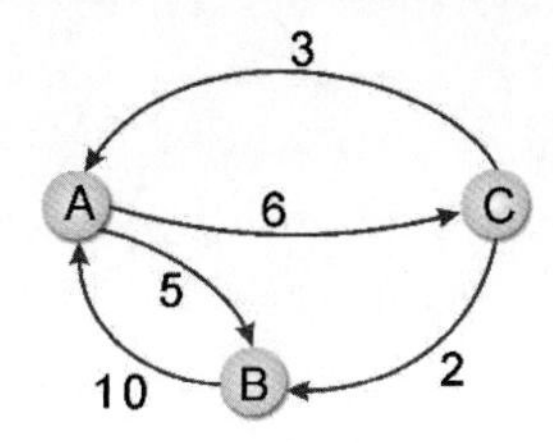

7. 什么是生成树？生成树应该包含哪些特点？

8. 求解一个无向连通图的最小生成树，Prim 算法的主要方法是什么？试简述。

9. 求解一个无向连通图的最小生成树，Kruskal 算法的主要方法是什么？试简述。

第11章

人工智能基础算法

11

人工智能（Artificial Intelligence），简单来说就是任何让计算机能够表现出“类似人类智能行为”的技术，只不过当前能实现与人类智能同等的技术还不存在，世界上绝大多数的人工智能还只能解决某个特定问题。人工智能从1956年被正式提出以来，一共经过了三个重要发展阶段，并且这股热潮仍在延续发展，随着各项科技的提升和推广不断登上新的高峰。

艾伦·图灵（Alan Turing）为机器开始设立了是否具有智慧的判断标准（见图11-1）。

图11-1

提示 英国著名数学家艾伦·图灵算是认真探讨人工智能标准的第一人。他于1950年（可以算是人工智能启萌期的起点）首先提出“图灵测试”（Turing Test）法。图灵测试法的核心是指，如果一台机器能够与人类展开对话，而不被人类看出是机器的身份，就算通过测试，便能宣称该机器拥有智能。

人工智能主要是要让机器能够具备人类的思维逻辑与行为模式，近十年应用领域越来越广泛。计算机硬件技术高速发展，特别是图形处理器（Graphics Processing Unit，GPU）等关键技术愈趋成熟与普及，运算能力也从传统的以CPU为主导到以GPU为主导（GPU是以向量和矩阵运算为基础的，大量的矩阵运算可以分配给为数众多的核心同步处理，使得并行计算的速度更快、成本更低），这给人工智能带来了巨大变革，使得人工智能领域正式进入实用阶段。每个人都因人工智能应用的普及而享用到许多个性化的服务，生活也变得更为便利。其中，Nvidia公司的GPU（见图11-2）在人工智能计算领域占有重要的地位。

图 11-2

提示 并行处理（Parallel Processing）技术是指同时使用多个处理器来执行单个程序，借以缩短运算时间。其过程会将数据以各种方式交给每一个处理器。为了实现应用程序在多核处理器上的执行效率，还必须将应用程序分成多个线程来执行。

11.1 机器学习简介

机器学习（Machine Learning，ML）是人工智能发展中重要的一环，顾名思义，就是让机器（计算机）具备自己学习、分析并最终做出决策的能力，主要的方式就是针对所要分析的数据进行分类（Classification），有了这些分类才可以进一步分析与判断数据的特性，最终目的就是希望计算机像人类一样具有学习的能力。人脸识别系统就是机器学习的常见应用（见图 11-3）。

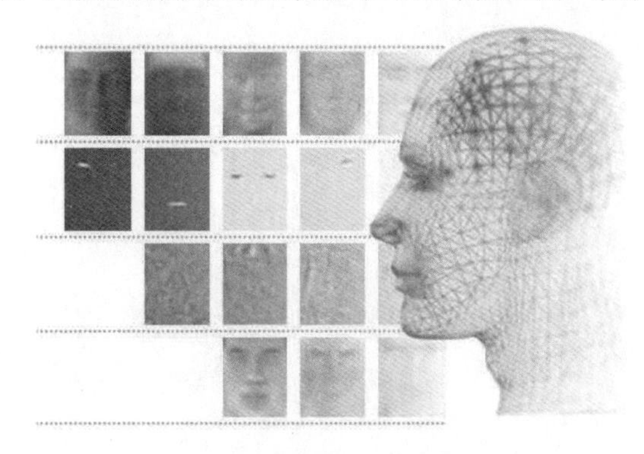

图 11-3

机器学习的算法主要分为 4 种（见图 11-4）：监督式学习（Supervised Learning）、半监督式学习（Semi-supervised Learning）、无监督式学习（Un-supervised Learning）及强化学习（Reinforcement Learning）。

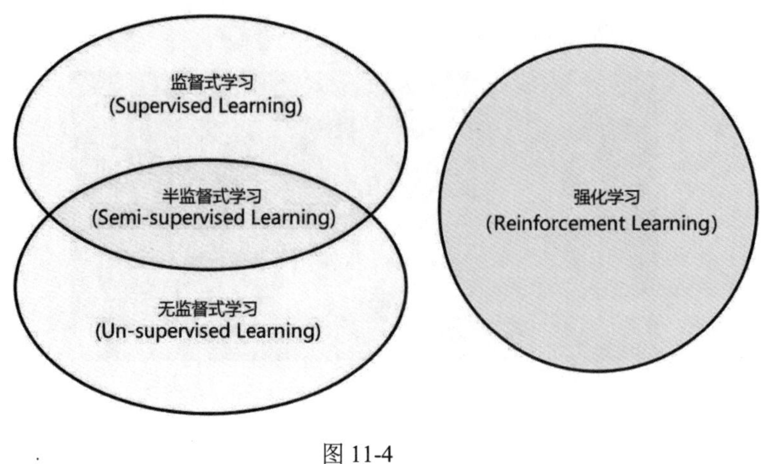

图 11-4

11.1.1 监督式学习

监督式学习是利用机器从标注（Labeled）的数据中分析模式后做出预测的学习方式，这种学习方式必须事前通过人工操作将所有可能的特征标注出来。因为在训练的过程中，所有的数据都是有“标注”的数据，在学习的过程中必须输入样本以及输出样本信息，再从训练数据中提取出数据的特征（Feature）。假设用于机器学习的图片如图 11-5 所示。

图 11-5

如果我们要让机器学会如何分辨一张图片上的动物是鸡还是鸭，那么首先必须准备许多鸡和鸭的照片，并标注出哪一张照片上是鸡以及哪一张照片上是鸭。如果我们先挑选出 1000 张的鸡鸭图片，并且每一张图片都有明确标注的信息，那么让机器可以借助标注来分类与识别鸡和鸭的特征（见图 11-6），经过足够的训练，只要询问机器任何一张鸡或鸭的照片，机器依照特征就能识别出鸡或鸭来（即所谓的预测）。由于标注是需要人工来完成的，因此需要大量具有标记信息的数据库用于训练才能发挥出作用，标注过的数据就好比标准答案，机器判断的准确性自然会比较高，不过在实际应用中，将大量的数据进行标注是极为耗费人力成本的工作，这也是使用监督式学习方式必须要考虑到的重要因素。

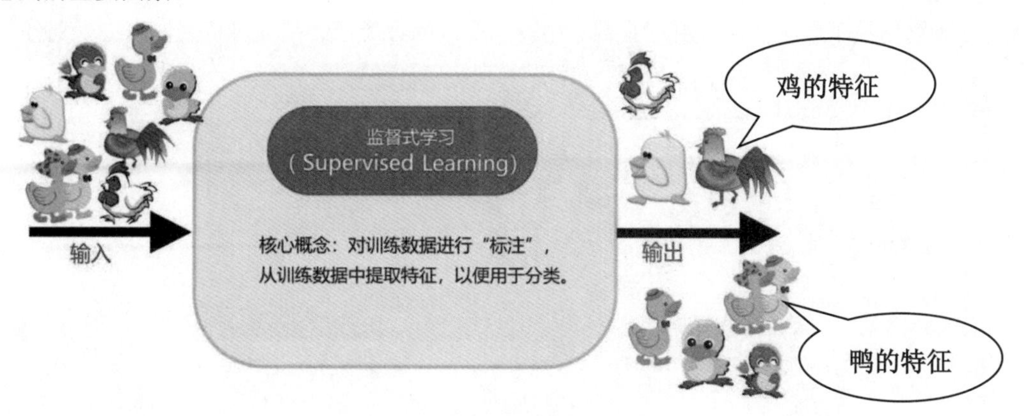

图 11-6

11.1.2　半监督式学习

半监督式学习只会针对所有数据中的少部分数据进行标注，机器会先针对这些已经被标注的数据去发觉其中的特征，然后机器通过找出的特征对其他数据进行分类。举例来说，有 2000 张不同种族人士的照片，我们可以对其中的 50 张照片进行“标注”，并将这些照片进行分类，机器再通过已学习到的 50 张照片的特征去比对剩下的 1950 张照片，并进行识别及分类，就能找出哪些是爸爸或妈妈的照片。由于这种半监督式机器学习的方式已有照片特征作为识别的依据，因此预测出来的结果通常会比无监督式学习预测出的结果更好，这是一种较常见的机器学习方式（见图 11-7）。

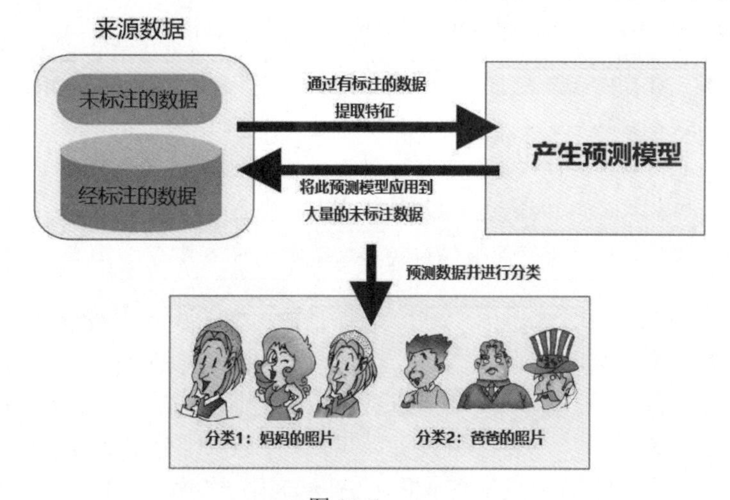

图 11-7

11.1.3　无监督式学习与 K 均值聚类

无监督式学习中的所有数据都没有标注，机器需要自行寻找数据的特征，再进行分类，完全不用依靠人类，因此不需要事先以人力来对训练数据进行标注，相当于直接让机器自行摸索与寻找数据的特征，然后进行分类（Classification）与分群（Clustering，或称为聚类），如图 11-8 所示。所谓分类，就是把未分类的数据归纳为分类的数据，例如把数据分到指定的几个类别中，猫与狗属于哺乳类，蛇和鳄鱼属于爬虫类。分群则是数据中没有明确的分类而必须通过特征值来进行划分。

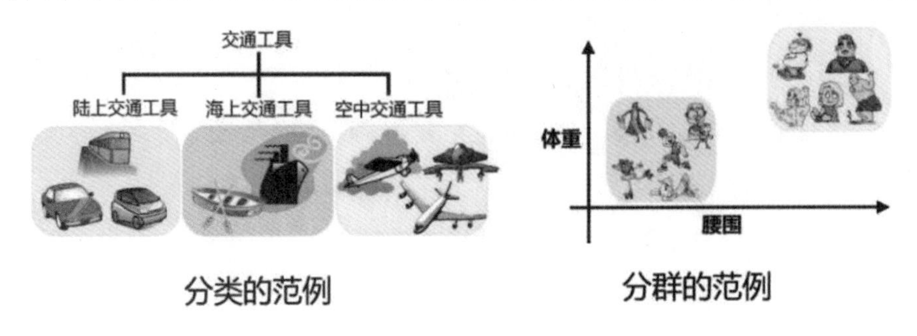

图 11-8

无监督式学习可以大幅减少烦琐的人力工作，由于训练数据没有标准答案，因此训练时让机器自行摸索出数据的潜在规则，再根据这些被提取出的特征及其关系将对象分类，并通过这些数据去训练模型，这种方法不用人工进行分类，对人类来说最简单，但对机器来说最“辛苦”，误差也会比较大。

在无监督式学习中让机器从训练数据中找出规则，大致会有两种形式：分群（Clustering）以及生成（Generation）。分群能够把数据根据距离或相似度分开，主要运用包括聚类分析（Cluster Analysis）等。聚类分析是基于统计学习的一种数据分析技术，就是将许多相似的对象通过一些分类的标准来分成不同的类或族（Cluster），是一种“物以类聚”的概念，只要被分在同一组别的对象成员，就肯定会有相似的一些属性。生成则是通过随机数据生成我们想要的图片或数据，主要运用有生成式对抗网络（Generative Adversarial Network，GAN）等。

> **提示**　生成式对抗网络是在 2014 年由蒙特利尔大学博士生 Ian Goodfellow 提出的。在 GAN 架构下，有两个需要被训练的模型：生成模型（Generator Model）会互相对抗且激励越来越强的训练过程反复进行；判别模型（Discriminator Model）会不断学习增强自己对真实数据的识别能力，以便对抗生成模型产生的欺骗数据，而且会收敛到一个平衡点，最后训练出一个能够模拟真正数据分布的模型。

如果我们使用无监督式学习来识别苹果和橙子，那么当所提供的训练数据足够大时，机器便会自行判断提供的图片里有哪些特征的是苹果、有哪些特征的是橙子并同时进行分类，例如从质地、颜色（没有橙子是红色的）、大小等，找出比较相似的数据聚集在一起，形成分群后的族。假设把照片分成两族，分得够好的话，一族大部分是苹果，另一族大部分是橙子（见图 11-9）。

在图 11-9 中相似程度较高的橙子或苹果会被归纳为同一个族，基本上从水果外观或颜色来区分。相似性的依据是距离，相对距离越近，那么相似程度就越高，就会被归类到同一族中。在图 11-9 中也有一些边界点（在橙子区域的边界有些较类似苹果的图片），这种情况下就要采用特定的标准来决定所属的族。因为无监督式学习中没有可用的标注来确认分类的结果，而只是根据特征来分成不同的族，机器在学习时并不知道其分类结果是否正确，因而需要人工再进行调整，不然很可能会得出莫名其妙的结果。无监督式学习会根据元素的相似程度来分类（见图 11-10）。

图 11-9　　　　　　　　　　　　　　图 11-10

聚类分析中有一个经典的算法：K 均值聚类算法（K-means Clustering）。这是一种无监督式学习算法，是源于信号处理中的一种向量量化方法。k 设定为分群的族数，目的就是把 n 个观察样本数据点划分到 k 个聚类中，然后随机将每个数据点设为距离其他数据点最近的中心，使得每个数据点都属于离这个中心最近的均值所对应的聚类，接着重新计算每族的中心点。这个距离可以使用勾股定理来计算，不需要复杂的计算公式。接着拿这个标准作为是否为同一聚类的判断原则，随后用每个样本的坐标来计算每族样本的新中心点，最后将这些样本划分到距离它们最近的中心点。例如，在图 11-11 所示的海洋生物识别中，左图是未经聚类分析的原始数据，右图则是经聚类分析划分的不同族，从分类结果可知找到了 4 种类型的海洋生物。

未经聚类分析的原始数据　　　经聚类分析划分后的不同族

图 11-11

11.1.4　强化学习

强化学习（Reinforcement Learning）是机器学习中一个相当具有潜力的算法，其核心精神就是通过不断试错，从试错中得到奖励值后修正，再进入另一个状态，也就是如何在环境给予的奖惩刺激下一步步形成对于这些刺激的预期，强调的是通过环境变化而行动，并随时根据输入的数据逐步修正，取得奖励值后重新评估先前的决策并进行调整，期望得到最佳的学习成果或超越人类的智慧。电子游戏之所以能让人乐此不疲（见图 11-12），就是因为它具备了某些回馈机制。

图 11-12

在打电子游戏时，新手每达到一个进度或目标，就会得到一个正奖励值（Positive Reward），即得到奖励或往下一个关卡迈进；如果被怪物击败而死亡了就得到负奖励值(Negative Reward)，即惩罚。这正是强化学习的核心精神。强化学习并不需要出现正确的输入/输出，而是通过每一次的试错来学习，由代理程序（Agent）、行动（Action）、状态（State）、奖励值（Reward）、环境（Environment）所组成，并通过试错过程中得到的奖励值来不断学习（见图 11-13）。

首先创建代理程序，每次代理程序所要采取的行动，会根据目前环境的状态执行相应的动作，然后得到环境的奖励值，接着下一步要执行的动作会被改变与修正，使得环境进入一个新的状态，通过与环境的互动来学习，借以提升代理程序的决策能力，并评估每一次行动之后得到的奖励值是正的还是负的，以决定下一次的行动。强化学习的试错训练流程示意图如图 11-14 所示。

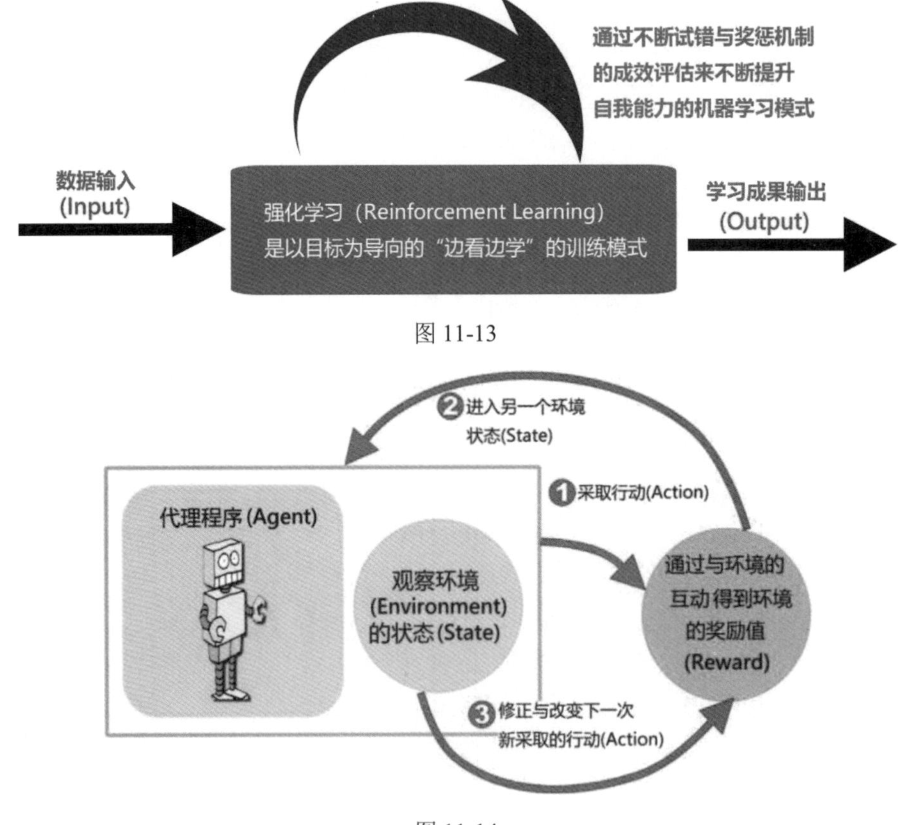

图 11-13

图 11-14

强化学习强调如何基于环境而行动，基于环境的奖励值（或称为报酬、得分，有正有负），让机器自行逐步修正，以极大化预期“收益”，达到分析和优化代理程序行为的目的，最终得到正确的结果。

11.2　认识深度学习

计算机越来越强大的计算能力推动了深度学习的研究。近几年，深度学习更是热门话题，让计算机开始学会自行思考，听起来似乎是好莱坞科幻电影中常见的剧情设置，不过许多科学家开始模拟人类复杂神经系统的结构来实现过去难以想象的目标，希望计算机具备与人类相同的听觉、视觉、理解与思考的能力（见图 11-15）。毋庸置疑，人工智能、机器学习以及深度学习已成为 21 世纪最热门的科技之一，其中深度学习属于机器学习的一种（见图 11-16）。

图 11-15

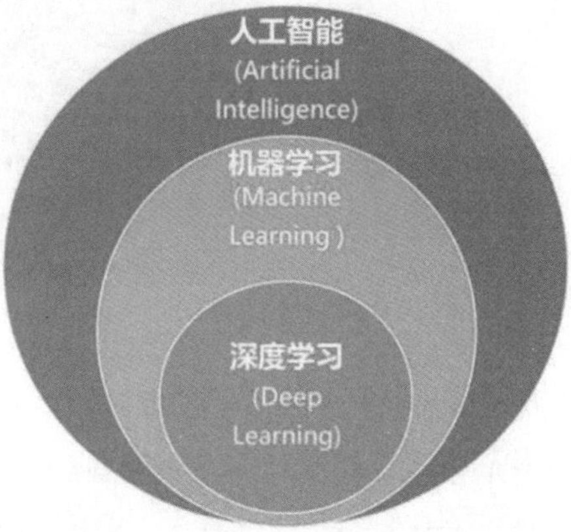

人工智能
(Artificial
Intelligence)
机器学习
(Machine
Learning)
深度学习
(Deep
Learning)

图 11-16

最为人津津乐道的深度学习应用当属 Google DeepMind 开发的人工智能围棋程序 AlphaGo（见图 11-17），这款围棋程序接连打败世界各国的围棋棋王。围棋是相当抽象的博弈游戏，其复杂度远超国际象棋、中国象棋，之前大部分人士都认为计算机至少还需要十年以上的时间才有可能精通围棋。

图 11-17

AlphaGo 就是通过深度学习学会围棋对弈的，设计上是先输入大量的棋谱数据，棋谱内有对应的棋局问题与下围棋方法答案，用以学习基本落子、规则、棋谱、策略。计算机会以类似人类脑神经元的深度学习模型引入大量的棋局问题与正确下法来自我学习，让 AlphaGo 学习下围棋的策略和方法，根据实际对弈数据自我训练，接着判断棋盘上的各种棋局，不断反复跟自己比赛来提高“棋艺”，后来创下了连胜 60 局的佳绩，让人们惊觉深度学习的强大威力。

11.2.1 人工神经网络

深度学习可以说是具有多层次的机器学习法，通过一层一层的处理工作可以将原先所输入的大量数据渐渐转化为有用的信息（见图 11-18）。

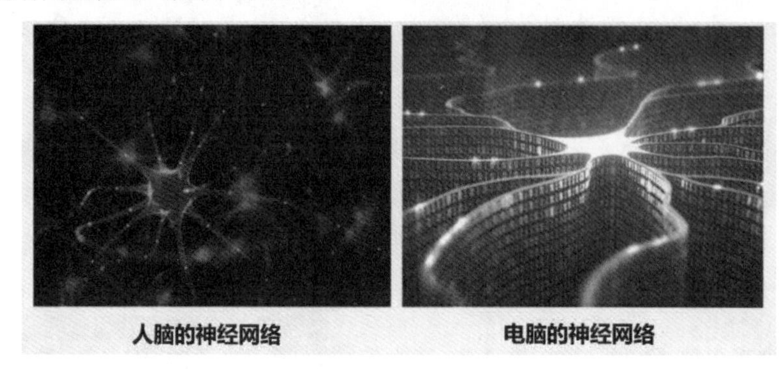

图 11-18

通常人们提到深度学习，指的就是深度神经网络（Deep Neural Network）算法。人工神经网络架构就是模拟人类大脑神经网络架构，各个神经元以节点的方式彼此连接，用于产生想要计算的结果。这个架构蕴含 3 个基本层次（每一层都由为数不同的神经元所组成），包含输入层（Input Layer）、隐藏层（Hidden Layer）和输出层（Output Layer），各层说明如下：

- 输入层：接受刺激的神经元，也就是接收数据并输入信息的一方，就像人类神经系统的树突（接收器）一样，不同输入会激活不同的神经元，但不对输入信号（值）执行任何运算。
- 隐藏层：不参与输入或输出，隐藏于内部，负责运算的神经元。隐藏层的神经元通过不同方式转换输入数据，主要功能是对所接收到的数据进行处理，再将所得到的数据传递到输出层。隐藏层可以有一层以上（多层隐藏层），只要增加神经网络的复杂性，识别率一般都会随着神经元数目的增加而提高，也就是可以获得更好的学习能力。

提示 神经网络如果是以隐藏层的多寡来分类，那么大致可以分为“浅层神经网络”与“深度神经网络”两种类型：当隐藏层只有一层时通常被称为“浅层神经网络”，当隐藏层有一层以上时被称为“深度神经网络”。在具有相同数目的神经元时，深度神经网络的表现总是更好一些。

- 输出层：提供数据输出的一方，接收来自最后一个隐藏层的输入，输出层的神经元数目等于每个输入对应的输出数的总数目，通过它我们可以得到合理范围内的理想数值，挑选出最适当的选项再输出。

接下来我们将以手写数字识别系统为例来简单说明人工神经网络架构。在计算机看来，那些输入的图片只是一组排成二维的矩阵（带有位置编号的像素），计算机其实并不如人类有视觉与能够感知的大脑，它们依靠的主要是两项数据：像素的坐标与颜色值。

当我们在对图像进行处理或进行图像识别时，需要从这些像素中提取图像的特征，除了要考虑每个像素的值之外，还需要考虑像素和像素之间的关联性。

为了更好地理解机器自我学习的流程，我们不妨想象人工神经网络的隐藏层就是一种数学函数，主要就是负责数字识别的一连串处理工作。由于识别手写数字最后的输出结果只有数字 0 到 9 共 10 种可能性，因此若要判断手写数字为 0~9 中的哪一个时，则可设置输出层有 10 个值，只要通过隐藏层中一层又一层函数的处理，就可以逐步计算出最后输出层中 10 个人工神经元的像素灰度值（或称明暗度），其中每个小方格代表一个 8 位像素所显示的灰度值，范围一般从 0 到 255，白色为 255，黑色为 0，共有 256 个不同深浅的灰度变化，然后从其中选择灰度值最接近 1 的数字作为最终识别出的数字来输出。这个过程的原理图如图 11-19 所示。

假设我们将手写数字图片以长 28 像素、宽 28 像素的尺寸来存储，总共有 28×28=784 像素，其中每一像素如同一个模拟的人工神经元。这个人工神经元存储于 0~1 的数值，对应一个激活函数（Activation Function）。激活值的数值大小代表该像素的明暗程度，数值越大代表该像素点的亮度越高，数字越小代表该像素点的亮度越低。举例来说，一个手写数值 7 可以用 28×28=784 像素来表示，示意图如图 11-20 所示。

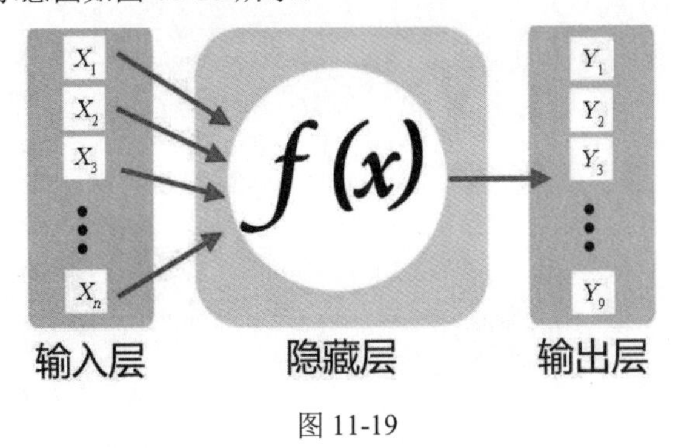

图 11-19

图 11-20

如果将每个像素点所存储的明暗程度分别转换成一维矩阵，那么可以分别表示为 $X_1,X_2,X_3,\cdots,X_{784}$。不考虑中间隐藏层的实际计算过程，我们直接将隐藏层用函数来表示，图 11-21 的输出层中代表数字 7 的神经元的灰度值为 0.98，是所有 10 个输出层神经元所记录的灰度值中最高的，最接近数值 1，因此可以识别出这个手写数字最有可能就是数字 7，于是精准地完成手写数字的识别工作。

仍以这个手写数字识别系统为例，这个神经网络包含三层神经元，除了输入层和输出层外，中间有一层隐藏层，主要负责数据的计算、处理与传递工作，不参与输入和输出工作。最简单的人工神经网络模型只有一个隐藏层，故而这种人工神经网络又被称为浅层神经网络，如图 11-22 所示。

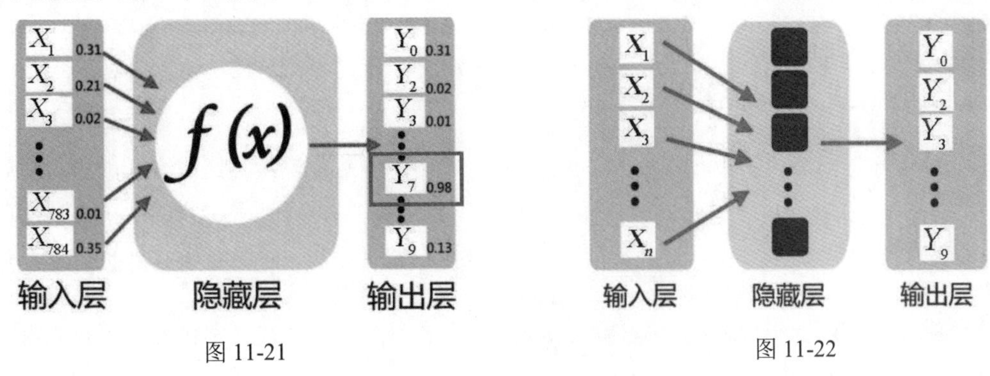

图 11-21　　图 11-22

图 11-23 是一个包含有两层隐藏层的深度神经网络的示意图，输入层的数据输入后，会经过第 1 层隐藏层的函数完成计算工作，并求得第 1 层隐藏层各个神经元中所存储的数值，接着以此层神

经元中存储的数据为基础，进行第 2 层隐藏层的函数计算工作，并求得第 2 层隐藏层各个神经元中所存储的数值，最后以第 2 层隐藏层的神经元所存储的数据为基础得到输出层各个神经元的数值。

因为上层节点的输出和下层节点的输入之间具有函数的关系，所以接下来我们会使用到激活值（激活函数或称为活化函数），并把值压缩到一个更小的范围，通过这样的非线性函数让神经网络更逼近结果。下面我们以前面的手写数字 7 为例，中间的隐藏层有 *k* 层，激活值为 0 代表亮度最低的黑色，激活值为 1 代表亮度最高的白色，因此任何一个手写数字都能通过记录 784 个像素灰度值的方式来表示。有了这些输入层的数据，再结合算法调整各个输入层的人工神经元与下一个隐藏层的人工神经元连接上的权重值来决定第 1 层隐藏层的人工神经元的灰度值。也就是说，每一层的人工神经元的灰度值必须由上一层的人工神经元的值与神经元各连线之间的权重值来决定，再通过算法的计算来决定下一层各个人工神经元所存储的灰度值。从图 11-24 中我们看到识别为数字 7 的概率最高，为 0.98。

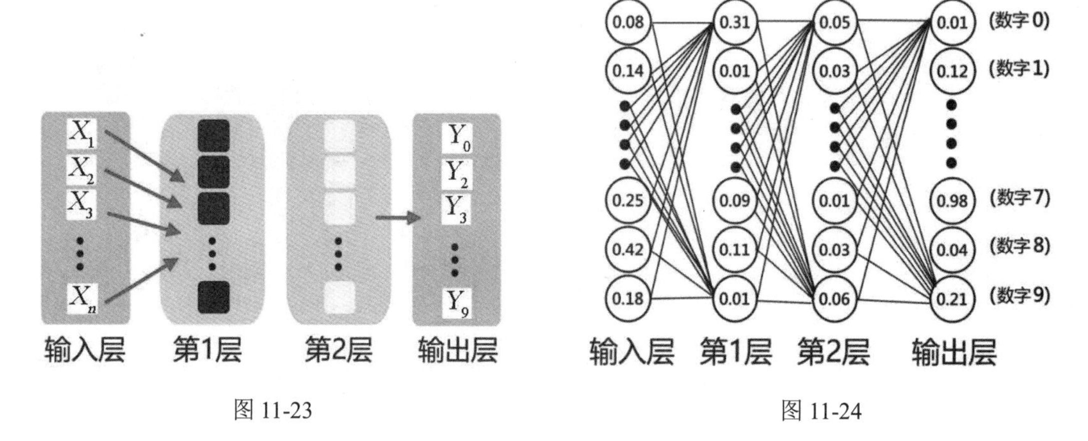

图 11-23　　　　图 11-24

为了方便问题的描述，第 1 层隐藏层的人工神经元的数值和上一层输入层有高度的关联性，我们再利用第 1 层隐藏层的人工神经元存储的灰度值及权重值去决定第 2 层隐藏层中人工神经元所存储的灰度值，也就是说，第 2 层隐藏层的人工神经元的数值和上一层第 1 个隐藏层有高度的关联性。接着我们利用第 2 个隐藏层的人工神经元存储的灰度值及神经元各个连线上的权重来决定输出层中人工神经元所存储的灰度值。从输出层来看，灰度值越高（数值越接近 1），亮度越高，越符合我们所预测的图像。

11.2.2　卷积神经网络

卷积神经网络（Convolutional Neural Network，CNN）是目前深度神经网络领域的发展主力，也是最适合用于图像识别的神经网络。它是 1989 年由 LeCun Yuan 等人提出来的，在手写识别分类或人脸识别方面都有不错的准确度，擅长把一种素材剖析分解。卷积神经网络分辨一张新图片时，在不知道特征的情况下会先比对图片中的各个局部。这些局部被称为特征，这些特征会捕捉图片中的共同要素，从中获得各种特征量，然后在相似位置上比对大致的特征，再扩大到所有范围来分析所有的特征，以迅速解决图像识别的问题。

卷积神经网络是一种非全连接的神经网络架构（这套机制背后的数学原理被称为卷积），与传统的多层次神经网络最大的差异在于多了卷积层（Convolution Layer）与池化层（Pooling Layer）。

这两层让卷积神经网络比传统的多层神经网络具备图像或语音数据的更多细节，而不像其他神经网络那样只是单纯地提取数据来进行计算。

在介绍卷积层（Convolution Layer）和池化层（Pooling Layer）的作用之前，我们先以图 11-25 所示的示意图说明卷积神经网络的工作原理。

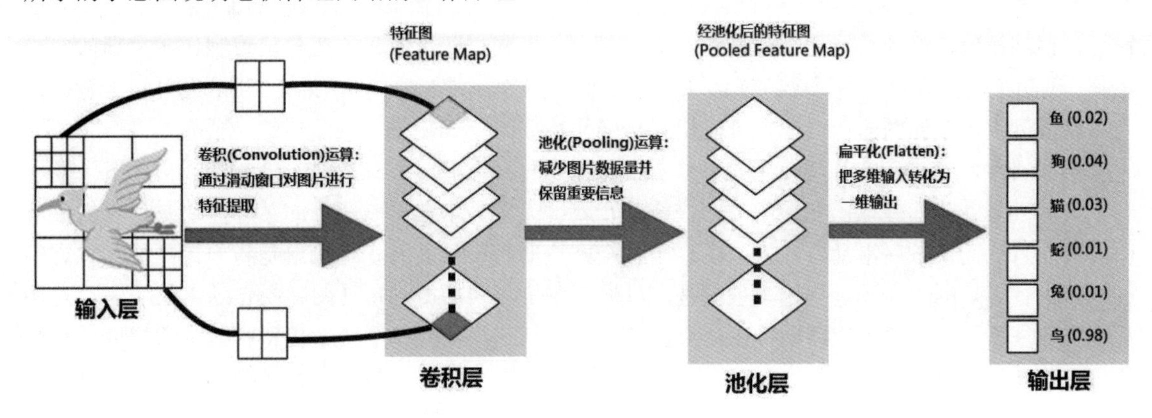

图 11-25

图 11-25 是单层卷积层神经网络的示意图，凭借输出层中的一维数组数值足以作出这次图像识别结果的判断。简单来说，卷积神经网络会比较两张图片相似位置局部范围的大致特征，以作为分辨两张图片是否相同的依据，这样会比直接比较两张完整的图片容易判断并且要快许多。

卷积神经网络系统在训练的过程中会根据输入的图片自动帮忙找出图片中包含的不同特征。以识别鸟类为例，卷积层的每一个平面都提取了前一层某一方面的特征，只要再往下加几层卷积层，我们就可以陆续找出图片中的各种特征，包括鸟的脚、嘴巴、鼻子、翅膀、羽毛等，直到最后找到图片的整个轮廓，而后就可以精准地判断所识别的图片是否为鸟了，如图 11-26 所示。

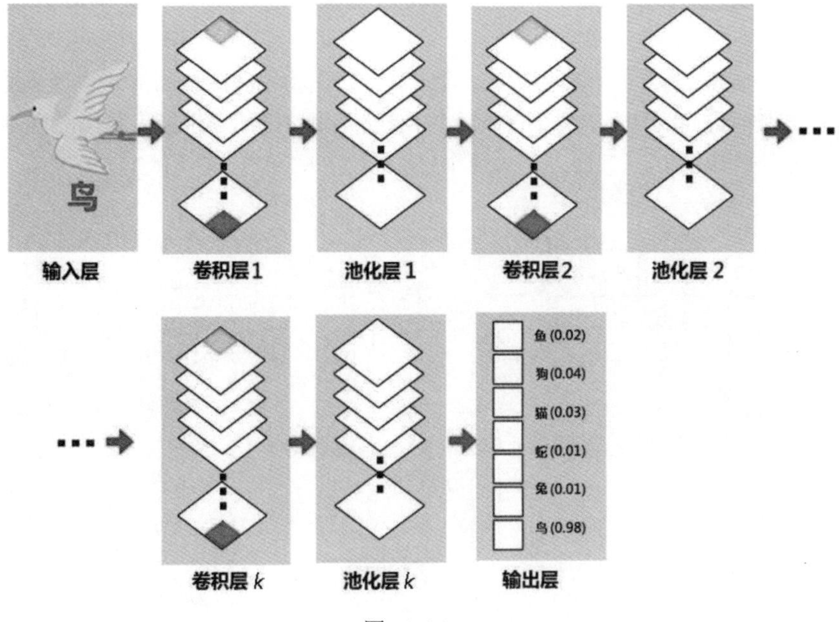

图 11-26

卷积神经网络模型可以说是当前深度神经网络领域的重要模型，在图像识别方面的精准度甚至超过了人类。接下来我们对卷积层及池化层做更深入的说明。

1）卷积层

卷积神经网络的卷积层用于对图片进行特征提取。不同的卷积操作就是从图片中提取出不同的特征，直到找出最好的特征用于最后的分类。我们可以根据每次卷积的值和位置制作一个新的二维矩阵，也就是一张图片里的每个特征都像一张更小的图片（得到更小的二维矩阵）。经过特征筛选，就可以告诉我们在原图的哪些地方可以找到那样的特征。

卷积神经网络的工作原理是通过一些指定尺寸的滑动窗口（Sliding Window，或称为过滤器、卷积核等）帮助我们提取出图片中的一些特征，就像人类大脑在判断图片的某个区块有什么特色一样。然后自上而下按序滑动，并提取图片中各个区块的特征值。卷积运算就是将原始图片与特定的过滤器进行矩阵的“内积运算”，也就是与过滤器各点相乘后得到特征图（Feature Map）——对图片进行特征提取，目的是保留图片中的空间结构，并从这样的结构中提取出特征，将所提取的特征图传给下一层的池化层。

一张图片的卷积运算其实很简单。假设我们有张图是英文字母 T，尺寸为 5×5 的像素图，并已转换成对应的 RGB 值，其中数值 0 代表黑色，数值 255 代表白色，数值越小亮度就越小。图 11-27 分别为字母“T”的位图及其对应的 RGB 值组成的矩阵图。

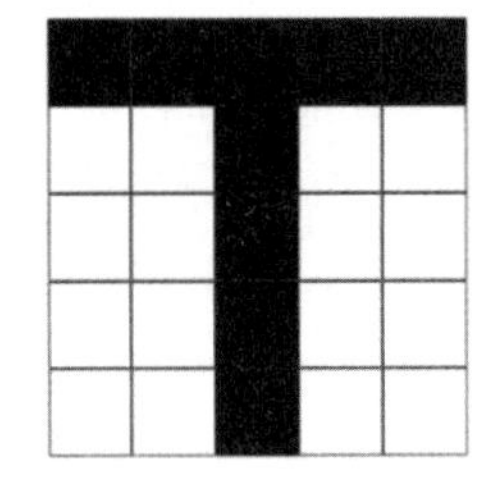

0	0	0	0	0
255	255	0	255	255
255	255	0	255	255
255	255	0	255	255
255	255	0	255	255

图 11-27

此处我们把过滤器设置为 2×2 的矩阵。要计算特征图和原图图片局部的相符程度，只要将两者各个像素上的值相乘即可。图 11-27 中框起来的部分会先和过滤器进行点与点的相乘，再全部相加得到结果，这个步骤就是卷积运算，具体操作如图 11-28～图 11-34 所示。

0 x1	0 x0	0	0	0
255 x1	255 x0	0	255	255
255	255	0	255	255
255	255	0	255	255
255	255	0	255	255

X

1	0
1	0

=

255	255	0	255
510	510	0	510
510	510	0	510
510	510	0	510

图 11-28

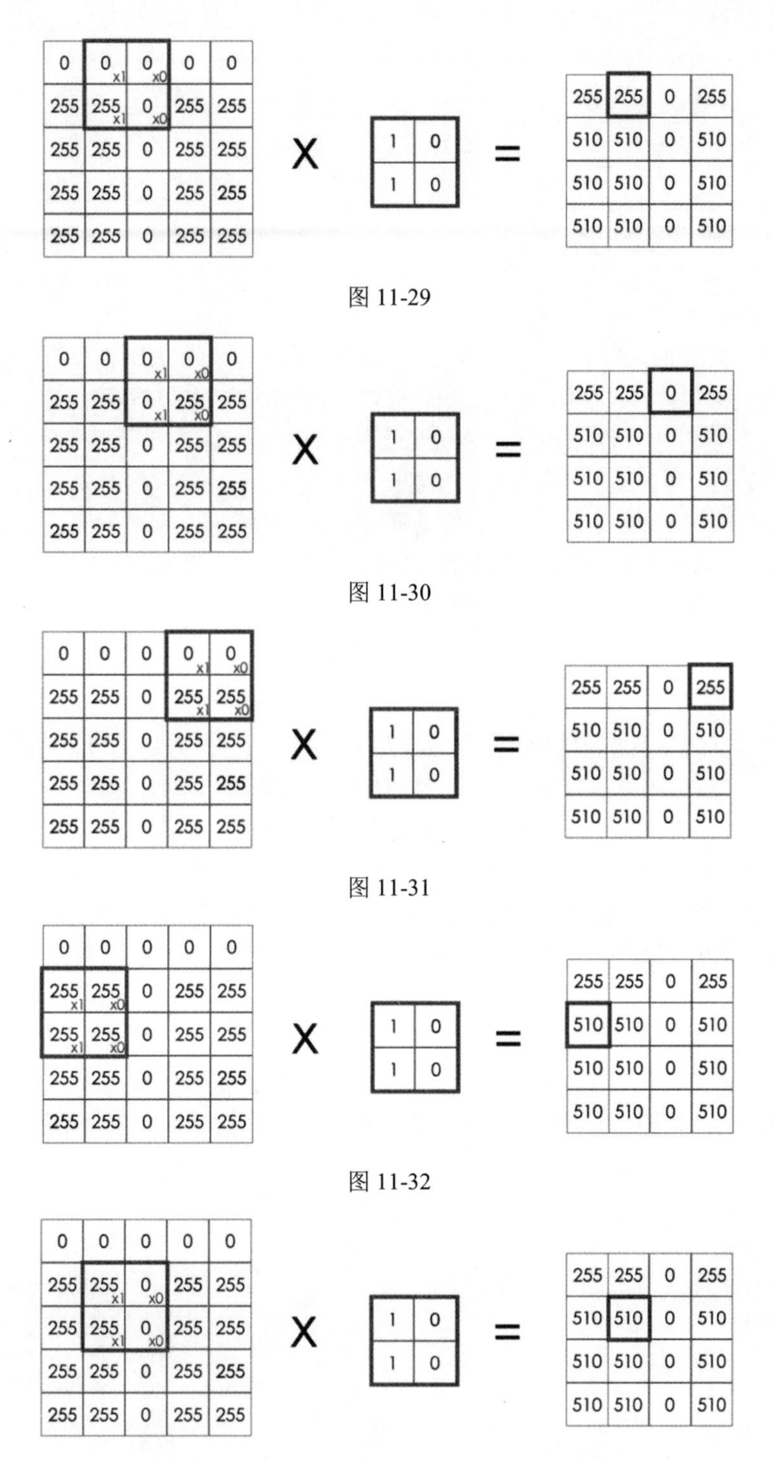

图 11-29

图 11-30

图 11-31

图 11-32

图 11-33

其他各个步骤采用类似的方法，可以分别得到经卷积运算所得到的结果。图 11-34 则为最右下角（最后一个步骤）进行卷积运算求值的示意图。

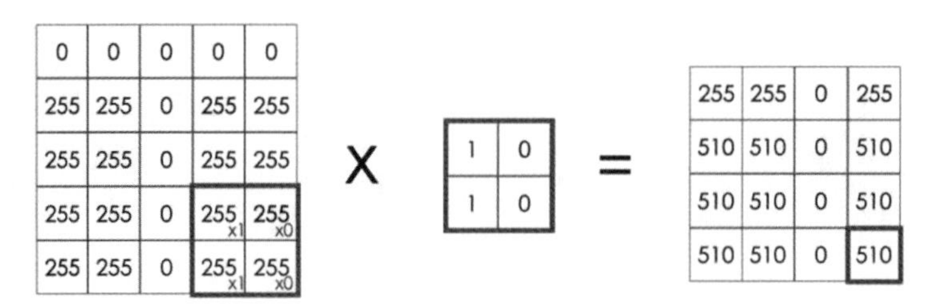

图 11-34

看完上面图示的各个步骤后，大家应该已经了解图片卷积运算是怎么执行的：中间 2×2 的矩阵就是过滤器，整张图的每个位置都会进行卷积运算以得到特征图（右边的矩阵），运算方式一般都是从左上角开始，然后向右边移动依次运算，移动到最右边后再往下移一格，而后继续向右边移动运算，实际上就是将 2×2 的矩阵在图片上按照每个像素一步一步地移动（步数称为 Stride 步数）。如果我们把步数值加大，那么涵盖的特征会比较少，但是整体运算速度较快、得出的特征图较小。在每个位置的时候，计算两个矩阵相对元素的乘积并相加，输出一个值放在一个矩阵（右边的矩阵）。注意，卷积神经网络训练的过程就是不断地改变过滤器来凸显这个输入图像上的特征，而且每一层卷积层的过滤器也不会只有一个。

2）池化层

池化层的主要目的是尽量将图片数据量减少并保留重要信息的方法，功能是将一张或一些图片池化成更小的图片，这样不但不会影响到最终目的，还可以再一次减少神经网络的参数运算。图片的大小可以通过池化过程变得很小，池化后的信息会更专注于图片中是否存在相符的特征，而不是图片中具体在哪里存在这些特征，具有很好的抗噪声功能。原图经过池化以后，其所包含的像素数量会减少，但是还保留了每个范围和各个特征的相符程度，例如把原本的数据做一个最大化或者平均化的降维计算，所得的信息更专注于图片中是否存在相符的特征，而不必分心于这些特征所在的位置。

此外，池化层也有过滤器，也是在输入图像上进行窗口滑动运算，和卷积层不同的地方是滑动窗口不会互相覆盖，除了最大化池化法（Max Pool）外，也可以做平均池化法（Mean Pool，把取最大部分改成取平均）、最小化池化法（Min Pool，把取最大部分改成取最小部分）等。以一个 2×2 的池化法为例，原本 4×4 的图片取 2×2 的池化，会变成 2×2 的图片，Max Pool、Min Pool 及 Mean Pool 池化的最后输出结果，如图 11-35 所示。

如果是以像素呈现的位图，那么其外观示意图如图 11-36 所示。

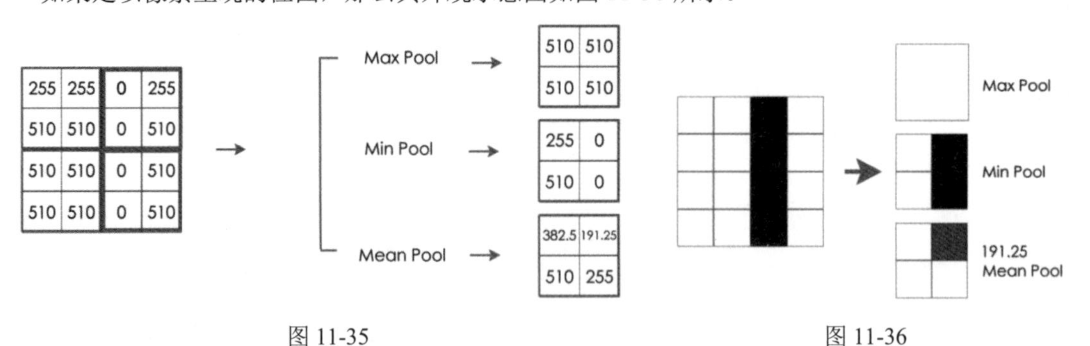

图 11-35　　　　图 11-36

11.2.3　循环神经网络

循环神经网络（Recurrent Neural Network，RNN）是一种有“记忆”的神经网络，会将每一次输入所产生的状态暂时存储在内存空间中，这些暂存的结果被称为隐藏状态（Hidden State）。循环神经网络将这些状态在自身网络中循环传递，允许先前的输出结果影响后续的输入，一般有前后关系且较重视时间序列的数据。进行人工神经网络分析时，一般都会使用循环神经网络，例如动态影像、文章分析、自然语言、聊天机器人等具备时间序列的数据就非常适合用循环神经网络来进行分析。

举例来说，我们要搭乘从北京到上海的高铁（见图 11-37），各站到达时间的先后顺序为北京南（起点站）、德州东、济南西、枣庄、徐州东、南京南、镇江南、苏州北、上海虹桥。要想推断下一站会停靠在哪一站，只要记得上一站停靠的站名，就可以轻易判断出下一站的站名。同样地，也能清楚地判断出下下站的停靠站名，这就是一种有时间序列前后关联性的例子。

图 11-37

事实上，循环神经网络与其他神经网络相比的最大差别在于记忆功能与前后时间序列的关联性，在每一个时间点取得输入的数据时，除了考虑当前时间序列要输入的数据外，还会同时考虑前一个时间序列所暂存的隐藏信息。如果以生活实例来模拟循环神经网络，那么记忆是人脑对过去经验的综合反应，这些反应会在大脑中留下痕迹，并在一定条件下呈现出来，不断地将过往信息往下传递，是在时间结构上存在的共享特性，所以我们可以用过往的记忆（数据）来预测或了解现在的现象。

从人类语言学习的角度来看，当我们在理解一件事情时，绝对不会凭空想象或从无到有重新学习，就如同我们在阅读文章时必须通过上下文来理解文章一样，这种具备背景知识的记忆与前后顺序的时间序列循环概念就是循环神经网络模型与其他神经网络模型较不一样的地方。

下面我们用一个生活中的例子来简单说明循环神经网络，许多家长希望孩子多才多艺，除了学习课内的知识，还希望孩子有更多其他兴趣爱好或技能。假如小明的家长希望小明周一到周五放学之后再去一些兴趣班（每天 40 分钟为宜，一个课时），课程安排如下：

- 周一乐器课
- 周二围棋课
- 周三书法课
- 周四绘画课
- 周五武术课

也就是每周从周一到周五不断地循环。如果前一天上乐器课，今天就是上围棋课；如果前一天上绘画课，今天就上武术课，非常有规律（见图 11-38）。

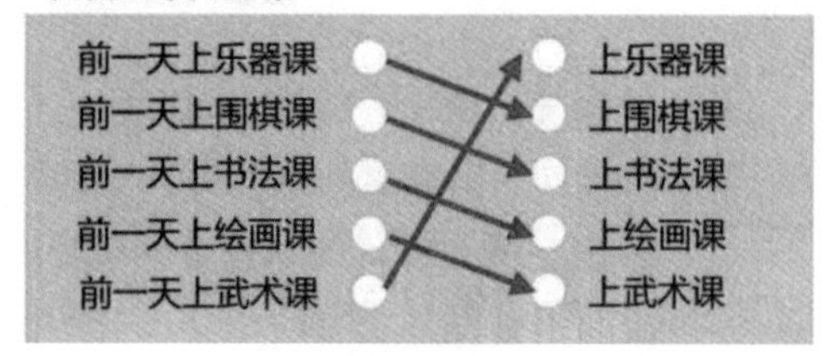

图 11-38

假如前一天小明因生病而请假，那是不是就没有办法推测今天晚上会上什么课呢？事实上，还是可以的，因为我们可以从前两天上的课预测昨天晚上的什么课。因此，我们不只可以利用昨天晚上（前一天）上什么课来预测今天晚上准备上的课，还可以利用昨天晚上预测的课来预测今天晚上要上的课。另外，如果我们把“乐器课、围棋课、书法课、绘画课、武术课”改为用向量的方式来表示，比如将“今天晚上会上什么课？”的预测改为用数学向量的方式来表示。假设我们预测今天晚上会上书法课，就将书法课记为 1，其他 4 门课程内容都记为 0（见图 11-39）。

此外，我们也希望将“预测今天要上的课”回收，用来预测明天会上什么课。图 11-40 中的弧线就表示了今天上什么课的预测结果将会在明天被重新利用。

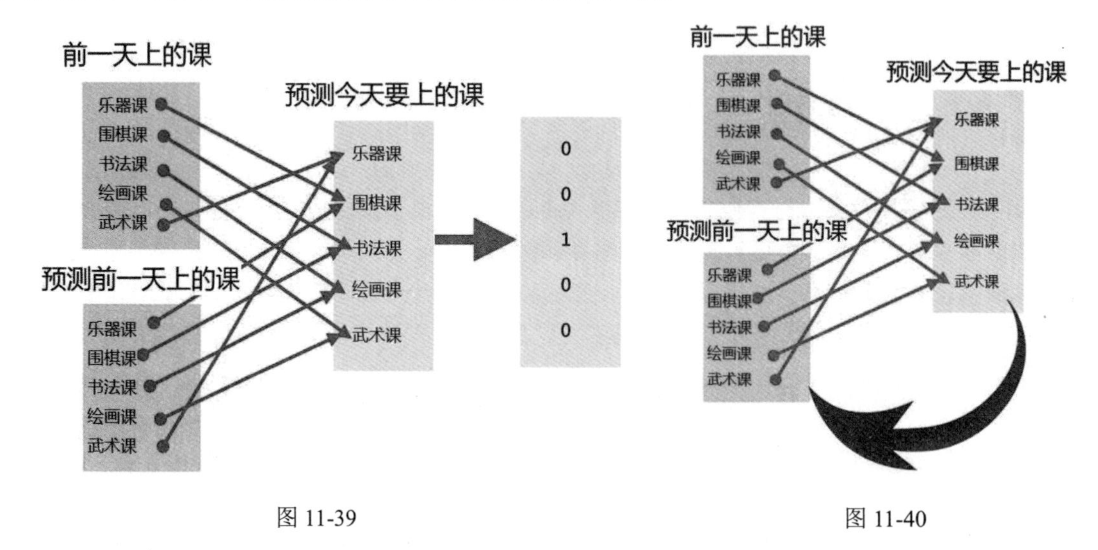

图 11-39　　　　　　　　　　　　　　　　图 11-40

将这种规则性不断往前延伸，即使连续 10 天请假没有上课，通过观察更早日期的上课规律，还是可以准确地预测今晚要上什么课。此时的循环神经网络示意图如图 11-41 所示。

有关循环神经网络的工作方式可以从图 11-42 所示的示意图看出，第 1 次时间序列（Time Series）来自输入层的输入 x_1，产生输出结果 y_1；第 2 次时间序列来自输入层的输入 x_2，要产生输出结果 y_2 时，必须考虑到前一次输入所暂存的隐藏状态 h_1，再与这一次输入 x_2 一并考虑成为新的输入，而这次产生的新的隐藏状态 h_2 也会被暂时存储到内存中，然后输出 y_2 的结果；接着继续进行下一个时间序列 x_3 的输入，以此类推。

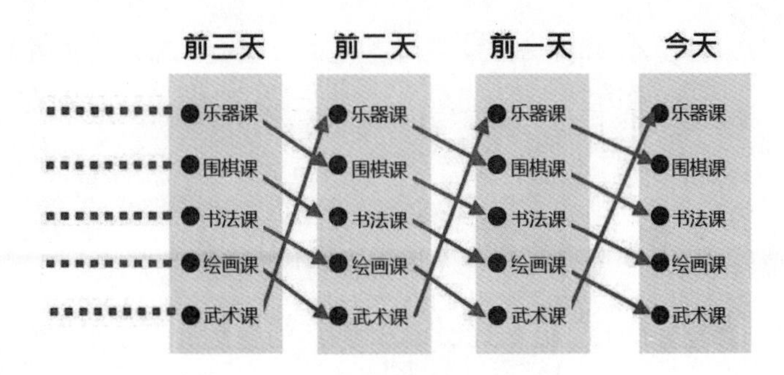

图 11-41

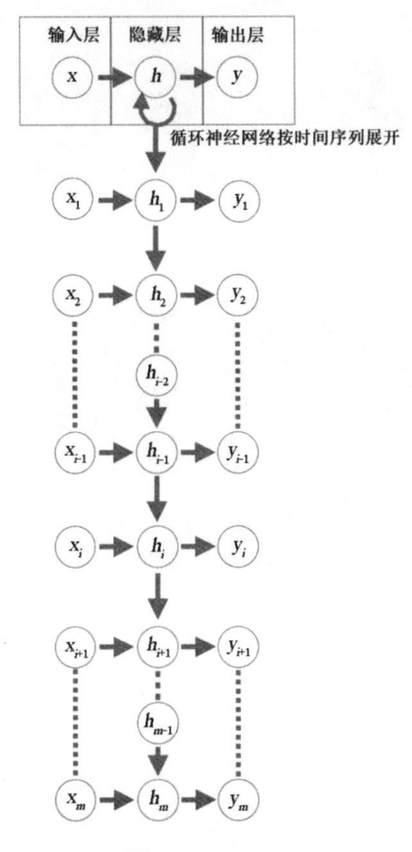

图 11-42

如果以通式来说明循环神经网络的工作方式，就是第 t 次时间序列来自输入层的输入为 x_t，要产生输出结果 y_t，则必须考虑到前一次输入所产生的隐藏状态 h_{t-1}，并与这一次输入 x_t 一起作为新的输入，而该次也会产生新的隐藏状态 h_t 并暂时存储到内存中，然后输出 y_t 的结果，接着继续进行下一个时间序 x_{t+1} 的输入，以此类推。综合归纳循环神经网络的主要重点，循环神经网络的记忆方式是在新的一次输入时将上一次输出记录的隐藏状态连同新的一次输入共同作为这一次的输入，也就是说每一次新的输入都会将前面发生过的事一并纳入考虑范围之内。

循环神经网络强大的地方在于它允许输入与输出的数据不只是单组向量，而是多组向量组成的序列。另外，循环神经网络还具备训练速度更快和使用更少计算资源的优势。以应用在自然语言中的文章分析为例，通常语言要考虑前言后语，为了避免断章取义，需要建立语言的相关模型，如果能额外考虑上下文的关系，准确率就会显著提高。也就是说，当前“输出结果”不只受上一层输入的影响，也受到同一层前一次“输出结果”的影响（前文）。例如，下面这两个句子：

- 我不在意时间成本，所以从北京到上海我选择搭乘直达列车。
- 我很在意时间成本，所以从北京到上海我选择搭乘高铁列车。

在分析“我选择搭乘”的下一个词时，若不考虑上下文，则“直达”“高铁”的概率是相等的，如果考虑“我很在意时间成本”，那么选择“高铁”的概率应该会大于选择“直达”的概率。反之，如果考虑“我不在意时间成本”，那么选择“直达”的概率应该会大于选择“高铁”的概率。所以建立语言的相关模型应考虑“前言后语”（见图 11-43）。

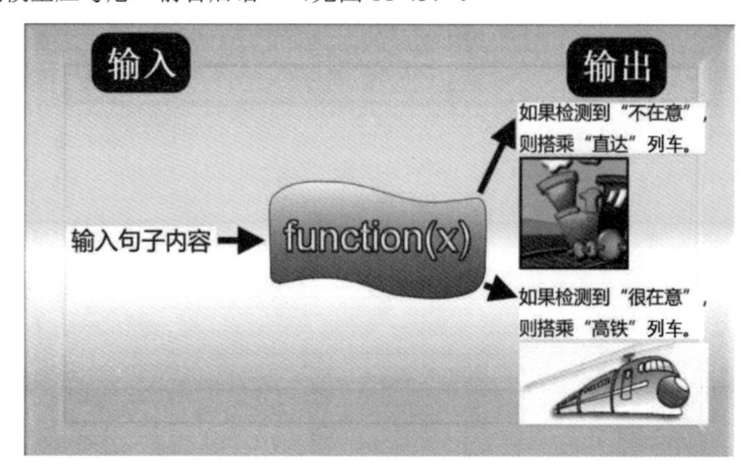

图 11-43

11.3　课 后 习 题

1. 简述机器学习。

2. 机器学习主要分成哪几种学习方式？

3. 简述监督式学习。

4. 简述半监督式学习。

5. 无监督式学习有哪两种形式能让机器从训练数据中找出规则？

6. 人工神经网络架构有哪几层？

7. 卷积神经网络的特点是什么？

8. 简述卷积层的功能。

9. 简述循环神经网络。

附录 A

课后习题与解答

第 1 章课后习题参考答案

1. 以下 C 程序片段是否相当严谨地表达出算法的含义？

```
count=0;
while(count< >3)
```

解答▶ 不够严谨，因为会造成无限循环（死循环），与算法有限性的特性相抵触。

2. 以下程序的 Big-Oh 是什么？

```
total=0;
for(i=1; i<=n ; i++)
   total=total+i*i;
```

解答▶ 因为循环执行 n 次，所以是 $O(n)$。

3. 算法必须符合哪 5 个条件？

解答▶

算法的特性	说　明
输入（Input）	0 个或多个输入数据，这些输入必须有清楚的描述或定义
输出（Output）	至少会有一个输出结果，不能没有输出结果
明确性（Definiteness）	每一条指令或每一个步骤必须是简洁明确的
有限性（Finiteness）	在有限步骤后一定会结束，不会产生无限循环
有效性（Effectiveness）	步骤清楚且可行，只要时间允许，用户就可以用纸笔计算而求出答案

4. 在下列程序的循环部分中，实际执行的次数与时间复杂度是什么？

```
for i=1 to n
   for j=i to n
      for k =j to n
```

```
            { end of k Loop }
        { end of j Loop }
    { end of i Loop }
```

解答▶ 我们可使用数学算式来计算，公式如下：

$$\sum_{i=1}^{n}\sum_{j=1}^{n}\sum_{k=1}^{n}1=\sum_{i=1}^{n}\sum_{j=1}^{n}(n-j+1)$$

$$=\sum_{i=1}^{n}\left(\sum_{j=1}^{n}n-\sum_{j=1}^{n}j+\sum_{j=1}^{n}1\right)$$

$$=\sum_{i=1}^{n}\left(\frac{2n(n-i+1)}{2}-\frac{(n+i)(n-i+1)}{2}\right)+\left(n-i+1\right)$$

$$=\sum_{i=1}^{n}\left(\frac{n-i+1}{2}\right)\left(n-i+2\right)$$

$$=\frac{1}{2}\sum_{i=1}^{n}\left(n^2+3n+2+i^2-2ni-3i\right)$$

$$=\frac{1}{2}\left(n^3+3n^2+2n+\frac{n(n+1)(2n+1)}{6}-n^3-n^2-\frac{3n^2+3n}{2}\right)$$

$$=\frac{1}{2}\left(\frac{n(n+1)(2n+1)}{6}+\frac{n(n+1)}{2}\right)$$

$$=\frac{n(n+1)(n+2)}{6}$$

这个 $\frac{n(n+1)(n+2)}{6}$ 就是实际循环执行的次数，且我们知道必定存在 c，使得 $\frac{n(n+1)(n+2)}{6}$ n_0 $\leqslant cn^3$，因此当 $n \geqslant n_0$ 时，时间复杂度为 $O(n^3)$。

5. 试证明 $f(n) = a_m n^m + \cdots + a_1 n + a_0$，则 $f(n) = O(n^m)$。

解答▶

$$f(n)\leqslant\sum_{i=1}^{n}|a_i|n^i$$

$$\leqslant n^m\sum_{0}^{m}|a_i|n^{i-m}$$

$$\leqslant n^m\sum_{0}^{m}|a_i|$$

另外，我们如果把 $\sum_{0}^{m}|a_i|$ 视为常数 c，则 $f(n)=O(n^m)$。

6. 下面的程序片段执行后，其中程序语句 sum=sum+1 被执行的次数是多少？

```
sum=0;
for(i=-5;i<=100;i=i+7)
    sum=sum+1;
```

解答▶ 16 次。

7. 请问计算思维课程包含哪几个部分？

解答▶ 包含 4 个部分：分解（Decomposition）、模式识别（Pattern Recognition）、模式概括与抽象（Pattern Generalization and Abstraction）以及算法（Algorithm）。

第 2 章课后习题参考答案

1. 试简述分治法的核心思想。

解答▶ 分治法的核心思想在于将一个难以直接解决的大问题按照不同的分类分割成两个或更多个子问题，以便各个击破，分而治之。

2. 递归至少要定义哪两个条件？

解答▶ 递归至少要定义两个条件：①可以反复执行的递归过程；②跳出递归执行过程的出口。

3. 试简述贪心法的主要核心概念。

解答▶ 贪心法又称为贪婪算法，从某一起点开始，在每一个解决问题步骤中使用贪心原则，即采取在当前状态下最有利或最优化的选择，不断地改进该解答，持续在每一步骤中选择最佳的方法，并且逐步逼近给定的目标，当到达某一步骤不能再继续前进时算法停止，以尽可能快地求得更好的解。

4. 简述动态规划法与分治法的差异。

解答▶ 动态规划法与分治法最大的不同是可以让每一个子问题的答案被存储起来，以供下次求解时直接取用。这样的做法不但能减少再次计算的时间，还可以将这些解组合成大问题的解答，以解决重复计算的问题。

5. 什么是迭代法？试简述。

解答▶ 迭代法无法使用公式一次求解，需要使用重复结构重复执行一段程序代码来得到答案。

6. 试简述枚举法的核心概念。

解答▶ 枚举法的核心思想是列举所有的可能，根据问题要求逐一列举问题的解答。

7. 试简述回溯法的核心概念。

解答▶ 回溯法也是枚举法中的一种。对于某些问题而言，回溯法是一种可以找出所有（或一部分）解的一般性算法，同时避免枚举不正确的数值。一旦发现不正确的数值，回溯法就不再递归到下一层，而是回溯到上一层，以节省时间，是一种走不通就退回再走的方式。

第 3 章课后习题参考答案

1. 解释抽象数据类型。

解答▶ 抽象数据类型是一种自定义数据类型，可简化一个数据类型的呈现方式及操作运算，并提供给用户以预定的方式来使用。也就是说，用户无须考虑到 ADT 的制作细节，只需要知道如何使用即可，例如堆栈或队列就是很典型的抽象数据类型。

2. 简述数据与信息的差异。

解答▶ 数据指的是一种未经处理的原始文字、数字、符号或图形等。信息是利用大量的数据经过系统地整理、分析、筛选处理而提炼出来的，并且具有参考价格及提供决策依据的文字、数字、符号或图表。

3. 数据结构主要表示数据在计算机内存中所存储的位置和模式，通常可以分为哪 3 种类型？

解答▶ 基本数据类型、结构数据类型和抽象数据类型。

4. 试简述一个单向链表节点字段的组成。

解答▶ 一个单向链表节点由数据字段和指针字段组成，指针会指向下一个链表元素所存放的内存位置。

5. 简要说明堆栈与队列的主要特性。

解答▶ 堆栈是一组相同数据类型的组合，具有“后进先出”的特性，所有的操作均在堆栈结构的顶端进行。队列和堆栈都是一种有序线性表，属于抽象型数据类型，是一种“先进先出”的数据结构，所有的加入操作都发生在队列的末尾，所有的删除操作都发生在队列的前端。

6. 什么是欧拉链理论？试绘图说明。

解答▶ 如果“欧拉七桥问题”的条件改成从某顶点出发，经过每条边一次，不一定要回到起点，即只允许其中两个顶点的度数是奇数，其余顶点的度数必须为偶数，那么符合这样的结果就称为欧拉链。

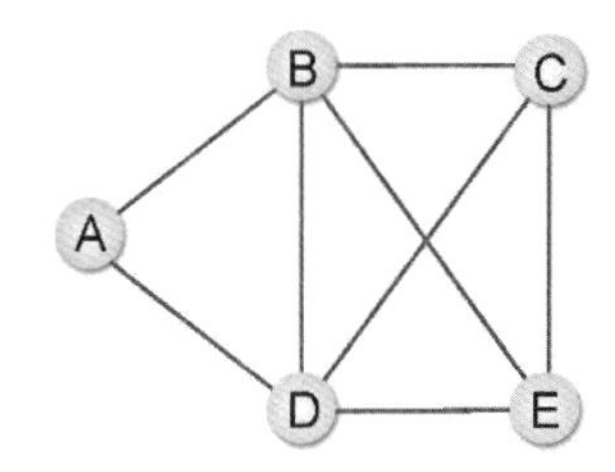

7. 解释下列哈希函数的相关名词。

（1）桶

（2）同义词

（3）完美哈希

（4）碰撞

解答▶

（1）桶：哈希表中存储数据的位置，每一个位置对应唯一的一个地址，就好比一条记录。

（2）同义词：两个标识符 I_1 和 I_2 经哈希函数运算后所得的数值相同，即 $f(I_1) = f(I_2)$，就称 I_1 与 I_2 对于 f 这个哈希函数是同义词。

（3）完美哈希：既没有碰撞又没有溢出的哈希函数。

（4）碰撞：两项不同的数据经过哈希函数运算后对应到相同的地址。

8. 一般树结构在计算机内存中的存储方式是以链表为主的，对于 n 叉树来说，我们必须取 n 为链接个数的最大固定长度，试说明为了改进存储空间浪费的缺点为何经常使用二叉树结构来取代树结构。

解答▶ 假设此 n 叉树有 m 个节点，那么此树共用了 $n×m$ 个链接字段。因为除了树根外，每一个非空链接都指向一个节点，所以空链接个数为 $n×m-(m-1)=m×(n-1)+1$，而 n 叉树的链接浪费率为 $\frac{m\times(n-1)+1}{m\times n}$。因此我们可以得到以下结论：

n=2 时，二叉树的链接浪费率约为 1/2。

n=3 时，三叉树的链接浪费率约为 2/3。

n=4 时，四叉树的链接浪费率约为 3/4。

……

当 n=2 时，它的链接浪费率最低。

第 4 章课后习题参考答案

1. 排序的数据是以数组数据结构来存储的。在下列排序法中，哪一个的数据搬移量最大（　　）？

（A）冒泡排序法　　（B）选择排序法　　（C）插入排序法

解答▶ （C）。

2. 举例说明合并排序法是否为稳定排序。

解答▶ 合并排序法是一种稳定排序法，例如数列（11, 8, 14, 7, 6, 8+, 23, 4）在经过合并排序法的结果为（4, 6, 7, 8, 8+, 11, 14, 23），这种排序法不会更改键值相同数据的原有顺序，例中 8+在 8 的右侧，经排序后，8+仍在 8 的右侧。

3. 待排序的键值为（26, 5, 37, 1, 61），试使用选择排序法列出每个回合排序的结果。

解答▶

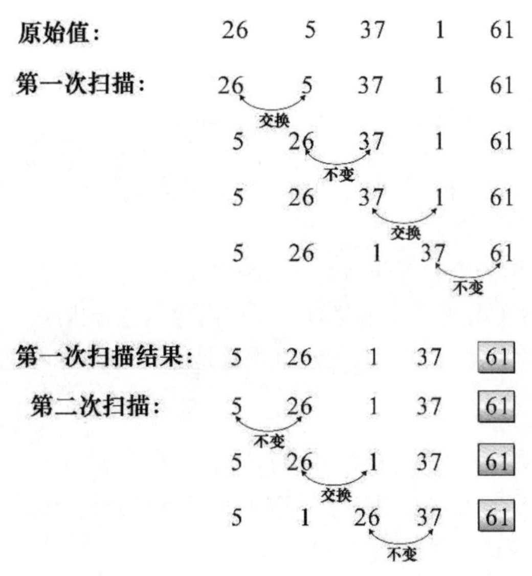

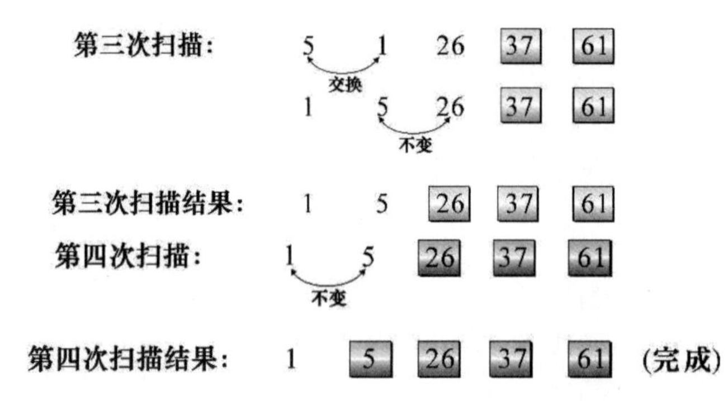

4. 在排序过程中，数据的移动方式可分为哪两种方式？试说明两者之间的优缺点。

解答▶ 在排序过程中，数据的移动方式可分为“直接移动”和“逻辑移动”。“直接移动”是直接交换存储数据的位置，“逻辑移动”并不会移动数据存储的位置，仅改变指向这些数据的辅助指针的值。两者之间的优劣在于直接移动会浪费许多时间，而逻辑移动只需改变辅助指针指向的位置就能轻易达到排序的目的。

5. 简述基数排序法的主要特点。

解答▶ 基数排序法并不需要进行元素之间的直接比较操作，它是属于一种分配模式排序方式。基数排序法按比较的方向可分为最高位优先（Most Significant Digit First，MSD）和最低位优先（Least Significant Digit First，LSD）两种。MSD 法是从最左边的位数开始比较，而 LSD 则是从最右边的位数开始比较。

6. 下列叙述正确与否？试说明原因。

（1）无论输入什么数据，插入排序的元素比较总次数都会比冒泡排序的元素比较总次数少。

（2）若输入数据已排序完成，再利用堆积树排序时，则只需 O(n)时间即可完成排序。其中，n 为元素个数。

解答▶

（1）错。提示：对于 n 个已排好序的输入数据，两种方法的比较次数是相同的。

（2）错。在输入数据已排好序的情况下需要 $O(n\log_2 n)$。

7. 如果排序按照执行时所使用的内存可分为哪两种方式？

解答▶

排序按照执行时所使用的内存可分为以下两种方式：

（1）内部排序：排序的数据量小，可以完全在内存内进行排序。

（2）外部排序：排序的数据量大而无法一次性地全部在内存内进行排序，而必须使用到辅助存储器（如硬盘）。

8. 什么是稳定排序？试举出 3 种稳定排序的例子。

解答▶ 稳定排序是指数据在经过排序后，两个相同键值的记录仍然保持原来的顺序。冒泡排序法、插入排序法、基数排序法都属于稳定排序。

第 5 章课后习题参考答案

1. 有 n 项数据已排序完成，请用二分查找法查找其中某一项数据，其查找时间约为（　　）？

（A）$O(\log^2 n)$　（B）$O(n)$　（C）$O(n^2)$　（D）$O(\log_2 n)$

解答▶ （D）

2. 使用二分查找法的前提条件是什么？

解答▶ 必须存放在可以直接存取且已排好序的文件中。

3. 有关二分查找法的叙述，下列哪一个是正确的（　　）？

（A）文件必须事先排序

（B）当排序数据非常小时，其用时会比顺序查找法长

（C）排序的复杂度比顺序查找法的复杂度要高

（D）以上都正确

解答▶ （D）

4. 在查找的过程中，斐波那契查找法的算术运算比二分查找法的算术运算简单，这种说法是否正确？

解答▶ 正确。因为它只会用到加减运算，而不像二分查找法那样有除法运算。

5. 假设 $\boldsymbol{A}[i]=2i$，$1\leqslant i\leqslant n$，若欲查找键值为 $2k-1$，请以插值查找法进行查找，需要比较几次才能确定此为一次失败的查找？

解答▶ 2 次。

6. 试写出以插值查找法在数列（1, 2, 3, 6, 9, 11, 17, 28, 29, 30, 41, 47, 53, 55, 67, 78）中查找到 9 的过程。

解答▶ 先找到 m=2，键值为 2；再找到 m=4，键值为 6；最后找到 m=5，键值为 9。

第 6 章课后习题参考答案

1. 请说明稀疏矩阵的定义，并举例说明。

解答▶ 最简单的定义就是一个矩阵中大部分的元素为 0，即可称为稀疏矩阵。例如下图的矩阵就是典型的稀疏矩阵。

$$\begin{bmatrix} 25 & 0 & 0 & 32 & 0 & -25 \\ 0 & 33 & 77 & 0 & 0 & 0 \\ 0 & 0 & 0 & 55 & 0 & 0 \\ 0 & 0 & 0 & 0 & 0 & 0 \\ 101 & 0 & 0 & 0 & 0 & 0 \\ 0 & 0 & 38 & 0 & 0 & 0 \end{bmatrix}_{6\times 6}$$

2. 在有 n 项数据的链表中查找一项数据，若以平均花费的时间考虑，则其时间复杂度是多少？

解答▶ $O(n)$。

3. 什么是转置矩阵？试简单举例说明。

解答▶ 转置矩阵（A^t）就是把原矩阵的行坐标元素与列坐标元素相互调换。假设 A^t 为 A 的转置矩阵，则有 $A^t[j, i]=A[i, j]$。例如：

$$A=\begin{bmatrix}1 & 2 & 3\\4 & 5 & 6\\7 & 8 & 9\end{bmatrix}_{3\times 3}\qquad A^t=\begin{bmatrix}1 & 4 & 7\\2 & 5 & 8\\3 & 6 & 9\end{bmatrix}_{3\times 3}$$

4. 在单向链表类型的数据结构中，根据所删除节点的位置会有哪几种不同的情形？

解答▶ 根据所删除节点的位置会有以下 3 种不同的情形：

（1）删除链表的第一个节点：只要把链表指针头部指向第二个节点即可。

（2）删除链表的最后一个节点：只要将指向最后一个节点 ptr 的指针直接指向 NULL 即可。

（3）删除链表中的中间节点：只要将要删除节点的前一个节点的指针指向要删除节点的下一个节点即可。

5. 如何使用数组来表示与存储多项式 $P(x, y) = 9x^5 +4x^4y^3 +14x^2y^2 +13xy^2 +15$？

解答▶ 假如 m, n 分别为多项式 x, y 的最大指数幂的系数，对于多项式 $P(x)$而言，可用一个$(m+1)\times(n+1)$的二维数组来存储。例如本题 $P(x, y)$可用$(5+1)\times(3+1)$的二维数组表示如下：

	y^0	y^1	y^2	y^3
x^0	15	0	0	0
x^1	0	0	13	0
x^2	0	0	14	0
x^3	0	0	0	0
x^4	0	0	0	4
x^5	9	0	0	0

6×4

第 7 章课后习题参考答案

1. 信息安全必须具备哪 4 种特性？试简要说明。

解答▶

- 保密性：交易相关信息或数据必须保密，当信息或数据传输时，除了被授权的人外，要确保信息或数据在网络上不会遭到拦截、偷窥而泄露信息或数据的内容，损害其保密性。
- 完整性：当信息或数据送达时，必须保证该信息或数据没有被篡改，如果遭篡改，那么这条信息或数据就会无效。
- 认证性：当传送方送出信息或数据时，支付系统必须能确认传送者的身份是否为冒名。
- 不可否认性：保证用户无法否认他所实施过的信息或数据传送行为的一种机制，必须不易被复制及修改，即无法否认其传送或接收信息或数据的行为。

2. 简述加密与解密。

解答▶ 加密就是将数据通过特殊算法把源文件中的内容转换为无法读取的密文。当加密后的数据传送到目的地后，将密文还原成明文的过程就称为解密。

3. 说明对称密钥加密与非对称密钥加密的差异。

解答▶ “对称密钥加密”的工作方式是：发送端与接收端用于加密和解密的密钥是同一个。非对称密钥加密的工作方式是：使用两个不同的密钥（一个“公钥”和一个“私钥”）进行加密和解密。

4. 简要介绍 RSA 算法。

解答▶ RSA 算法是一种非对称加密算法。在 RSA 算法之前，加密算法基本都是对称的。非对称加密算法使用两个不同的密钥，一个叫公钥，另一个叫私钥。它是在 1977 年由罗纳德·李维斯特（Ron Rivest）、阿迪·萨莫尔（Adi Shamir）和伦纳德·阿德曼（Leonard Adleman）一起提出的，RSA 就是由他们三人姓氏开头字母所组成的。RSA 加解密速度比对称密钥加解密速度要慢，方法是随机选出两个超大的质数 p 和 q，使用这两个质数作为加密与解密的一对密钥，密钥的长度一般为 40 比特到 1024 比特之间。当然，为了提高加密的强度，现在有的系统使用的 RSA 密钥的长度高达 4096 比特，甚至更高。在这对密钥中，公钥用来加密，私钥用来解密，而且只有私钥可以用来解密。要破解以 RSA 加密的数据，在一定时间内几乎是不可能的，因此这是一种十分安全的加解密算法，特别是在电子商务交易市场中被广泛使用。

5. 简要说明数字签名。

解答▶ 数字签名的工作方式是以公钥和哈希函数互相搭配使用的，用户 A 先将明文的 M 以哈希函数计算出哈希值 H，再用自己的私钥对哈希值 H 加密，加密后的内容即为“数字签名”。

6. 用哈希法将数值 101，186，16，315，202，572，463 存放在 0，1，…，6 这 7 个位置。若要存入 1000 开始的 11 个位置，则应该如何存放？

解答▶

$f(X) = X \bmod 7$

$f(101) = 3$

$f(186) = 4$

$f(16) = 2$

$f(315) = 0$

$f(202) = 6$

$f(572) = 5$

$f(463) = 1$

位置	0	1	2	3	4	5	6
数字	315	463	16	101	186	572	202

同理取：

$f(X) = (X \bmod 11) + 1000$

$f(101) = 1002$

$f(186) = 1010$

$f(16) = 1005$

$f(315) = 1007$
$f(202) = 1004$
$f(572) = 1000$
$f(463) = 1001$

位置	1000	1001	1002	1003	1004	1005	1006	1007	1008	1009	1010
数字	572	463	101		202	16		315			186

7. 什么是哈希函数？试以除留余数法和折叠法并以 7 位电话号码作为数据进行说明。

解答▶

以下列 6 组电话号码为例：

（1）9847585
（2）9315776
（3）3635251
（4）2860322
（5）2621780
（6）8921644

● 除留余数法

利用 $f_D(X) = X \bmod M$，假设 $M = 10$。

$f_D(9847585) = 9847585 \bmod 10 = 5$
$f_D(9315776) = 9315776 \bmod 10 = 6$
$f_D(3635251) = 3635251 \bmod 10 = 1$
$f_D(2860322) = 2830322 \bmod 10 = 2$
$f_D(2621780) = 2621780 \bmod 10 = 0$
$f_D(8921644) = 8921644 \bmod 10 = 4$

● 折叠法

将数据分成几段，除最后一段外，每段长度都相同，再把每段值相加。

$f(9847585) = 984+758+5 = 1747$
$f(9315776) = 931+577+6 = 1514$
$f(3635251) = 363+525+1 = 889$
$f(2860322) = 286+032+2 = 320$
$f(2621780) = 262+178+0 = 440$
$f(8921644) = 892+164+4 = 1060$

8. 采用哪一种哈希函数可以把整数集合{74, 53, 66, 12, 90, 31, 18, 77, 85, 29}存入数组空间为 10 的哈希表不发生碰撞？

解答▶ 采用数字分析法，并取出键值的个位数作为其存放的地址。

第 8 章课后习题参考答案

1. 至少列举 3 种常见的堆栈应用。

解答▶

① 二叉树及森林的遍历运算，如中序遍历、前序遍历等。

② 计算机中央处理单元的中断处理。

③ 图的深度优先遍历法。

2. 回答下列问题：

（1）解释堆栈的含义。

（2）Top(push(i,s))的结果是什么？

（3）pop(push(i,s))的结果是什么？

解答▶

（1）堆栈是一组相同数据类型的组合，所有的动作均在堆栈顶端进行，具有“后进先出”的特性。堆栈的应用在日常生活中随处可见，如大楼电梯、货架的货品等都是类似堆栈的数据结构　原理。

(2)结果是堆栈内增加一个元素，因为该操作是将元素 i 加入堆栈 s 中，返回堆栈顶端的　元素。

（3）堆栈内的元素保持不变，因为该操作是将元素 i 加入堆栈 s 中，再将堆栈 s 中顶端的 i 元素删除。

3. 在汉诺塔问题中，移动 n 个圆盘所需的最小移动次数是多少？试说明。

解答▶ 当有 n 个圆盘时，可将汉诺塔问题归纳成 3 个步骤，其中 a_n 为移动 n 个圆盘所需的最少移动次数，a_{n-1} 为移动 $n-1$ 个圆盘所需的最少移动次数，$a_1=1$ 为只剩一个圆盘时的移动次数，因此可得公式如下：

$$
\begin{aligned}
a_n &= a_{n-1}+1+a_{n-1} \\
&= 2a_{n-1}+1 \\
&= 2(2a_{n-2}+1) \\
&= 4a_{n-2}+2+1 \\
&= 4(2a_{n-3}+1)+2+1 \\
&= 8a_{n-3}+4+2+1 \\
&= 8(2a_{n-4}+1)+4+2+1 \\
&= 16a_{n-4}+8+4+2+1 \\
&\cdots \\
&= 2^{n-1}a_1+\sum_{k=0}^{n-2}2^k
\end{aligned}
$$

即：

$$
\begin{aligned}
a_n &= 2^{n-1}\times 1+\sum_{k=0}^{n-2}2^k \\
&= 2^{n-1}+2^{n-1}-1
\end{aligned}
$$

$= 2^n - 1$

所以，要移动 n 个圆盘所需的最小移动次数为 2^n-1 次。

4. 什么是优先队列？试说明。

解答▶ 优先队列为一种不必遵守先进先出队列特性的有序表，其中每一个元素都赋予一个优先权，加入元素时可任意，但有最高优先权者将最先输出。例如，在计算机 CPU 的工作调度中，优先权调度就是一种挑选任务的“调度算法”，也会使用到优先队列。

5. 回答以下问题：

（1）下列哪一个不是队列的应用（　　）？

（A）操作系统的作业调度　　（B）输入/输出的工作缓冲
（C）汉诺塔的解决方法　　（D）高速公路的收费站收费

（2）下列哪些数据结构是线性表（　　）？

（A）堆栈　（B）队列　（C）双向队列　（D）数组　（E）树

解答▶ （1）C
（2）A、B、C、D

6. 假设我们利用双向队列按序输入 1，2，3，4，5，6，7，是否能够得到 5174236 的输出序列？

解答▶ 从输出序列和输入序列求得 7 个数字 1，2，3，4，5，6，7 存在队列内合理排列的情况。因为按序输入 1，2，3，4，5，6，7 且得到 5174236 的输出序列，所以 5 为第一个输出，此刻序列应是：

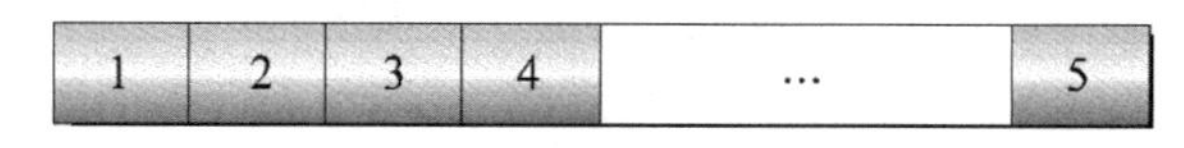

先输出 5，再输出 1，又输出 7，序列又变成：

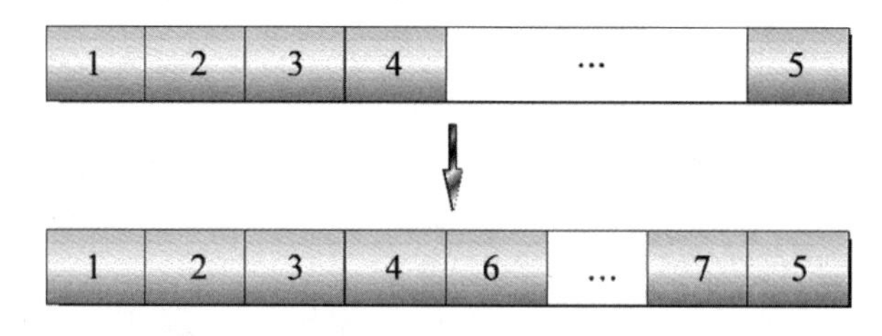

下一项只可能输出 2，若要输出 4 则是不可能的，所以本题答案是不可能。

7. 试说明队列应具备的基本特性。

解答▶ 队列是一种抽象数据类型，具有下列特性：

（1）先进先出。

（2）拥有两种基本操作，即加入与删除，而且使用 front 与 rear 两个指针来分别指向队列的前端与末尾。

8. 至少列举 3 种常见的队列应用。

解答▶ 图遍历的广度优先搜索法、计算机的模拟、CPU 的工作调度、外围设备联机并发处理系统等。

第 9 章课后习题参考答案

1. 说明二叉查找树的特点。

解答▶

二叉查找树具有以下特点：

（1）可以是空集合，若不是空集合则节点上一定要有一个键值。
（2）每一个树根的值需大于左子树的值。
（3）每一个树根的值需小于右子树的值。
（4）左右子树也是二叉查找树。
（5）树的每个节点值都不相同。

2. 下列哪一种不是树（　　）？

（A）一个节点
（B）环形链表
（C）一个没有回路的连通图
（D）一个边数比点数少 1 的连通图

解答▶（B）因为环形链表会造成回路现象，不符合树的定义，故它不是树。

3. 关于二叉查找树的叙述，哪一个是错误的（　　）？

（A）二叉查找树是一棵完全二叉树
（B）可以是斜二叉树
（C）一个节点最多只能有两个子节点
（D）一个节点的左子节点的键值不会大于右子节点的键值

解答▶ （A）

4. 以下二叉树的中序法、后序法以及前序法表达式分别是什么？

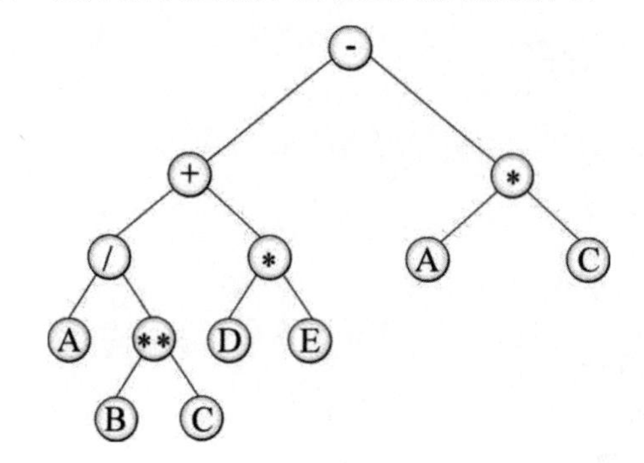

中序法表达式：A/B**C+D*E−A*C

后序法表达式：ABC**/DE*+AC*-

前序法表达式：-+/A**BC*DE*AC

5. 以下二叉树的中序法、后序法与前序法表达式分别是什么？

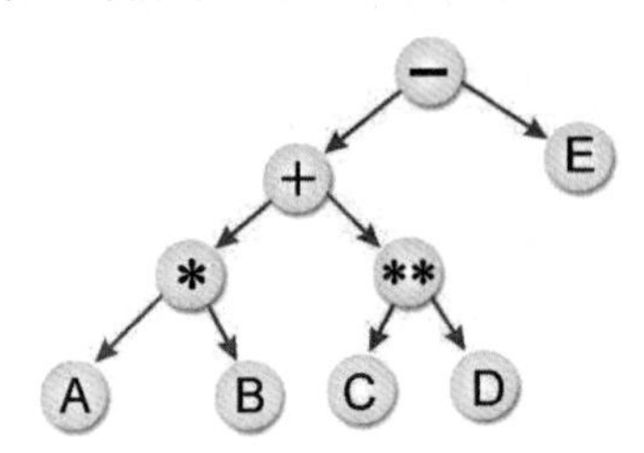

解答▶

中序法表达式：A*B+C**D-E

前序法表达式：–+*AB**CDE

后序法表达式：AB*CD**+E–

6. 尝试将 A–B*(–C+–3.5)表达式转化为二叉运算树，并求出此算术表达式的前序与后序表示法。

解答▶

→ A–B*(–C+–3.5)

→ (A–(B*((–C)+(–3.5))))

→

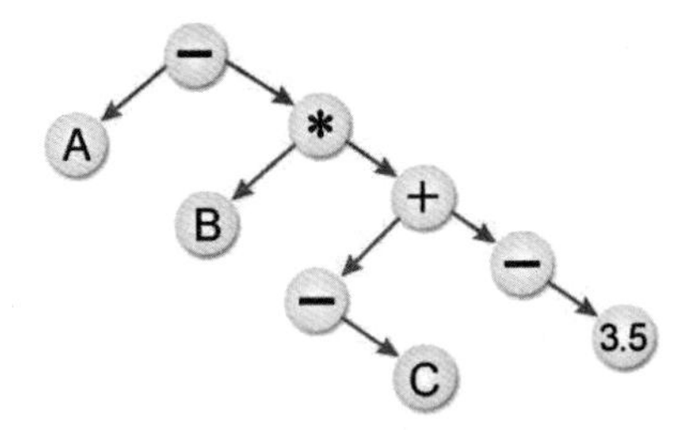

前序法：–A*B+–C–3.5

后序法：ABC–3.5–+*–

第 10 章课后习题参考答案

1. 求出下图的深度优先遍历与广度优先遍历结果。

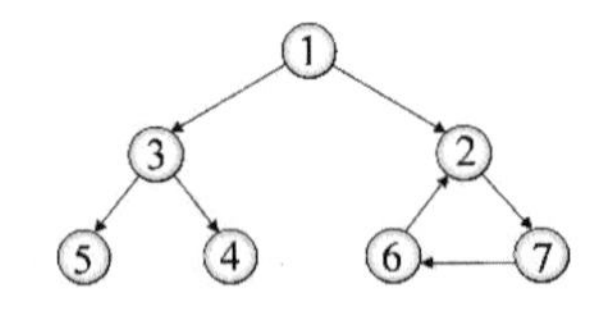

解答▶ 深度优先遍历的结果为：1-2-7-6-3-4-5

广度优先遍历的结果为：1-2-3-7-4-5-6

2. 请以 K 氏法求出下图的最小成本生成树。

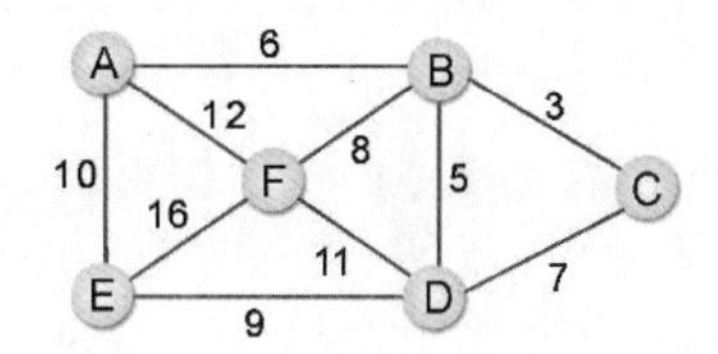

解答▶

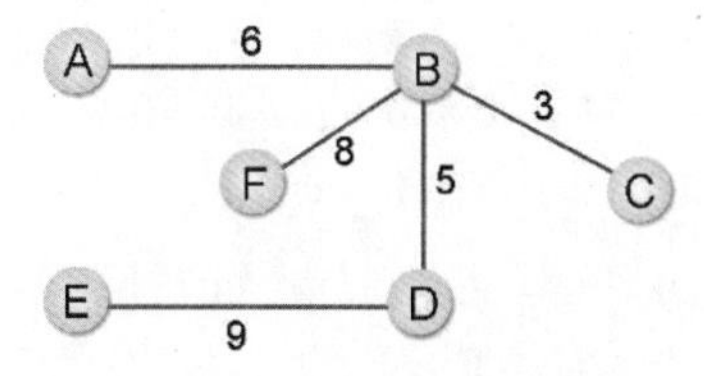

3. 下图为图 G。

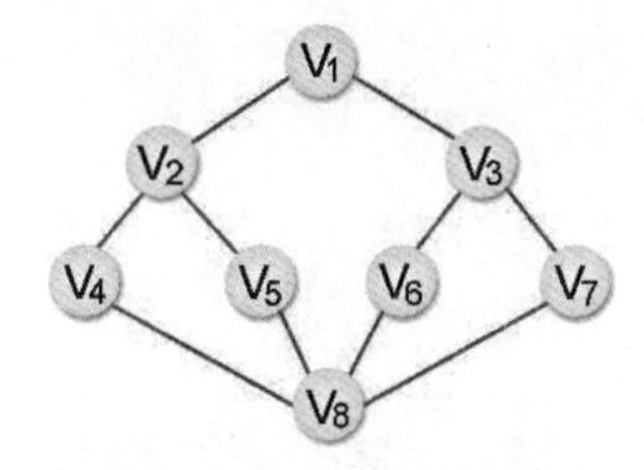

（1）请以邻接链表和邻接矩阵表示图 *G*。

（2）使用下面的遍历法求出生成树。

① 深度优先遍历法

② 广度优先遍历法

解答▶

（1）

① 邻接链表

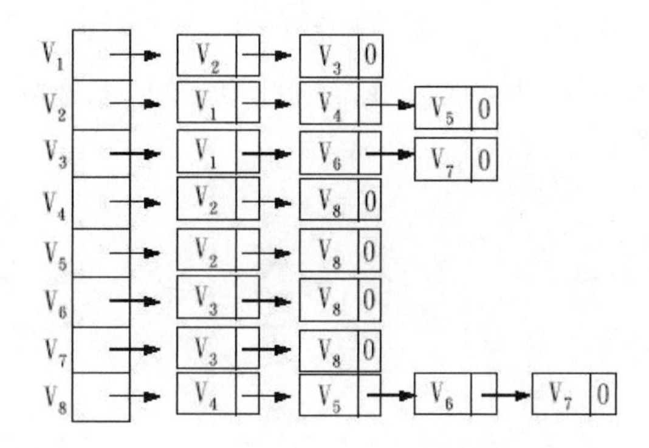

② 邻接矩阵

	V_1	V_2	V_3	V_4	V_5	V_6	V_7	V_8
V_2	0	1	1	0	0	0	0	0
V_3	1	0	0	1	1	0	0	0
V_3	1	0	0	0	0	1	1	0
V_4	0	1	0	0	0	0	0	1
V_2	0	1	0	0	0	0	0	1
V_3	0	0	1	0	0	0	0	1
V_3	0	0	1	0	0	0	0	1
V_4	0	0	0	1	1	1	1	0

（2）

① 深度优先遍历

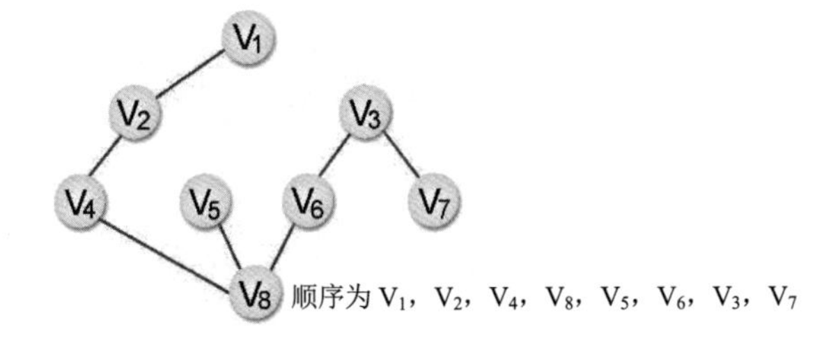

顺序为 V_1，V_2，V_4，V_8，V_5，V_6，V_3，V_7

② 广度优先遍历

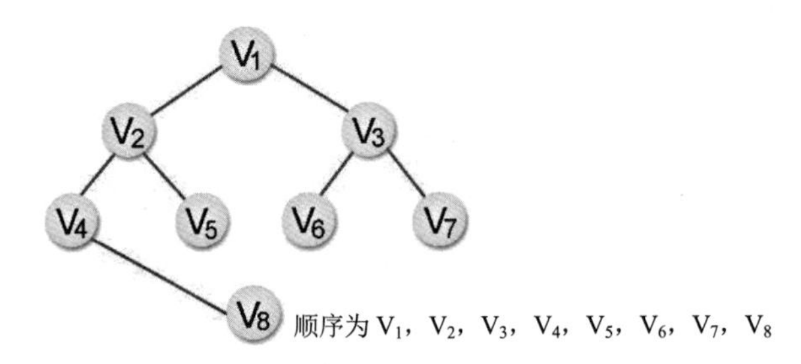

顺序为 V_1，V_2，V_3，V_4，V_5，V_6，V_7，V_8

4. 以下所列的各个树都是关于图 *G* 的查找树。假设所有的查找都始于节点 1，试判定每棵树是深度优先查找树还是广度优先查找树，或二者都不是。

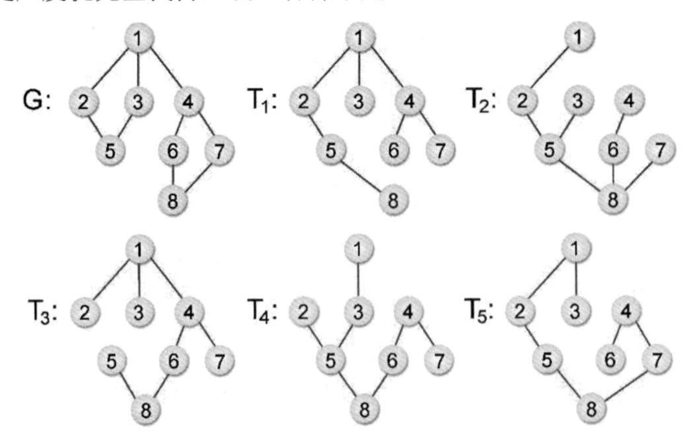

解答▶

① T_1 为广度优先查找树　　② T_2 二者都不是

③ T_3 二者都不是　　④ T_4 为深度优先查找树

⑤ T_5 二者都不是

5. 求 V_1，V_2，V_3 任意两个顶点的最短距离，并描述其过程。

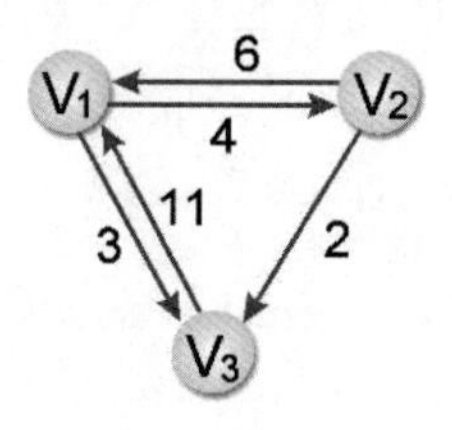

解答▶

$$A^0=\begin{bmatrix}0 & 4 & 11\\ 6 & 0 & 2\\ 3 & \infty & 0\end{bmatrix}\quad A^1=\begin{bmatrix}0 & 4 & 11\\ 6 & 0 & 2\\ 3 & 7 & 0\end{bmatrix}$$

$$A^2=\begin{bmatrix}0 & 4 & 6\\ 6 & 0 & 2\\ 3 & 7 & 0\end{bmatrix}\quad A^3=\begin{matrix} & V_1 & V_2 & V_3\\ V_1 & 0 & 4 & 6\\ V_2 & 6 & 0 & 2\\ V_3 & 3 & 7 & 0\end{matrix}$$

6. 假设在注有各地距离的图上（单行道），求各地之间的最短距离。

（1）利用距离，将下图数据存储起来，并写出结果。

（2）写出最后所得的矩阵，并说明其可表示的所求各地间的最短距离。

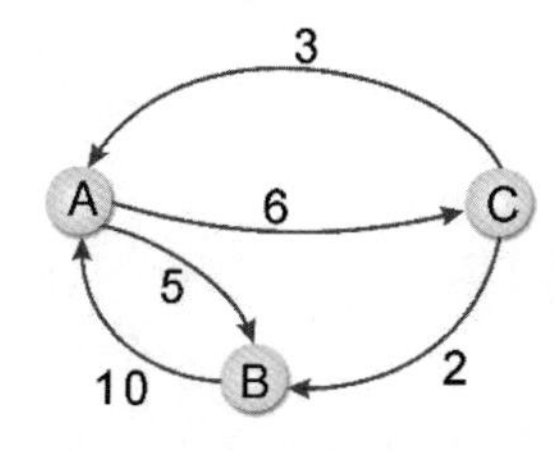

解答▶

（1）

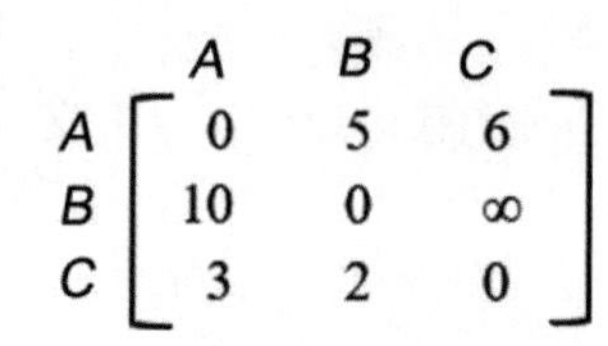

	A	B	C
A	0	5	6
B	10	0	∞
C	3	2	0

（2）

	A	B	C
A	0	5	6
B	10	0	16
C	3	2	0

7. 什么是生成树？生成树应该包含哪些特点？

解答▶ 一个图的生成树是以最少的边来连接图中所有的顶点，且不造成回路的树结构。由于生成树是由所有顶点和访问过程经过的边所组成，因此令 $S=(V, T)$为图 G 中的生成树，该生成树具有下面的几个特点：

（1）$E = T + B$。

（2）将集合 B 中的任意一边加入集合 T 中，就会造成回路。

（3）V 中任意两个顶点 V_i 和 V_j，在生成树 S 中存在唯一的一条简单路径。

8. 求解一个无向连通图的最小生成树，Prim 算法的主要方法是什么？试简述。

解答▶ Prim 算法又称 P 氏法，对一个加权图 $G = (V, E)$，设 $V=\{1, 2, \cdots, n\}$，假设 $U=\{1\}$，也就是说，U 和 V 是两个顶点的集合。然后从 $V-U$ 差集所产生的集合中找出一个顶点 x，该顶点 x 能与 U 集合中的某个顶点形成最小成本的边，且不会造成回路。然后将顶点 x 加入 U 集合中，反复执行同样的步骤，一直到 U 集合等于 V 集合（即 $U=V$）为止。

9. 求解一个无向连通图的最小生成树，Kruskal 算法的主要方法是什么？试简述。

解答▶ Kruskal 算法是将各边按权值从小到大排列，接着从权值最低的的边开始建立最小成本生成树。如果加入的边会造成回路，则舍弃不用，直到加入了 $n-1$ 条边为止。

第 11 章课后习题参考答案

1. 简述机器学习。

解答▶ 机器学习就是让机器具备自己学习、分析并最终作出决策的能力，主要方式是针对所要分析的数据进行分类，并进一步分析与判断数据的特性，最终目的就是希望机器像人类一样具有学习的能力。

2. 机器学习主要分成哪几种学习方式？

解答▶ 机器学习的技术很多，不过都能随着训练数据量的增加而提高能力，主要分成 4 种学习方式：监督式学习、无监督式学习、半监督式学习及强化学习。

3. 简述监督式学习。

解答▶ 监督式学习是利用机器从标注的数据中分析模式后做出预测的学习方式，这种学习方式必须事前通过人工操作将所有可能的特征标注出来。因为在训练的过程中，所有的数据都是有标注的数据，在学习的过程中必须输入样本以及输出样本信息，再从训练数据中提取出数据的特征。

4. 简述半监督式学习。

解答▶ 半监督式学习只会针对所有数据中的少部分数据进行“标注”，机器会先针对这些已经被“标注”的数据去发觉其中的特征，然后通过找出的特征对其他数据进行分类。

5. 无监督式学习有哪两种形式能让机器从训练数据中找出规则？

解答▶ 无监督式学习让机器从训练数据中找出规则，大致有两种形式：分群以及生成。

6. 人工神经网络架构有哪几层？

解答▶ 人工神经网络架构蕴含 3 个最基本的层次：

- 输入层：接受刺激的神经元，也就是接收数据并输入信息的一方，不同输入会激活不同的神经元。
- 隐藏层：不参与输入或输出，隐藏于内部，负责运算的神经元。隐藏层可以有一层以上（多层隐藏层），只要增加神经网络的复杂性，识别率一般都会随着神经元数目的增加而提高，即可以获得更好的学习能力。

- 输出层：提供数据输出的一方。

7. 卷积神经网络的特点是什么？

解答▶ 卷积神经网络背后的数学原理是卷积，与传统的多层次神经网络最大的差异在于多了卷积层与池化层。这两层让卷积神经网络比传统的多层神经网络具有了图像或语音数据的更多细节，而不像其他神经网络那样只是单纯地提取数据来进行计算。正因为如此，卷积神经网络非常擅长图像或视频识别方面的工作，除了能够维持形状信息并且避免参数大幅增加外，还能保留图像的空间排列及取得局部图像作为输入特征，提高系统工作效率。

8. 简述卷积层的功能。

解答▶ 卷积神经网络的卷积层用于对图片进行特征提取。不同的卷积操作就是从图片中提取出不同的特征，直到找出最好的特征用于最后的分类。我们可以根据每次卷积的值和位置。制作一个新的二维矩阵，也就是一张图片里的每个特征都像一张更小的图片。经过特征筛选，就可以告诉我们在原图的哪些地方可以找到那样的特征。

9. 简述循环神经网络。

解答▶ 循环神经网络是一种有“记忆”的神经网络，它会将每一次输入所产生的状态暂时存储在内存空间中，这些暂存的结果被称为隐藏状态。要进行人工神经网络分析的，一般都会使用循环神经网络，例如动态影像、文章分析、自然语言、聊天机器人等具备时间序列的数据就非常适合用循环神经网络来进行分析。